DR. RONALD LINDNER

# WAS HUNDE WIRKLICH WOLLEN

## DIE GU-QUALITÄTSGARANTIE

Wir möchten Ihnen mit den Informationen und Anregungen in diesem Buch das Leben erleichtern und Sie inspirieren, Neues auszuprobieren. Bei jedem unserer Produkte achten wir auf Aktualität und stellen höchste Ansprüche an Inhalt, Optik und Ausstattung.

Alle Informationen werden von unseren Autoren und unserer Fachredaktion sorgfältig ausgewählt und mehrfach geprüft. Deshalb bieten wir Ihnen eine 100 %ige Qualitätsgarantie.

**Darauf können Sie sich verlassen:**

Wir legen Wert auf artgerechte Tierhaltung und stellen das Wohl des Tieres an erste Stelle. Wir garantieren, dass:

- alle Anleitungen und Tipps von Experten in der Praxis geprüft und
- durch klar verständliche Texte und Illustrationen einfach umsetzbar sind.

**Wir möchten für Sie immer besser werden:**

Sollten wir mit diesem Buch Ihre Erwartungen nicht erfüllen, lassen Sie es uns bitte wissen! Nehmen Sie einfach Kontakt zu unserem Leserservice auf. Sie erhalten von uns kostenlos einen Ratgeber zum gleichen oder ähnlichen Thema. Die Kontaktdaten unseres Leserservice finden Sie am Ende dieses Buches.

GRÄFE UND UNZER VERLAG. *Der erste Ratgeberverlag – seit 1722.*

DR. RONALD LINDNER

# WAS HUNDE
# WIRKLICH WOLLEN

2

# Unerwünschtes Hundeverhalten

3

## Mensch und Hund – ein gutes Team

## Anhang

# Wissen Sie, wie Ihr Hund »tickt«?

Endlich ist es raus – es gibt weder eine lineare Rangordnung unter Wölfen oder Hunden, noch müssen Mensch und Hund nach einheitlichen starren Hierarchiemodellen in einer Familie leben – und dies ist mehr als befreiend für alle Beteiligten … Es wurden die falschen Wölfe in restriktiver Umgebung beobachtet – und ergo die falschen Schlüsse gezogen. Ein Leben hinter Gittern wird immer von der Norm abweichende Sozialstrukturen offenbaren bzw. nach sich ziehen, die niemals als repräsentativ für ein normales Miteinander gelten können!

Auch sind Hunde keine unvollständigen Wölfe, sondern wohl die einzigen Tiere weltweit, die in ihrer Sozialstruktur den Menschen mittlerweile dermaßen ähneln, dass ein harmonisches und für beide Seiten Glück bringendes Zusammenleben möglich ist. Im Gegensatz zu den Wölfen der Gegenwart sind unsere Hunde außerordentlich kontaktfreudig und suchen dank ihrer Fähigkeit zur Mehrfachsozialisation häufig auch die Nähe zu Menschen und Artgenossen, die nicht zur Familie gehören. Dieses prosoziale Bindungsverhalten ist vermutlich der Grund dafür, dass Hunde zum wohl beliebtesten Begleiter des Menschen geworden sind.

In der überarbeiteten Auflage von »Was Hunde wirklich wollen« geht es dabei natürlich in erster Linie um die Beantwortung der Fragen: Wann und wie verläuft ein Zusammenleben zwischen Mensch und Hund wirklich harmonisch? Woran lässt sich erkennen, ob unsere Hunde mit ihren Verhaltensweisen Wohl- oder Unwohlsein ausdrücken? Wann kann und muss man von normalem, gestörtem oder unerwünschtem Verhalten sprechen? Wie kann ich meinem Tier helfen? Es ist wichtig, sich hinreichend Kenntnisse vom Verhalten der Hunde zu verschaffen, um die täglich zu beobachtenden tragisch-komischen Missverständnisse zwischen Menschen und Hunden zu vermeiden. Kennt man das Normalverhalten der Hunde, so sind viele der von uns Menschen als störend und unerwünscht empfundenen Verhaltensprobleme nicht nur als »normal« zu bezeichnen, sondern man kann und sollte in bestimmten Situationen diese als »Stressventile« zulassen, um Schlimmeres zu vermeiden! Auch ist es toll, wenn wir uns und der Öffentlichkeit Hundeverhalten im Alltag erklären können.

Natürlich werden im Buch auch echte Verhaltensstörungen, ob als erfolglose Notanpassung, als krankhafte Veränderung und psychische Störung oder als übersteigertes Normalverhalten, thematisiert. Nicht, um sich daran zu gewöhnen oder sich mit den Gegebenheiten zu arrangieren, sondern um sie zu verhindern oder positiv beeinflussen zu können.

Um die Hunde vor Stress, Krankheit, Leiden und dem Verlust von Wohlbefinden zu bewahren, sollten wir unseren »Zottelschnauzen« hinreichend Gelegenheit bieten, einfach »Hund« sein zu dürfen! Viel Spaß!

Ihr

Dr. Ronald Lindner

# Auf den Hund gekommen

**Kapitel 1** WELCHE BEZIEHUNG HABEN WIR ZUM HUND, UND WAS BEDEUTET SIE SOWOHL UNS ALS AUCH DEM VIERBEINER?

# Über die Beziehung Hund – Mensch

**DIE HUNDE HABEN MITTLERWEILE** uns Menschen als Hauptquelle für soziale Kontakte auserkoren. So ziehen viele Hunde das Zusammenleben in der Familie dem Leben mit Artgenossen vor. Doch wir haben noch nicht begriffen, welch unerschöpflicher, geistreicher und arbeitswilliger Schatz uns durchs Leben begleitet! Dazu müssten wir uns bemühen, unsere »Zottelschnauzen« als artfremde Individuen zu akzeptieren und einen adäquaten Umgang mit ihnen zu pflegen, den sie auch verstehen können und bei dem sie sich wohlfühlen.

Der Respekt und die Sorge für das Leben der uns anvertrauten Tiere müssen bei all diesen Überlegungen an erster Stelle stehen! Erst wenn wir das Verhalten der Hunde und ihre Ansprüche an die Haltung verstehen und um deren Bedeutung wissen, wenn uns endlich bewusst wird, was Hunde wirklich wollen, werden sie sich in unserer Obhut auch wohlfühlen.

# Wie Mensch und Hund
## miteinander auskommen

Seit über 15.000 Jahren oder länger nähert sich nun mittlerweile der Wolf, später der Hund dem Menschen an. Dabei besaß der »Ur-Wolf« als Vorfahre unserer heutigen Haushunde eine angeborene »doppelte Beziehungsfähigkeit«. Eine Art Mutation befähigte die damaligen Wölfe zu einer sogenannten Doppelidentität, wobei sie ihr Sozialverhalten auf den Artgenossen und den Menschen gleichermaßen auszurichten vermochten und somit eine bislang einzigartige Form der Domestikation und Sozialisation mit dem Menschen möglich wurde. Unsere heutigen Hunde gleichen in ihrem Sozialverhalten jungen Wölfen, die zwar erwachsen und geschlechtsreif, jedoch immer sozial abhängig vom Menschen bleiben. Während der Domestikation blieben sie in der immerwährenden Unbekümmertheit der Jugend »stecken« (Neotenie). So bewahren sie sich bis ins hohe Alter ihre Vorliebe für Spiele, ihre Flexibilität im Verhalten und die grundsätzliche Freundlichkeit und Fairness gegenüber uns Menschen.

## Der Hund – ein Wildtier passt sich an

Die Hunde lernten über viele Jahrtausende hinweg, immer besser aus Mimik, Gestik, Körperhaltung und dem verbalen »Kauderwelsch« des Menschen zu lesen und zu verstehen, was dieser gerade verlangte, was er fühlte und wie man als Begleiter eben das Richtige machte, um in den Genuss von ein paar Brocken Futter und der wohligen Wärme des Feuers zu kommen.

Ganz klar, der Wolf (respektive der Hund) war fleißig, er beobachtete den Menschen und lernte, sich auf ihn einzustellen. Vor allem aber lernte er, dass Menschen oft unberechenbar, launisch, inkonsequent und wirklich schwer zu verstehen sind. Und was taten wir, die »Krone« der göttlichen Schöpfung? Bemühten wir uns ebenfalls, die Sprache der Hunde zu verstehen? Nun, die Antwort dürfte aufgrund der täglich vielfachen Missverständnisse zwischen Hund und Mensch

> Der Mensch ist nicht der kompetenteste Dolmetscher der Hundesprache.

nicht schwerfallen. Wir sind im Umgang mit Hunden fast tragisch-komisch erfolglos. Da wir zu faul oder ignorant sind, die Eigenheiten der Hundesprache zu erkennen und zu akzeptieren, sind wir Hundebesitzer oft nicht in der Lage, das, was die uns anvertrauten Schützlinge mitteilen wollen, richtig zu übersetzen. Der Mensch ist nicht der kompetenteste Dolmetscher der Hundesprache. Treten Probleme auf, dann liegt die Schuld natürlich beim Hund – wie anmaßend von uns!

### Konflikte – ein Übersetzungsproblem

Die Mehrzahl der heutigen Konflikte zwischen Mensch und Hund entstehen überwiegend aus den sich widersprechenden Interessen der Menschen. So schätzen wir einerseits den Hund als

Familienmitglied, Bewacher und Beschützer oder als Arbeitshund, bekommen jedoch andererseits durch die wachsende Entfremdung von der Natur und die fehlende Bereitschaft, die Eigenheiten der Tierart »Hund« kennenzulernen, zunehmend Angst vor dem Hund. Aus diesem Grund könnte man uns die Generalschuld am artübergreifenden Kommunikationsproblem zuweisen. Doch man darf nicht vergessen, dass wir Primaten (Säugetierordnung mit Halbaffen, Affen Menschenaffen und Menschen)) sind und wie diese denken, fühlen und handeln. Die enge Verwandtschaft mit den Menschenaffen wird mehr als deutlich, vergleicht man deren Verhaltensmuster mit den unsrigen. Ebenso wie unsere Verwandten aus dem Dschungel zeigen wir einander Zuneigung, indem wir uns umarmen, küssen und in die Augen schauen. Unsere Vierbeiner sehen jedoch in diesen Gesten etwas anderes, auch wenn wir dies häufig nicht wahrhaben können oder wollen. Für sie bedeutet eine

Welpen lernen täglich auf spielerische Art und Weise das Lesen und Zeigen von Mimik, Gestik und Körpersprache als das Wesen der arteigenen Kommunikation.

Umarmung oder ein Anstarren unter Umständen eine Bedrohung. Und beim Küssen, den sogenannten »Schnauzenzärtlichkeiten«, bitte Anstand wahren und nicht in die Augen schauen! Hunde lecken unsere Lefzen, äh Verzeihung, Lippen urplötzlich von unten oder seitlich und meiden dabei den Augenkontakt – und dies ist dann aus Sicht des Hundes wohlwollend.

## Hunde – faszinierend und verkannt

Das Leben mit unseren Hunden könnte beiderseits so erfüllt und voller Harmonie sein, wenn wir Menschen uns ihnen gegenüber als verlässliche Sozialpartner verhalten würden. Oft jedoch erkennen wir weder die elementarsten Grundbedürfnisse der Hunde, noch beachten oder fördern wir diese im täglichen Zusammenleben. Dass dies bereits häufig das Wohlbefinden in unterschiedlicher Ausprägung beeinträchtigt, verdrängen oder verharmlosen wir. Wir stehen immer noch am Anfang des Verstehens und Erkennens von mimischen, gestischen und akustischen Signalen und können an der Reaktion der Hunde immer noch nicht völlig begreifen, wie unsere eigene Körpersprache auf die Hunde wirkt. Und nicht zu vergessen: Die große Welt der Gerüche und deren für unsere Hunde so lebenswichtige Bedeutung wird für uns wohl immer nur eingeschränkt wahrnehmbar bleiben. So viel ist bereits über Hunde geforscht, erklärt und deren Verhalten interpretiert worden, und dennoch können wir uns nicht von unserer menschlichen Betrachtungsweise der Dinge der Welt lösen. Ob Meeressäuger, Berggorillas oder sonstige Sympathieträger – was uns ähnlich ist oder scheint, wird gemocht und geliebt, notfalls auch verteidigt, wenn es ihnen schlecht geht. Und der Hund? Der domestizierte Wolf ist ein »Kunstprojekt« des Menschen, ein Zuchtprodukt der Zivilisation und modernen Gesellschaft, einzigartig in seiner Vielfalt und Variabilität, ausge-

stattet mit fantastischen Sinnen und einer phä-
nomenalen Anpassungsfähigkeit. Gönnen wir
ihm mehr Wertschätzung. Lassen wir ihn idealer-
weise ein Leben als Hund führen!

## Weshalb halten wir uns Hunde?

Wie aber steht es mit der Lobby unserer täglichen »Begleiter auf vier Pfoten«? Halten wir sie
aus Mitleid, indem wir die Tiere aus Tierheimen
übernehmen oder aus dem Urlaubsland nach
Hause »erretten«? Nutzen wir den Hund als
»Sportgerät«, oder erhoffen wir uns von ihm
Schutz, wenn wir uns bedroht fühlen? Sind wir
als prestigeorientierte Besitzer an einem Rassehund interessiert, um unser Selbstwertgefühl und
Ansehen zu verbessern? Suchen wir als naturver-
bundene, aber sozialisolierte Menschen im Hund
einen Sozialpartner und Gefährten, auch, um
soziale Kontakte im menschlichen Umfeld herzustellen? Oder geben wir unseren Hunden Arbeit,
etwa als Hütehund, Blindenführ- oder
Servicehund, weil wir um die Arbeitswilligkeit
der Tiere wissen oder weil wir sie schlicht als
»Angestellte« tatsächlich benötigen?

## Pro und kontra Hundehaltung

Die Mehrheit der Hunde- und Nichthundebesitzer ist sich einig: »Mit Hunden lebt man
glücklicher!«

**Das spricht für die Hundehaltung:** Das Pro be-
nennt dafür vielerlei Gründe. So wird das allgemeine Wohlbefinden und die Nähe zur Natur
gefördert; Alltagsprobleme können besser bewäl-
tigt werden, wobei ein Hund stabilisierend, motivierend und aktivierend wirken kann. Innerhalb
der Familie stellt ein Hund den »Krisenmanager«
dar, unter anderem bei Scheidungen oder
schlechten Schulnoten. Zudem ist der Hund
längst zu einem bedeutenden Wirtschaftsfaktor
geworden, wobei er nicht nur Tausende von

Arbeitsplätzen schafft oder für finanzielle Ein-
sparungen im Gesundheitswesen in Milliarden-
höhe sorgt. Vielmehr erleichtert und unterstützt
er menschliche Arbeit auch aktiv als Dienst- und
Rettungshund oder als Hauptakteur in tiergestützten Therapien.

**Das spricht gegen die Hundehaltung:** Demgegenüber gibt es leider auch einige Kontras,
wonach eine art- und verhaltensgerechte Haltung von Hunden infrage gestellt werden muss.
Hundebesitzer werden nicht selten diskriminiert
und kriminalisiert bis hin zur sozialen Ausgren-
zung. Häufiger Streitpunkt ist der Anfall und die
Beseitigung von Hundekot.

Und trotz Tierschutzgesetz (→ Seite 241), das die
tiergerechte Haltung von Hunden fordert, besteht vielerorts ein permanent geforderter Lei-
nen- und Maulkorbzwang und es gibt zu wenig
Auslaufmöglichkeiten. Zudem sind Bußgelder
unverhältnismäßig hoch, und die Sachkompe-
tenz bei einigen Vertretern der Züchter und
Hundeschulbetreiber lässt zu wünschen übrig.
Von Gesetzgeberseite her gibt es weder zeitgemä-
ße noch wissenschaftlich fundierte geltende
Gesetze und Verordnungen zur Hundehaltung
sowie unwissenschaftlich verordnete Restriktionen gegenüber bestimmten Hunderassen
(Rassismus gegenüber sogenannten »Kampfhunderassen«).

**Was können Hundebesitzer tun?** Zunächst sollten sie die Ängste der Mitmenschen akzeptieren
und ihre Hunde bei Bedarf zurückrufen und
vorübergehend anleinen. Nehmen Sie sich Zeit
für positive Kontakte zwischen Ihrem Hund und
Kindern bzw. deren Eltern; das kann zu werbewirksamen Schlüsselerlebnissen »pro Hund« bei
den Erwachsenen führen und prägend für die
Zukunft der Kinder sein.

Viele umsichtige Hundehalter haben Kotbeutel-
chen dabei, wobei es ihnen jedoch kaum zuzumuten ist, diesen »Doggy Bag« mit sich herum
und nach Hause zu tragen.

15

# Fühlt sich Ihr Hund
# bei Ihnen wohl?

**VIELE HUNDEBESITZER** stellen sich immer wieder dieselben Fragen: Fühlt sich mein Tier wohl? Was gehört zu einer artgemäßen und verhaltensgerechten Hundehaltung? Woran erkenne ich, ob das Zusammenleben zwischen Mensch und Vierbeiner optimal verläuft?

Einen wichtigen Hinweis auf die Befindlichkeit von Tieren liefert ihr Ausdrucksverhalten. Hunde verfügen über ein sehr vielgestaltiges und von der menschlichen Sprache stark abweichendes

Verständigungssystem. Ihre Kommunikation erfolgt über sichtbare, hörbare und geruchliche Signale sowie Berührungsreize, die wechselseitig übertragen werden. Als Sender und Empfänger fungieren dabei sowohl Hunde als auch der Mensch. Aus Mimik und Gestik, aus Bell-, Heul- oder Winsellauten oder auch durch Körperstellung und Körpereinsatz lassen sich Emotionen bis zu einem gewissen Grad deuten. Wie aber sind diese Empfindungen zu bewerten?

# Mangelndes Wohlbefinden –
## woran erkennt man es?

Tiere werden oftmals geschützt, weil wir überzeugt sind, dass sie genau wie wir fähig sind, Freude, Schmerz und Leid zu empfinden. Um beurteilen zu können, ob Tiere im Sinne des Tierschutzgesetzes, Paragraf 2 (→ Seite 241) Leiden, Schäden oder Schmerzen ertragen oder erlitten haben, benötigen wir wissenschaftlich fundierte Aussagen, wie sich Verhaltensänderungen äußern. Denn nur darüber lässt sich die Befindlichkeit eines Tieres beurteilen.

## Forschungsobjekt: das Wohlbefinden der Tiere

Verschiedene Wissenschaftler haben sich der Thematik »Wohlbefinden bei Tieren« angenommen, davon möchte ich drei kurz nennen.
- Modell des Analogieschlusses (SAMBRAUS, 1997): Dieses Modell geht davon aus, dass wir bei der Beurteilung von Emotionen von uns auf die Tiere schließen (»DU-Evidenz«). Es wird zwar immer noch sehr häufig angewendet, jedoch nicht ohne erhebliche Risiken. So begreift kaum ein Hundehalter, dass sein Tier leiden kann, obwohl es – durch den Tierarzt bestätigt – keine organische Erkrankung hat!
- Modell der Bedarfsdeckung und Schadensvermeidung (TSCHANZ, 1993): Demnach leidet ein Tier, wenn sein Bedarf an Nahrung oder Sozialkontakten nicht erfüllt wird und Schäden entstehen. Bei dem Versuch, dem Leiden zu entgehen, ändert das Tier sein Normalverhalten und passt sich der Situation an. Ist die Anpassungsfähigkeit ausgereizt, tritt wieder Leiden ein.

- Handlungsbereitschaftsmodell (BUCHHOLTZ, 1993): Mit seiner Hilfe lässt sich über die Beurteilung des tierischen Verhaltens die Tiergerechtheit eines Haltungssystems einschätzen. Das heißt, zeigt ein Hund gestörtes Verhalten, ist die Haltung nicht tiergerecht. Zur Beurteilung arbeitet es mit einer Art »Marker«, also mit sogenannten Indikatoren, die etwas über Haltungsmängel und das Wohlbefinden der Tiere aussagen. Vergleicht man unsere heutigen Haushunde mit ihrer nicht domestizierten Wildform, dem Wolf, so können jedoch Verhaltensweisen, die dort in Freiheit auftreten und die vom Hund nicht oder in veränderter Form gezeigt werden, nicht zwangsläufig eingeschränktes Wohlbefinden beim »Haushund« suggerieren.

## Hunde tiergerecht halten

Weshalb ist Wohlbefinden nun so wichtig für die Haltung von Tieren, speziell von Hunden, in menschlicher Obhut? Reicht es nicht aus, dass wir unsere Vierbeiner wie Menschen behandeln, nach dem Motto »Was mir guttut, ist auch das Richtige für meinen Hund …«?
Nein, dies würde den Ansprüchen unserer Hunde ans Leben nicht gerecht! Das sogenannte »Adaptationssyndrom« (→ Seite 240) befähigt viele unserer Haus- und Heimtiere, vielgestaltige »Katastrophen« (multiple Stressoren) in ihrer zum Teil widernatürlichen Umgebung auszugleichen, zu kompensieren, indem sie sich mit dem ihnen angebotenen Lebensumfeld arrangieren und dabei nicht selten zwischen Tod oder einem Leben mit erheblichen Leiden wählen müssen. Solange

17

der Begriff »Wohlbefinden« oberflächlich als Zustand eines Tieres, individuell mit seiner Umwelt »zurechtzukommen«, verstanden wird, werden Tiere leiden! Paradebeispiele für derartige Notanpassungen sind unter anderem einzeln lebende Papageien in Käfigen, Hunde in permanenter Zwingerhaltung oder die Übernahme von »Bauernhofkatzen« in eine reine Wohnungshaltung ohne Freilauf.

### Schmerz – Schäden – Leiden: eine Begriffsbestimmung

Versuchen wir nun, die viel zitierten Begriffe von Schmerz, Leiden und Schäden zu erklären.

**Schmerz:** Er kommt unangenehm daher, plötzlich oder schleichend und schützt uns und unsere Tiere vor Schlimmerem. Empfinden Hunde Schmerzen, so quieken, fiepen oder winseln sie mehr oder weniger laut auf. Sie zittern meist am ganzen Körper und halten uns demonstrativ die verletzte Pfote entgegen. Sie bewegen sich anders als gewöhnlich, reißen die Augen weit auf oder sind apathisch und ängstlich. Auch beschreiben einige Hundebesitzer regelrechte »Schmerzgesichter« ihrer Lieblinge.

**Schäden:** Ein mehr oder weniger schwerwiegender Schaden liegt vor, wenn ein Hund geistig oder körperlich mehr und mehr verfällt, sodass er nicht mehr so leben kann wie bisher.

**Leiden:** Der Hund leidet, sobald er nicht mehr in der Lage ist, die ihm entstandenen Schäden oder von ihm gefühlten Schmerzen auszugleichen, das heißt zu kompensieren. Sie können den Zustand des Nichtwohlbefindens nicht mehr lindern und befinden sich im Zustand eines schädlichen Dauerstresses, Distress genannt (→ Seite 22). Dieser kann unter anderem auch dann entstehen, wenn Hundehalter ihre Schützlinge mit verbaler Strafe (etwa Schimpfen oder Schreien) oder gar durch physische Gewalt (Schläge, Leinenruck oder Ähnliches) erziehen wollen!

## Anzeichen für fehlendes Wohlbefinden

Als Indikatoren gelten sogenannte »Marker« bzw. »Stopps«, die etwas über Haltungsmängel und fehlendes Wohlbefinden unserer Hunde aussagen können. Dabei müssen bei einem Hund, der leidet, die folgenden »Marker« nicht alle gleichzeitig auftreten. Es genügt bereits ein einziger Indikator, um sich um das Wohlbefinden seines Schützlings Sorgen machen zu müssen!

Diese Stopps finden Sie über das ganze Buch verteilt, immer wenn ich ein Verhalten beschreibe, das für den Hund Leiden bedeutet. Auf Seite 23 sind sie noch einmal zusammengefasst.

### Stereotypien ⚠ 1

Als erster Indikator für fehlendes Wohlbefinden nenne ich die berühmten Stereotypien, also ständig sich wiederholende Verhaltensmuster, die weder ein erkennbares Ziel noch eine sinnvolle Funktion haben. Diese stereotypen Handlungen sind in der Regel als Verhaltensstörung anzusehen, da sie normale Verhaltensabläufe beeinträchtigen oder komplett unmöglich machen. Das Tier zeigt gleichförmige bis ritualisierte Bewegungen bis hin zur körperlichen Erschöpfung ohne Sinn und Zusammenhang zu Umwelteinflüssen. Die Tiere scheinen zu »spinnen«. Ein bekanntes Beispiel für eine Stereotypie ist der Löwe im zoologischen Garten, der in seinem Käfig ständig hin- und herläuft. Zu den häufigsten stereotypen Handlungen beim Hund gehören andauerndes Bellen ohne erkennbaren Zusammenhang zur Umwelt, übermäßiges Lecken und Kratzen des Fells bis hin zur Selbstzerstörung bzw. Selbstverstümmelung (Automutilation) sowie Bewegungsstereotypien wie Graben, Manegebewegungen (am Zaun auf und ab laufen), Im-Kreis-Laufen oder Drehen an der Leine. Diese

Formen hängen meist mit Konfliktsituationen an territorialen Grenzen wie Zwinger, Käfig, Grundstücksgrenzen und Leine (etwa Laufleine oder Anbindehaltung) zusammen. Der Hund versucht, den Stress und die Frustration aufgrund einer permanenten Anbinde- und Zwingerhaltung oder weil er ausschließlich an der Leine und niemals im Freilauf ausgeführt wird, mittels Bewegungsstereotypien zu kompensieren. Dies sind typische Beispiele, dass unangemessene Haltungsbedingungen und gezeigtes stereotypes Verhalten ursächlich zusammenhängen können.

**Ursachen:** Zu nennen wären unter anderem die Einzelhaltung bzw. die fehlende artgerechte Einbindung der obligat sozialen Hunde in den Sozialverband »Familie«, plötzliche einschneidende Veränderungen in der Gruppe wie Auszug, Trennung oder Tod eines menschlichen oder tierischen Familienmitglieds, Zwinger- und Anbindehaltung (Monotonie, geringe Bewegung, kein Sozialkontakt), Ausbildung und Training mit Gewalt oder Gewaltandrohung ohne Ausweichmöglichkeit, Überforderung im Training, Langeweile oder falsches Umgebungsmanagement wie strukturarme und immer gleiche Auslaufflächen.

## Gestörter Schlaf-Wach-Rhythmus

Wenn der Schlaf-Wach-Rhythmus aus den Fugen gerät, sind die Hunde nachts unruhig. Sie zeigen veränderte oder verkürzte Schlafzeiten ohne Tiefschlafphasen oder Träume, schlafen vermehrt am Tag, ruhen aber kaum. Auf äußere Reize reagieren sie extrem sensibel.

**Ursachen:** Ein gestörter Schlaf-Wach-Rhythmus kann unter anderem ausgelöst werden durch einen falschen Trainingsansatz, wie Überforderung, Anwendung von Gewalt, verschiedene Kommandos für dasselbe Verhalten, oder durch andauernde Reizüberflutung in der Umgebung. Das können zum Beispiel permanente Kontakte mit Artgenossen in sogenannten Hundekindertagesstätten (→ Seite 130) oder eine andauernde lautstarke Geräuschkulisse sein. Auch wenn Hunde zu lang (pro Einsatz) in sozialen Einrichtungen arbeiten, werden sie überfordert.

Ein kleiner Wettkampf in Ehren – was wie ein Synchronschwimmen aussieht, ist eine ritualisierte Auseinandersetzung um Besitztümer und potenzielle Beute. So üben die beiden das Gewinnen und Verlieren.

## Fehlende Körperpflege

Körperpflege zählt zum Komfortverhalten (→ Seite 46). Sobald Hunde keine entspannenden Körperpflegehandlungen wie Lecken und Beknabbern des Fells und kein arteigenes Entspannungsverhalten (sich strecken, räkeln oder schütteln) mehr zeigen, kann man bereits von erheblichem Leiden ausgehen.

**Ursachen:** Sie sind vielschichtig und reichen von massiven Angst- und Schreckerlebnissen über Distress (→ Seite 22) im Sozialverband (unter anderem zu viele Hunde im Verhältnis zum Raumangebot) bis hin zu allgemein einschränkenden (restriktiven) Lebensbedingungen.

## Aufmerksamkeitsdefizitsyndrom/ADHS und Hyperaktivitätsstörung

Hunde, die darunter leiden, fallen durch Konzentrationsschwierigkeiten, Hyperaktivität, ein geringes Durchhaltevermögen oder ein Impulskontrollproblem (häufige Aggression aus »heiterem Himmel«) auf. Auch zeigen sie Schwierigkeiten beim Entspannen und können sich nicht an bestimmte Reize wie etwas Neues gewöhnen. Die Besitzer sagen häufig: »Mein Hund ist zu blöd.«

**Ursachen:** Meist sind die Besitzer selbst die Ursache für ein mangelhaftes Wohlbefinden ihrer Tiere, weil sie Hunde aus Arbeitsrassen bzw. Arbeitslinien (Border Collie, Dobermann, Malinois, Deutscher Schäferhund) nur unzureichend und unregelmäßig beschäftigen oder die geforderte Arbeit dermaßen gestalten, dass die Tiere nicht ausgelastet sind. Werden die Hunde für eine inkorrekte Handlung falsch bestätigt oder für ein positives Verhalten falsch belohnt, indem sie nur ab und an (intermittierend) für das richtige Verhalten ein Lob erfahren, führt dies oft ebenso zu einer Aktivitätssteigerung. Häufige Isolation vom Sozialverband (Zimmerkäfig, Zwinger und Ähnliches) kann dazu führen, dass sich diese Hunde durch das Wegsperren dermaßen in Aktivitäten

hineinsteigern und dadurch in einen Teufelskreis aus Sozialisolation und exzessivem Bestreben, erneut Aufmerksamkeit zu erhalten, geraten.

## Fehlendes Erkundungsverhalten

Beim Ausfall des Erkundungsverhaltens (Exploration) kommt es zu einem Zustand der Gleichgültigkeit gegenüber der Umwelt, das heißt, dass der Hund weder sucht noch erkundet. Dagegen ist das Aufnehmen von Gerüchen in Verbindung mit dem Laufen charakteristisch für Hunde, die großes Interesse an ihrer Umwelt haben.

**Ursachen:** Dies sind allgemein negative Erlebnisse und hohe Belastungen, die auf das Tier einwirken. Ein Beispiel ist die negative gedankliche Verbindung (Assoziation) mit dem Boden: Er führte zu einem Schmerzerlebnis und löst nun Angst aus. Diese beeinträchtigt das Lernverhalten.

## Fehlendes Spielverhalten

Sobald ein Hund nicht mehr spielt, ist seine Befindlichkeit stark gestört, denn das Spielverhalten ist für obligat soziale Tiere wie Hunde für das Erlernen von Verhaltensstrategien und Handlungskonzepten essenziell wichtig. Hunde spielen nur in entspanntem Umfeld, negative Stressoren behindern das Spielverhalten. Je länger und intensiver ein Hund spielt, desto wohler fühlt er sich.

**Ursachen:** Hunde spielen nicht, wenn sie sich in ihrer Umgebung nicht wohlfühlen oder wenn sie durch Krankheit, Angst oder Unsicherheit keine Energie für das Spielen haben.

## Apathie und Depressionen

Kennzeichen sind motorische Verlangsamung, reduziertes Ausdrucksverhalten und Interesselosigkeit an der Umwelt. Apathien können auch mit nächtlicher Unruhe, Erbrechen, Durchfall und hoher Fluchtbereitschaft zusammenhängen.

Hunde sind von Natur aus »Lauftiere« voller Energie. Sie benötigen täglich Freilauf in wechselnder Umgebung, um sich wohlzufühlen.

**Ursachen:** Durch stressende Erziehungsmethoden des Besitzers (Gewalt, Gewaltandrohung) sind die Hunde entmutigt und können alltägliche Anforderungen nicht mehr bewältigen.

## Ängste vor der Umwelt  8 9

Empfinden Hunde Angst vor der belebten oder unbelebten Umwelt, befinden sie sich oft jahrelang im Dauerstress. Treten diese Ängste in gesteigerter Form auf, ist der Hund nicht mehr in der Lage, sein Verhalten zu kontrollieren. Dann leidet er unter einer Phobie, das heißt, er reagiert mit starken Anzeichen von Erregung wie Lautgebung, Speicheln, Hecheln, Flucht, Ausbruchsversuche, Rückzug, Harn- und Kotabsatz oder Erbrechen. Oder sein Gefühl der Angst entgleist und führt zu Panik. Nicht selten entwickelt sich eine Phobophobie (Angst vor der Angst): Ein Tier, das beispielsweise unter Geräuschangst leidet, nimmt bereits vor dem eigentlichen Angstauslöser (etwa Feuerwerk, Donner bei Gewitter, Straßen- oder Baulärm) bestimmte Situationen oder Nebengeräusche wahr, die das angstauslö-

sende Ereignis ankündigen (Veränderungen des Luftdrucks vor dem Gewitter). Diese Vorboten bewirken ein körperliches Unwohlsein, das heißt, sie führen bereits zu Angst, bevor die eigentlichen angstauslösenden Geräusche auftreten. Das Lernvermögen ängstlicher Tiere ist in jedem Fall beeinträchtigt. Phobisch und panisch reagierende Hunde sind weder fähig, Signale aus der Umwelt aufzunehmen, noch diese zu verarbeiten – ihre Lernfähigkeit ist häufig gleich null!

**Ursachen:** Ängste entstehen durch einen Mangel an Erfahrungen in der Welpenzeit und durch negative Erlebnisse. Auch können Ängste bzw. deren niedrige Reizschwelle weitervererbt und durch den Menschen meist unwissentlich durch Trösten verstärkt werden.

## Aggressive Reaktionen 10

Aggressionen sind eine angeborene innere und äußere Stressreaktion des Körpers auf Bedrohung. Sie sind demnach Verhaltensweisen, die zum Normalverhalten zählen können. Als Verhaltensstörung gelten sie dann, wenn sie in einer Art und Weise gezeigt werden, die dem Tier eher Schaden als Nutzen bringen, und wenn sie in ihrer gesteigerten Form schlimmstenfalls zum Tod des Hundes führen können.

**Ursachen:** Aggressive Hunde empfinden Wut, da sie im Zustand der Angst der entsprechenden Bedrohung nicht durch ihr angeborenes bevorzugtes Deeskalationsverhalten (Flucht-, Meide- und Übersprungverhalten, passive Demut) entgehen können. Frustration und Angst wandeln sich also in Wut, wobei der Hund zu aggressivem Verhalten als Konfliktlösung förmlich genötigt wird.

## Handlungsunfähigkeit 11

Besonders tragisch ist die erlernte Hilflosigkeit zu bewerten. Sie beschreibt den handlungsunfähigen Zustand eines Hundes, nachdem er die Erfahrung gemacht hat, dass weder ein von ihm ge-zeigtes Deeskalationsverhalten noch Aggressio-nen einen Einfluss auf die Situation haben.

**Ursachen:** Sie sind vielfältig. Häufig führen eine zu harte Einwirkung bei Strafmaßnahmen und Situationen, in denen der Hund entweder keine Möglichkeit zur Flucht hat oder schlichtweg überfordert ist, zu erlernter Hilflosigkeit. Aber auch ein häufiger Wechsel von Lob und Tadel für das gleiche Verhalten führt nicht selten zu Ver-wirrung und Hilflosigkeit.

### Jagdverhalten gegenüber Sozialpartnern ⚠

Jagdverhalten gegenüber Artgenossen und Men-schen ist ein Zeichen für mangelhaftes Wohlbe-finden, da sich Hunde nie wohlfühlen, wenn sie potenzielle Sozialpartner jagen!

**Ursachen:** Verharmlost oder zu spät erkannt, etabliert sich das Jagen von flüchtenden Sozial-partnern meist aus dem spielerischen Verfolgen einer Ersatzbeute, die ihrerseits extremes Deeska-lationsverhalten zeigt. Besonders gefährlich sind Hunde, die weder sozialisiert sind noch von klein auf ein natürliches Jagdspektrum kennenlernen durften.

## Guter und schlechter Stress

Jeder, der ein Tier hält, muss nach Paragraf 2 des Deutschen Tierschutzgesetzes (→ Seite 241) dafür sorgen, dass es sich generell entsprechend normal, das heißt stressfrei verhalten kann. Ist das überhaupt möglich? Zumindest gibt es »gu-ten« und »schlechten« Stress, und dies ist wirk-lich buchstäblich so gemeint.

**»Guter« oder positiver Stress (Eustress):** Dies bedeutet, dass mehr oder weniger kurze Belas-tungen mit zwischengeschalteten Erholungspha-sen auf Tier oder Mensch einwirken. Dieser Stress hält uns und unsere Hunde wach und fit,

lässt er uns doch gleichermaßen aktiv am Leben teilnehmen. Auch sind geistige wie körperliche Anforderungen wünschenswert. Und so steigern wir fast nebenbei auch unsere sogenannte indivi-duelle Fitness (→ Seite 242).

**»Schlechter« oder negativer Stress (Distress):** Bei negativem Stress kann weder Mensch noch Tier die einwirkenden Reize aus der Umwelt ver-arbeiten und die täglichen Probleme bewältigen. Beispiele für hochgradigen Negativstress sind die völlige Isolierung von Welpen und Jungtieren (sogenannte »Stumme Aufzucht«), die isolierte Haltung von obligat sozialen (→ Seite 244) Tie-ren wie Hunden oder Vögeln oder der perma-nente Maulkorb- und Leinenzwang bei Hunden. Anbinde- und Zwingerhaltung von Hunden ver-ringern automatisch die erfahrbare Reizvielfalt für obligat soziale Tiere und widersprechen den Forderungen des Tierschutzgesetzes, Paragraf 2. Besonders nachhaltig und schlimm ist der »schlechte« Stress, sobald er chronisch wird. Wenn Hunde auf Reize aus der Umwelt nicht mehr angemessen und »normal« reagieren dür-fen, verlernen sie es, sich mit bestimmten Lebens-situationen auseinanderzusetzen. Dadurch verän-dert sich ihr Verhalten. Bei immer wiederkehrendem »schlechtem« Stress werden die Hunde häufig apathisch, erstarren vor Angst, zeigen Frust und nicht selten Aggressionen. Besonders drastisch sind die Auswirkungen des negativen Stresses, wenn wir die Hunde auf Dau-er zur »Arbeitslosigkeit« und zum Nichtstun ver-urteilen. Sie langweilen sich irgendwann. Im Extremfall kann die empfundene Ausweglosigkeit sogar zu Depressionen oder »Selbstzerfleischung« im wörtlichen Sinn führen: Die Tiere verstüm-meln sich selbst. Das Verhalten ist demnach erheblich gestört. Die Hunde sind hoch motiviert und wollen sich erfolgreich mit den Unbilden des Lebens auseinandersetzen. Da jedoch keine der versuchten Strategien aus der Krise herausführt, fühlen sie sich hilflos. Sie leiden!

## ZWÖLF MARKER FÜR UNWOHLSEIN BEIM HUND

**1** Der Hund zeigt Stereotypien, also gleichförmige Bewegungen ohne Sinn.
Seite 18, 116ff., 131, 134ff., 143, 151ff., 160ff., 200

**2** Der Schlaf-Wach-Rhythmus des Hundes ist gestört, es fehlen die erholsamen Tiefschlafphasen und Träume.
Seite 19, 130, 134, 200f.

**3** Die entspannenden Körperpflegehandlungen wie sich strecken, räkeln oder schütteln fallen weg.
Seite 20, 137ff.

**4** Der Hund zeigt Aufmerksamkeitsdefizite und Hyperaktivität; er kann sich nur schwer entspannen und konzentrieren.
Seite 20, 119, 131ff., 159f., 200f.

**5** Das Erkundungsverhalten des Hundes, das heißt sein Interesse an der Umwelt ist reduziert oder fehlt ganz.
Seite 20, 143ff., 152, 200f.

**6** Das Spielverhalten des Hundes sowohl mit sich als auch mit Sozialpartnern ist reduziert oder fehlt ganz.
Seite 20, 158ff., 200f.

**7** Der Hund reagiert apathisch und hat Depressionen.
Seite 20, 143ff., 194ff., 200f.

**8** Der Hund zeigt Ängste, Phobien und Phobophobien (= Angst vor der Angst).
Seite 21, 97, 119, 126ff., 143ff., 147f., 151, 174ff., 179, 181ff., 194ff., 198

**9** Das Lernvermögen des Hundes ist beeinträchtigt (bei Ängsten) oder ausgeschaltet (bei Phobien oder Phobophobien).
Seite 21, 131, 149, 198, 200f.

**10** Der Hund reagiert mit Aggressionen.
Seite 21, 118, 122ff., 139, 151, 159ff., 168, 172f., 178ff., 181f., 194, 200

**11** Der Hund zeigt erlernte Hilflosigkeit, das heißt, er ist handlungsunfähig.
Seite 21, 147ff., 194

**12** Der Hund jagt Menschen und/oder Artgenossen.
Seite 22, 113, 116, 151, 194

# Normalverhalten des Hundes

**Kapitel 2** EIN BLICK AUF DEN STAMMVATER DER HUNDE, DEN WOLF, HILFT, DAS NORMALE VERHALTEN UNSERER VIERBEINER VERSTEHEN ZU LERNEN.

# Gibt es ein »Normalverhalten« des Hundes?

**MITTLERWEILE GIBT ES** weit über 400 verschiedene Hunderassen, vom winzigen Chihuahua bis zum größten Hund, dem Irischen Wolfshund. Bedenkt man die Vielfalt der Rassen und Linien, das hohe Maß an Individualität sowie die Verschiedenartigkeit im Zusammenleben mit dem Menschen, so stellt sich die Frage, ob man überhaupt vom »Haushund« als solchem sprechen kann. Spinnt man den Gedanken weiter, muss man sich auch fragen, ob es ein für alle Hunde

gültiges »Normalverhalten« gibt. Bei meinen Überlegungen, Recherchen und Diskussionen mit Kollegen stieß ich immer weitere Türen auf. Und mein erklärtes Ziel, ein allgemeines Verhaltensinventar für alle Hunde zusammenzustellen, rückte in immer weitere Ferne. Die Beschreibung von Hundeverhalten kann daher nur auf die jeweilige Rasse bzw. Linie unter Berücksichtigung des entsprechenden Altersabschnitts und Geschlechts des Hundes erfolgen. Oder doch nicht?

# Wolfsverhalten als Vorbild
## für »Normalverhalten« beim Hund?

Wie aber ist es mit dem Wolf? Könnte man nicht den Vorfahren aller Hunde und seine Verhaltensweisen zum Entwurf eines »Normalverhaltens« beim Hund heranziehen, sozusagen als »abgewandeltes Wolfsverhalten«? In gewisser Weise schon! Wer aber glaubt, das Verhalten von Wölfen auf unsere heutigen »Haushunde« direkt und unverändert übertragen zu können, der irrt gewaltig! Denn wir können nicht über 15.000 Jahre an Domestikation und sozialem Zusammenleben mit dem Menschen in dessen individuellen Hausständen ignorieren! Die Population der Hunde ist aufgrund ihrer Rassenvielfalt und deren Mischungen extrem uneinheitlich und hoch variabel. Zudem leben sie nicht wie Wölfe in weitestgehend einheitlichen Wohngebieten (Habitaten), sondern unter verschiedensten Haltungsbedingungen mit den unterschiedlichsten Haltern. Dies hat wiederum Auswirkungen auf das jeweilige Verhalten jedes einzelnen Hundes!

schätzen zu lernen, und unter anderem feststellt, »wie viel Wolf« noch bzw. »wie viel Mensch« schon in diesem steckt. Dafür finden Sie in jedem Kapitel einen Kasten »So macht's der Wolf«. Allerdings wäre es unfair und irreführend zugleich, Hunde wie so oft in der Literatur abwertend als »unvollkommene« Wölfe zu bezeichnen, weil sie viele Fähigkeiten ihrer wild lebenden Vorfahren verloren haben (kleineres Gehirn, schlechteres Riechen, Hören). Um zu überleben, mussten sie über die Jahrtausende andere Fähigkeiten entwickeln. Und dies ermöglichte ihnen die tägliche Auseinandersetzung mit der menschlichen Zivilisation.

> Hunde haben die große Fähigkeit entwickelt, mit uns Menschen zusammenleben zu können.

## Vom »Ur-Wolf« zum Haushund, ein vielschichtiger Prozess

Obgleich die Lebensweise des Wolfs nur ein Anhaltspunkt sein kann und Hunde domestikationsbedingt keine Wölfe (mehr) sind, stellen sowohl unsere heutigen Haushunde als auch ihre Vorfahren einige gemeinsame Ansprüche an die Lebensweise und an das Verhalten, und diese entsprechen nicht immer unseren Vorstellungen! Spannend kann es sicherlich für den Leser werden, wenn er beim Studieren der folgenden Kapitel versucht, das Verhalten seines Hundes ein-

### Weshalb der Wolf zum Menschen kam

Oder kam der Mensch zum Wolf? Worin bestand die anfängliche Zusammenarbeit? Ging die Initiative vom Menschen aus, indem die Frauen der vorzeitlichen Jäger die Wolfswelpen aufnahmen und säugten, oder näherten sich die Wölfe dem Menschen an, weil sie so problemfreier an Nahrung gelangten? Die Wahrheit dürfte in einer Kombination beider Theorien liegen. Beide, Mensch und Wolf, sind sowohl Jagdraubtiere als auch soziale Wesen mit ausgeprägten kommunikativen Fähigkeiten. Beide leben in sozialen Gemeinschaften – in einer Familie. In ihrem sozia-

## VERHALTENSSTUDIEN BEIM WOLF

Der Gesichtsausdruck ist eine bei Wölfen gut ausgeprägte Form der Körpersprache. Auch bei den meisten Hunderassen kann man diese Verhaltensstudien im Gesicht noch anstellen.

**1** Der aufmerksame Wolf richtet Augen, Ohren und Nase zur Informationsquelle – aus dieser Position heraus kann sich so gut wie alles an Verhalten entwickeln ...

**2** Mit aufgerichteten Ohren, deutlich gerunzeltem Nasenrücken, kurzem Lefzenspalt und fixierendem Blick geht dieser Wolf zum offensiven Abwehrdrohen über. Vermutlich lässt dieser Wolf noch ein tiefes Knurren hören.

**3** Das Zeigen der Zunge und Hecheln, spitze und nach hinten gezogene Maulwinkel, zurückgelegte Ohren sowie eine glatte Haut auf Nasenrücken und Stirn verraten den ängstlich-unterwürfigen Wolf. Er scheint den direkten Blickkontakt mit dem Gegner zu meiden.

**4** Der linke Wolf zeigt sicheres Drohen mit Nasenrückenrunzeln, Zähnezeigen mit runden Maulwinkeln und nach vorn gerichteten Ohren. Als Reaktion darauf pfötelt der potenziell unterlegene (rechte) Wolf um Vergebung, obwohl auch er seine »Waffen« präsentiert – Demonstration einer hochritualiserten Verständigung zwischen zwei erwachsenen Wölfen.

len Verhalten entwickeln sie einen Sinn für faires Verhalten, indem nicht immer der Stärkere gewinnen muss. Dieses beschwichtigende und friedensstiftende Verhalten wird gegenüber allen Mitgliedern der Gruppe gezeigt. Nach Streitereien wird sich versöhnt. Die langjährige Partnerschaft sowie die Jungenfürsorge durch die Eltern, Geschwister, Onkel und Tanten mit langer Periode kindlicher Abhängigkeit sind weitere Gemeinsamkeiten von Wolf und Mensch.

Die soziale Doppelidentität der »Ur-Wölfe« begünstigte letztlich ein künftiges Zusammenleben mit uns Menschen. Aber auch wir brachten diese einmalige Domestikation »ins Rollen«, indem wir uns in die kanide Familienstruktur einbrachten. Längst ist bekannt, dass Mitglieder einer Familie nicht genetisch verwandt sein müssen, um effizient miteinander leben zu können. Dabei basiert das Erkennen von Verwandten und die Bindung mit denselben nicht im gleichen Aussehen, sondern vielmehr auf Vertrautheit nach dem Motto: »… wer sich um mich kümmert, mir Zuwendung schenkt, an den binde ich mich – der gehört zu meiner Familie …« – im Übrigen eine einzigartige Fähigkeit unserer Hunde, zu der heutige Wölfe selbst bei Handaufzucht niemals in der Lage sein werden …

**Theorie der Co-Evolution:** Sie wird gern zitiert, wenn auch häufig in Wissenschaftskreisen als spekulativ bezeichnet. Danach hätten Mensch und Wolf nach den Kriterien einer gegenseitigen Fairness ein Bündnis zum beiderseitigen Vorteil geschlossen. Es gibt keine Untersuchungen, ob sich das soziale Verhalten des Menschen vor und nach der Domestikation des Wolfs verändert hat. Dennoch unterstellt die Theorie Mensch und Wolf eine gemeinsame, sich gegenseitig beeinflussende Entwicklung, dem jeweils anderen helfen und folgen zu wollen sowie von ihm Anerkennung zu bekommen. Dies hieße, dass sich der Mensch selbst hinsichtlich seiner Fairness und Menschlichkeit gegenüber eigenen und tierischen Sozialpartnern durch seine vierbeinigen Begleiter positiv entwickelte!

DNA-Untersuchungen zufolge begann die Domestikation bereits vor über 100.000 Jahren, was bedeuten würde, dass Mensch und Grauwolf sich zeitgleich entwickelten. Aber selbst wenn sich die DNA-Untersuchungen als falsch erweisen sollten, hat es eine Co-Evolution zwischen Mensch und Hund vor 15.000 bis 25.000 Jahren gegeben, wobei der Wolf wohl eher zum Menschen kam. Die sozialen Voraussetzungen für die zunächst zufälligen Treffs hatten die Wölfe im »Gepäck« – die grundsätzliche Fairness und Toleranz für die Nähe zum Menschen. Anschließend formte der Mensch sich den Wolf in drei Domestikationsphasen zum heutigen Haushund.

Als eher passiven Prozess begann die Vergesellschaftung vor 10.000 bis 14.000 Jahren, indem sich die Wölfe, die die Menschen am besten ertrugen, in deren Obhut vermehrten und zunehmend von den wilden Artgenossen isolierten. Erst später, so vor 5.000 bis 2.000 Jahren traf der Mensch eine gezielte Auslese für bestimmte Funktionen. Die dritte Phase reicht bis in die Gegenwart, in der der Mensch gezielt Einfluss auf die Entwicklung des Hundes über Verpaarung identischer Hunde nimmt – immer neue Rassen entstehen – wobei leider in der Selektion weniger auf prosoziales Verhalten als vielmehr ausschließlich auf Aussehen Wert gelegt wird.

Demnach wäre die Freundschaft zwischen Hund und Mensch kein Zufall! Das heißt, wir wären von Beginn an unseren »Zottelschnauzen« im Sozialverhalten ähnlicher gewesen als unseren genetisch engen Verwandten, den Menschenaffen, denn diese sind geborene Individualisten, denen es, obgleich hochintelligent, an der Fähigkeit zu einem ungestörten Familienleben zu mangeln scheint. Kein noch so toleranter Tierfreund könnte und sollte sich wirklich vorstellen, als integrativer Bestandteil einer Schimpansenfamilie zu leben!

**Überlebensvorteile durch den Wolf:** Auch könnte man folgern, dass von unseren Vorfahren diejenigen, die sich die Vorteile der Wölfe (»Aufräumen«, »Saubermachen«, »Alarmanlage«, Körperwärme, Jagen, Vieh hüten) zunutze machten, höhere Überlebenschancen hatten. Wir wären demnach heute die Nutznießer, weil unsere Vorfahren so enge und positive bis leidenschaftliche Gefühle für den Hund als Partner hegten. Allen Kritikern zum Trotz wäre damit dem Menschen allgemein ein Bedürfnis nach Kontakt mit Hunden angeboren, welches wir täglich bei kleinen, noch unbeeinflussten Kindern erleben können! Sicherlich wählten unsere Vorfahren in der zweiten und dritten Phase der Domestikation zur Zucht bewusst oder unbewusst vor allem diejenigen Wölfe aus, die ihnen im Verhalten am meisten ähnelten, sie am besten verstanden und die sich an das menschliche Leben nahezu problemfrei anpassen konnten. Diese speziellen Tiere besaßen vermutlich besonders viele und wichtige kooperierende Merkmale aus dem menschlichen Verhaltenskodex und konnten somit für sich ein Leben mit einer völlig anderen Art – dem Menschen – über Generationen hinweg sicherstellen – ihrer sozialen Doppelidentität sei Dank!

## Von Arten, Rassen und Stammbäumen

Um ein allgemeingültiges »Normalverhalten« für alle Hunde beschreiben zu können, muss man die große Variabilität unserer Hunde innerhalb ihrer Rassenvielfalt berücksichtigen. Dabei können Hunde jedoch weder zu 100 Prozent einer Rasse zugeordnet werden, noch lassen sie sich in sogenannten »Rassenstammbäumen« (→ Seite 245) nach ihrem äußeren Erscheinungsbild und ihren Verhaltensweisen, wie »familienfreundlich«, »sozial verträglich« und »raubzeugscharf« kategorisieren. Ebenso ist die Bezeichnung »Kampfhundrasse« sinnwidrig, wie es die Gesetze und Verordnungen sind, die es diesbezüglich gibt. Vielen Rassen wird gerade das unterstellt, was sie nicht sind. Auch gibt es keinen idealen »Familienhund«, der sich aufgrund bestimmter Verhaltensmerkmale einer »sozial verträglichen« Rasse zuordnen ließe! Rassen, als Untereinheiten von Tierarten, werden häufig nach subjektiven Kriterien, vor allem körperlichen Eigenheiten, abgegrenzt. Das hat zur Folge, dass das optische Erscheinungsbild einer Rasse immer gleich ist, während bei den Verhaltensweisen große Unterschiede auftreten können. Ergo müsste das wichtigste Kriterium für züchterische Einflussnahme, neben dem Vermeiden von Qualzuchten, das spezifische Verhalten der jeweiligen Hundelinie innerhalb der jeweiligen Rasse sein.

## Gibt es »das« Normalverhalten beim Hund?

Bezüglich der Qualität und Quantität von Verhaltensweisen gibt es innerhalb der Tierart Hund große Unterschiede von Rasse zu Rasse, aber auch von Individuum zu Individuum. Eine Dogge ist kein Mops! Und dennoch stammen alle Hunde vom selben Vorfahren, dem »Ur-Wolf«, ab und nähern sich seit einigen Tausend Jahren dem Menschen und dessen Verhalten in seiner Umgebung an. Deshalb können wir davon ausgehen, dass es bei unseren »Zottelschnauzen« eine ebenso große Übereinstimmung innerhalb des gesamten Verhaltensinventars gibt. So wird dann doch noch die Beschreibung einer Art »Normalverhalten« beim »Haushund« möglich!

### Was ist das eigentlich – das Verhalten?

Zunächst werden damit sämtliche Aktivitäten eines Lebewesens umschrieben. Jeder Organis-

mus befindet sich ständig im Wandel und in Entwicklung. Entsprechend des jeweiligen Lebensabschnitts verändern sich Lebewesen. Sie beeinflussen ihre Umwelt und werden selbst durch diese geprägt. Kein Lebewesen kann sich »nicht« verhalten! Verhalten allgemein ist auch nie abgeschlossen und findet immer statt!

Natürlich unterliegt Verhalten bestimmten inneren und äußeren Einflüssen. Zudem gibt es angeborenes und erlerntes Verhalten. Schlecht hätte es die Natur mit uns gemeint, müssten wir immer erst lernen, bestimmten Gefahren auszuweichen. Erlernt oder ererbt, dient das Verhalten letztlich dem Erhalt des eigenen Überlebens. Richtiges, also den Umständen entsprechend gezeigtes Verhalten kann demnach überlebenswichtig sein! Da sich ein Individuum ständig in Wechselbeziehung mit seiner Umwelt befindet, kann es kein allgemeingültiges und starres Referenzsystem (→ Seite 245) für »normales« Verhalten geben. Hunde und Menschen sind Individuen, bei denen es niemals einen einhundertprozentigen »Doppelgänger« gibt! Und dennoch ähneln sich jeweils Menschen und Hunde in ihrem Verhalten untereinander dermaßen, dass es letztlich doch zu Gesetzmäßigkeiten bezüglich des Zusammenlebens kommt. Weshalb dann nicht das Verhaltensinventar hündischen Verhaltens in einer Aufstellung für »Normalverhalten« bündeln?

**Funktionskreise:** Um das große Ausmaß an Verhaltensweisen des Hundes erfassen zu können, werden in den folgenden Kapiteln einzelne Verhaltensparameter nach ihren Funktionen in sogenannte Funktionskreise eingeordnet. Dabei werden Verhaltensweisen zusammengefasst, die ähnliche Wirkungen auf das Tier haben bzw. vergleichbaren Zielen dienen. So gehören zum Beispiel Laufen, Gehen, Krabbeln oder Springen alle zum Oberbegriff (Funktionskreis) »Fortbewegung«. Da manche Verhaltensweisen mehreren Funktionskreisen angehören, bleibt es nicht aus, dass es mitunter zu Überschneidungen und Mehrfachnennungen kommt. So gehört das Markierverhalten zu den Funktionskreisen Sexual- und Territorialverhalten. Dies werde ich jedoch im jeweiligen Kontext erklären.

**Boden-Witterung:** Wölfe arbeiten wie Hunde als »Detektive mit der feuchten Nase« fleißig am Boden, um Urinmarkierungen von Artgenossen oder den Fährtengeruch eines potenziellen Beutetieres zu untersuchen.

# Wie Hunde ihre Nahrung
## suchen und aufnehmen

Hunde benötigen zum Überleben Nahrung, deren Menge und Zusammensetzung in Abhängigkeit von Alter, Körpergröße und Aktivität variiert. Sie sind ursprünglich primär Fleischfresser (Karnivoren), die sich überwiegend von Muskelfleisch ernährten, aber auch den meist pflanzlichen Mageninhalt ihrer Beutetiere fraßen.

## Hunde auf dem Weg zum »Allesfresser«?

Mag es Neugier sein oder die Tatsache, dass Hunde weniger Geschmackspapillen auf der Zunge zu haben scheinen als der Mensch – mittlerweile sind sie zu regelrechten »Allesfressern« geworden und zeigen eine hohe Bereitschaft, mögliche und unmögliche Dinge als Nahrung zu probieren. So ziehen sie beispielsweise Beeren vorsichtig mit den Lippen vom Strauch.

Auch dem Zernagen, Kauen und Fressen von Wurzeln und Gras sind meine Hunde wie viele ihrer Artgenossen nicht abgeneigt. So graben sie mithilfe ihrer Schnauzen und Pfoten tiefe Löcher ins Erdreich und fressen Wurzeln und Knollen. Dabei unterziehen sie die jeweilige Nahrung zunächst einem Test, indem sie diese vor allem beschnuppern, weniger häufig betasten. Ist die Nahrung für annehmbar erkundet worden, beleckt der Hund das Futter, packt es wenn nötig mit den Fangzähnen (Eckzähnen) und reißt Stücke heraus oder schüttelt zum Teil auch den Futterbrocken. Dann zerschneidet er ihn mit den vorderen Zähnen, um ihn schließlich mit den Backenzähnen zu kauen, zu zerkleinern und

hinunterzuschlucken. Einige Hunde schließen beim Kauen voller Genuss oder Konzentration die Augen und schmatzen.

Wenn Hunde Knochen benagen, dann trennen sie Fleischstücke mit den Schneidezähnen ab, oder sie fressen den Knochen selbst. Dabei sind viele Hunde Meister an Geschicklichkeit, indem sie den Futterknochen gekonnt zwischen den beiden Vorderpfoten halten. Zum Fressen legen sie sich meistens den Knochen auf eine der Pfoten, mit der anderen drehen und halten sie den »Knabbersnack«, wobei sie oftmals den Kopf seitlich legen, um den Knochen besser mit den Backenzähnen bearbeiten zu können. So nutzen viele Hunde den Kauknochen als »natürliche Zahnbürste«. Die Zähne und das Zahnfleisch bleiben dadurch länger fit.

Wenn Sie Ihren Schützling schon beim Fressen beobachtet haben, werden Sie vielleicht feststellen, dass dies bei ihm viel unspektakulärer erfolgt. Sie öffnen eine Dose oder eine Tüte, füllen den Inhalt in den Futternapf, und in wenigen Sekunden hat »Bello« alles hinuntergeschlungen. Oder sind Sie Besitzer eines kleinen Hundes oder einer Hündin, der/die eher wählerisch beim Fressen ist? Auch möglich. Weshalb aber verläuft die heutige Futteraufnahme bei vielen Hunden so anders als noch bei den Wölfen?

## Jagd zum Nahrungserwerb

Wölfe müssen sich, bevor sie fressen können, ihr Futter erst besorgen. Für unsere »Zottelschnauzen« gibt es zum Glück Frauchen, die regelmäßig vom Supermarkt Futter mitbringt. Und wenn

nicht? Nun, dann müssten sich unsere Vierbeiner schon etwas einfallen lassen! So ist Hunger immer noch ein großer Motivationsfaktor, um auf Nahrungssuche zu gehen und sich und seine Familie zu ernähren – kurz, um ein Überleben zu sichern. Wölfe gehen dann auf Jagd, Hunde kontaktieren häufig den Menschen und betteln um Futter – übrigens ein Fakt, den Sie sich im Training beim Erlernen bestimmter Verhaltensweisen zunutze machen können und sollten! Oder sie sind unabhängiger und stöbern in Mülleimern. Andere wiederum, etwa Strand- oder Straßenhunde, leben weitestgehend autark in der Nähe der Menschen, suchen sich aber auch unabhängig von ihnen Nahrung. So beobachtete ich kürzlich auf einer Reise zu den Cook Inseln, wie sich »Strandhunde« sehr erfolgreich durch Brotfrüchte und Fischfang ernährten. Sie betteln dabei nicht die einheimischen Fischer um den Fisch an, sondern sie schwimmen hinaus in die Lagune, klettern auf kleine Riffinseln und fischen sich sehr effektiv ihre Abendmahlzeit innerhalb weniger Minuten aus dem Meer zusammen. Toll!

## Jagd aus Lust am Jagen

Während nun das Fischen eine besondere Form des Jagdverhaltens darstellt, kann man hierzulande weit häufiger ein Jagen nach kleinen oder großen Beutetieren beobachten. Da unsere Hunde an volle Futterschüsseln zu Hause gewöhnt sind und deshalb selten Hunger haben, muss diese »Jagdlust« genetisch bedingt sein. Das Erbeuten von Nahrung in Wald und Flur ist demnach ein »Luxusverhalten«. Hunde können es sich sogar erlauben zu jagen, ohne etwas zu erbeuten – eine solche Ineffizienz würde beim Wolf auf Dauer zum Tod durch Verhungern führen. Immer wieder jagen unsere »Zottelschnauzen« Vögel oder Eichhörnchen, obwohl sie wissen, dass diese Tiere stets schneller sind als sie selbst. Pure Kraftverschwendung? Nein, empfundenes Lustgefühl!

**Jagdspezialisten auf vier Pfoten:** Hunde sind Jagdraubtiere, die durch mehr oder weniger gezielte Zuchtauslese mittlerweile Rassen bzw. Linien angehören, die häufig nur noch einzelne Elemente des Jagens zeigen, diese jedoch oft perfektioniert haben. Sie sind im Lauf vieler Gene-

Viele Hunde, nicht nur spezielle Jagdhunderassen, jagen voller Lust hinter der Beute her und versetzen sich damit selbst in einen rauschartigen Zustand. Jagen ist selbstbelohnend und macht süchtig!

rationen zu »Jagdspezialisten« geworden. So dienen sie unter anderem dem Jäger als »Apportierer«, »Vorsteher« (die angehobene Vorderpfote galt ursprünglich als Zeichen vorsichtiger Annäherung ans Beutetier) oder »Stöberer« und dem Schäfer als Hütehund (Fixieren, Anschleichen, Umzingeln und Hetzen). Unsere »Haushunde« ohne »Anstellung« jagen ebenfalls sehr häufig, indem sie auf ihren Streifzügen nach jagdauslösenden Reizen (flüchtende Tiere oder sich schnell bewegende Objekte) schauen, riechen (»wittern«) und hören, um etwas zu fangen. Allein dieses Ausschauhalten bereitet ihnen bereits Lust. Dabei ist es völlig egal, ob die »Beute« fressbar ist oder nicht.

**Die Jagdhandlungskette:** Jagdverhalten setzt sich aus mehreren Verhaltensweisen zusammen, die aus verschiedenen Funktionskreisen stammen: Erkundungsverhalten (Beutesuche), Angriff und Töten sowie Fressen der Beute. So zeigen Hunde bei der Jagd auf große Beutetiere Elemente, die immer wieder in der gleichen Weise hintereinander folgen. Dies nennt man Jagdhandlungskette. Eine vollständige Abfolge besteht aus den Elementen Witterung aufnehmen – suchen – nachfolgen – stöbern – erstarren – fixieren – lauern – anschleichen – warten/lauern – nachfolgen – vorspringen – hetzen – angreifen – kämpfen – niederreißen – ringen – Tötungsbiss setzen und/ oder totschütteln – fressen. Bereits das Ausleben

## MÄUSESTOSSEN – ODER DER BALLETT-TANZ DER KANIDEN

**1** Der Hund streift aufmerksam durch das Gras. Hat er eine Maus gesehen oder ein verdächtiges Geräusch wahrgenommen, erstarrt er und bleibt mit erhobener Vorderpfote witternd stehen. Dann fixiert er die Stelle oder er schleicht sich vorsichtig an. Hat der Hund die Maus entdeckt, richtet er sich auf den Hinterbeinen auf und stößt mit nach vorn gekrümmtem Rücken und den Vorderpfoten blitzschnell nach der Beute.

**2** War die Jagd erfolgreich, drückt er die Maus mit seinen Pfoten auf den Untergrund, damit sie nicht entkommen kann. Dann packt er sie mit seinen dolchartigen Fangzähnen, schüttelt sie zwischen den Schneidezähnen haltend und kaut sie anschließend durch oder schlingt sie im Ganzen hinunter – und schon beginnt die Jagd erneut. Dieses wahrhafte Naturschauspiel sieht oft dermaßen possierlich aus, als würden Hunde Ballett tanzen.

einzelner Elemente dieser Jagdhandlungskette kann Hunde in einen rauschartigen Zustand versetzen. Außerdem ist Jagen selbstbelohnend und macht süchtig! Besonders effektiv und erfolgreich jagt es sich in der Meute nach dem Sprichwort: »Viele Hunde sind des Hasen Tod …«

Auch im Garten und auf der Wiese wird gejagt! Mit schnellen Stößen schräg in den Boden suchen Hunde unter anderem nach Mäusen. Man spricht von »Suchmäuseln«. Auch vollbringen sie manchmal zirkusreife Akrobatik, indem sie den »Mäuselsprung« vollführen. Dabei springen sie mit aufgekrümmtem Rücken in die Höhe und sind dann mit allen vier Gliedmaßen gleichzeitig in der Luft, um anschließend punktgenau auf der Maus zu landen und diese zu packen. Ähnlich ist auch das »Mäusestoßen« (→ Fotos links).

Na, liebe Leser, haben Sie bei Ihrem Schützling ein solches Verhalten schon einmal gesehen und genauer beobachtet? Sucht er sich vielleicht auf dem Spaziergang ab und an einen Grasballen, in den er dann herzhaft hineinbeißt oder den er schüttelt und zerlegt? Oder steht er häufig hoch erhobenen Hauptes mit angehobener Vorderpfote am Wegesrand und »wittert«? Streunt Ihr Vierbeiner besonders gern in Wald- und Wildgebieten, am besten noch mit dem Kumpel aus der Nachbarschaft? Zeigt er intensives Schnüffeln am Boden, verfolgt er spielerisch Bälle, Weide- oder Wildtiere, Radfahrer oder Jogger? Stupst er Sie aufgeregt mit der Nase an, springt plötzlich vor und reißt mit hohen erregten Lauten in die Leine? Dann ist die Erklärung oft eindeutig – Ihr Hund jagt! Und dies ist zwar als Hundeverhalten sehr normal, aber in der Öffentlichkeit nicht immer erwünscht. Doch dazu später (→ Seite 113)!

## »Futterrangordnung« – und alles ist geregelt?

Natürlich streiten Hunde auch innerhalb einer Sozialgemeinschaft, der Familie, um Beute. Und dies umso mehr, wenn für alle Familienmitglieder nicht genügend vorhanden zu sein scheint. Führen sie deshalb eine Rangordnung ein, um nachhaltig zu klären, wer wann was fressen darf? Nein – wir wissen inzwischen, dass Hunde nicht in der Lage sind, aktiv die Erhöhung ihres Sozialstatus vorausschauend und rückblickend planen und den Zugang zu Ressourcen, wie zum Beispiel zum Futter, festlegen zu können. Sie reagieren eher situativ und aus der jeweiligen Motivationslage heraus nach dem Motto: »… heute ist mir dieser Kauknochen aber besonders wichtig …!« So basieren ihre Reaktionen gegenüber Sozialpartnern (Artgenossen und Menschen) viel mehr auf individuellen Lernerfahrungen mit der Herausbildung flexibler Strategien. Hunde lernen so, die Konsequenzen des eigenen Verhaltens aus den Antworten der anderen abzuleiten. Und dies geschieht immer unter der Abwägung zwischen Egoismus, Altruismus und dem ureigensten Interesse der körperlichen Unversehrtheit: »… ist es mir wirklich wichtig, als Erster zu fressen, oder will ich heute lieber keinen Streit …«

## Umgang mit dem Futter

**Futter erbrechen oder hervorwürgen:** Hunde erbrechen aus den verschiedensten Gründen ihr Futter wieder, etwa weil sie krank sind, ihnen beim Autofahren übel wurde, sie zu hastig gefressen hatten oder sie dadurch verdorbenes Futter oder spitze Gegenstände aus dem Magen entfernen. Vom eigentlichen Erbrechen muss ein Hervorwürgen von Futter abgegrenzt werden. Futter, das übrig geblieben ist und nicht sofort verzehrt werden kann, schlingen die Hunde hinunter, um es dann an einem ungestörten Ort wieder hervorzuwürgen und es anschließend zu vergraben oder um es im Lager den Welpen zur Verfügung zu stellen. Teilweise wird solches Futter auch verschleppt.

**Futter vergraben:** Die Eigenheit, durch Vergraben »stille Futterreserven« anzulegen, ist ein Erbe der

Meister an Geschicklichkeit – gekonnt zwischen den beiden Vorderpfoten haltend, lässt sich der Futterknochen am besten zernagen.

Wölfe, denn unsere gut genährten »Wohlstands-Wuffis« hätten diese Depots eigentlich nicht nötig. Mit einer Pfote gräbt der Hund ein Loch in Erdreich, Sand oder Kies. Hat das Loch eine bestimmte Größe erreicht, nimmt er beide Vorderpfoten zu Hilfe, um mit ihnen einem Schaufelbagger gleich den Bodeninhalt herauszuschöpfen. Den zu versteckenden Knochen stößt bzw. schiebt der Hund teilweise tief in den Boden, anschließend scharrt er das Loch mit allen Pfoten zu und markiert die Stelle, um sie bei Bedarf schneller zu finden. Auch noch Minuten später riecht er über dem Versteck. Dabei scheinen unsere »Zottelschnauzen« sehr erregt und sind so in ihre »Tiefbauarbeit« versunken, dass sie kaum ansprechbar sind. Futter zu verstecken oder auszugraben, ist für Hunde allgemein eine wichtige und artgerechte Möglichkeit der geistigen und körperlichen Arbeit, um Langeweile zu kompensieren.

## So trinkt der Hund

Untersuchungen zufolge trinken Hunde pro Tag durchschnittlich 60 Milliliter Wasser pro Kilogramm Körpermasse. Diese Angabe ist jedoch starken Schwankungen unterworfen. Die aufgenommene Wassermenge hängt nämlich nicht nur vom Umgebungsklima, Alter und Allgemeinzustand des Hundes ab, sondern sie variiert auch je nach Art der Fütterung (Nass- oder Trockenfutter) um bis zu 30 Prozent und mehr. Bei vielen Vierbeinern fällt auf, dass sie bevorzugt aus Teichen oder Regenpfützen trinken. Als Ursache dafür nimmt man an, dass das Pfützenwasser im Vergleich zu Leitungswasser einen geringeren Kalkgehalt hat. Vielleicht ist aber das Regenwasser nicht nur »weicher«, sondern es schmeckt unseren »Zottelschnauzen« einfach besser. Beim Saufen rollen die Hunde ihre Zunge löffelartig auf und bewegen sie in schneller Folge zwischen dem Wasser und dem Maul hin und her. Oftmals wird dabei auch die Umgebung der Wasserschale »geflutet«. Bei meinen Hunden konnte ich jedoch beobachten, dass sie wohlschmeckendere Flüssigkeiten wie Fleischbrühe weniger an den Fußboden verschwenden.

## Früh übt sich

Welpen fressen und trinken in der Säuglingsphase, indem sie reflektorisch an den Zitzen der Mutter nach Milch saugen (→ Zitzenposition, Seite 87). Dabei liegen sie zunächst, später stemmen sie die Vorderbeine hoch, während die Hinterbeine noch ausgestreckt sind, dann sitzen sie, schließlich stehen sie an der »Milchbar«. Gegenüber der Mutterhündin zeigen sie Bettelverhalten, indem sie deren Maulwinkel lecken. Mit den Vorderpfoten »pföteln« sie, das heißt, sie treten die Zitzen mit den Pfoten (»Milchtritt«), um den Milchfluss zu stimulieren. Es kommt dabei zu kräftigen, fordernden Schnauzenstößen, pendelnden Kopfbewegungen und Ziehen an der Zitze.

## SO MACHT'S DER WOLF

Wölfe zeigen immer die komplette Jagdhandlungskette (→ Seite 34). Wolfswelpen lernen das künftige Beutespektrum und bestimmte Jagdvarianten durch eigenes Erleben und Beobachten der erwachsenen Artgenossen während der gemeinsamen Jagdausflüge kennen. Die übrigen Jagdelemente sind einschließlich des Tötens überwiegend angeboren. Erfolg wirkt zusätzlich verstärkend und führt zu immer effektiverem Jagen.

**Meister der Energiebilanzierung:** Wölfe jagen, sobald sie Hunger und Aussicht auf Erfolg haben. Kraftersparnis und Risikominimierung für sich und die anderen Familienmitglieder haben oberste Priorität! Natürlich verspricht ein erlegtes Karibu mehr an Nahrungsenergie als ein Reh oder ein noch kleineres Beutetier. Ist die Jagd auf große Beutetiere jedoch zu gefährlich oder zu wenig erfolgversprechend, weichen sie auf Alternativen aus. Meist sind diese jedoch entweder zu riskant (Abfälle oder Haustiere in menschlichen Siedlungen) oder zu wenig sättigend (Kleinnager). Selbst beim Fischen sind Wölfe schon beobachtet worden. Sie ziehen oft tagelang trabend umher und verfolgen eine Beute oder Fährte.

**Die Jagd:** Hat ein einzeln jagender Wolf Beute entdeckt, beginnt für ihn die wichtigste Aufgabe, nämlich das extrem vorsichtige Anschleichen an das Opfer. Dann nutzt der Jäger das Überraschungsmoment, indem er plötzlich aus dem Hinterhalt vorspringt und hinter der Beute herhetzt, um sie zu packen und zu töten. In der Gruppe jagt es sich effektiver. Das Opfer wird zumeist von mehreren Seiten oder umkreisend attackiert. Auch das Jagen in der »Staffel« ist beliebt, wobei ein Wolf als »Treiber« mit der Verfolgung eines Karibus beginnt und nach kurzer Zeit von einem im Hinterhalt wartenden Familienmitglied abgelöst wird. In Phase eins der Jagd werden die potenziellen Opfer zunächst auf ihren körperlichen Zustand hin getestet. Haben die Wölfe ein krankes oder geschwächtes Beutetier ausgesucht, beginnt die zweite Phase. Mit unverminderter Kraft und Geschwindigkeit verfolgen sie das Tier, bringen es durch seitliches Anspringen zu Fall und töten es mit schnellen Bissen in Nacken und Hals.

Das Familienkonzept schließt keinesfalls hierarchische Beziehungen aus. Dabei kommt den Elterntieren mit ihren Erfahrungen gegenüber den Jüngeren eine Führungsrolle zu, indem sie auch während der Jagd Entscheidungen treffen und die Gruppe anführen. Das »Königspaar« teilt sich die jeweiligen Aufgaben, es sei denn, die Fähe hat ihre Jungen zu versorgen. Auch bei der Verteilung der Beute bestimmen die Zuchttiere. Wenn das Beutetier ausreichend groß ist, fressen alle Wölfe gleichzeitig, wobei es nur zu kleinen Streitereien kommt. Bei kleineren Beutetieren fressen die Zuchttiere zuerst. Heftigere Auseinandersetzungen gibt es nur dann, wenn die Eltern nicht zugegen sind, wobei Beschwichtigungen häufig zum Erfolg führen. Auch wird in der Regel eine sogenannte Fresszone um die Schnauze des Artgenossen als Tabubereich akzeptiert. Während der Welpenaufzucht bemüht sich das Elternpaar um die Versorgung, wobei auch jagende Jungwölfe Nahrung für ihre jüngeren Geschwister hervorwürgen.

# Über das Ausscheidungs- und
## Markierungsverhalten der Hunde

Der Absatz von Kot und Harn hat bei unseren Hunden eine zweifache Funktion. Zum einen entledigen sie sich dadurch der Nahrungsbestandteile, die der Körper nicht mehr braucht und die im Zuge der Verdauung angefallen sind. Zum anderen können sie darüber Informationen mit ihren Artgenossen austauschen.

## Wie Hunde Kot und Harn absetzen

Welpen können in den ersten Lebenswochen noch nicht verlässlich selbst Kot und Harn ausscheiden. Sie benötigen dafür die stimulierende Bauchmassage durch die Zunge der Mutter, die den reflektorischen Absatz auslöst. Bei einigen Welpen ist jedoch bereits in den ersten Tagen eine selbstständige Kot- und Urinabgabe zu beobachten. Die Mutterhündin frisst bzw. leckt die Exkremente ihrer Welpen in dieser Phase sofort nach deren Absatz. Ab einem Alter von zwei bis drei Wochen verlassen die »Kleinen« ihr Nest, um etwas abseits ihr »Geschäft« zu verrichten.

**Die Harnabgabe:** Sie erfolgt bei den Welpen bei leicht nach außen gestellten Hintergliedmaßen, wobei die »Mädchen« tiefer hocken als die »Jungs«. Spätestens ab der vierten Woche verlassen sie generell ihren Ruheplatz, um weiter entfernt die nötigen »Toilettengänge« zu erledigen. Dabei entwickeln sie spätestens jetzt eine Vorliebe sowohl für einen bestimmten Ort als auch für einen entsprechenden Untergrund. Der Welpe lernt, ein bestimmtes Material zu bevorzugen, etwa Gras oder Erdboden (→ Seite 210).

Der Harnabsatz der erwachsenen Hündin erfolgt wie bei Welpen und Junghunden in der Hocke. Der geschlechtsreife Rüde hebt dabei ein Hinterbein, wobei er häufiger uriniert, was einem Markierungsverhalten entspricht.

**Der Kotabsatz:** Dazu gehen die Hunde unabhängig vom Alter mit angewinkelten Hinterbeinen in eine Art »Hockstellung«. Dabei ist der Rücken mehr oder weniger aufgekrümmt, der Schwanz wird angehoben, und die Hunde zeigen einen »abwesenden« bzw. »konzentrierten« Blick. Die Häufigkeit und Menge des abgesetzten Kots und Urins variiert von Hund zu Hund sehr und hängt unter anderem vom Alter, Geschlecht sowie von der Art und Menge des aufgenommenen Futters bzw. Wassers ab.

## Duftmarken setzen aus Kot und Harn

Viele Säugetiere übertragen Geruchsstoffe auf unbelebte Dinge wie den Boden, einen Baumstamm oder Stein oder auf belebte Elemente wie den eigenen Körper oder Familienmitglieder. Man nennt dies Objektmarkieren bzw. Subjektmarkieren. Die Geruchsstoffe stammen von den Körperausscheidungen Kot, Urin oder Sekrete. Durch das Übertragen setzen die Tiere sogenannte Duftmarken, um Artgenossen Nachrichten über sich selbst zu liefern bzw. bei späteren Kontrollen Informationen von den anderen zu bekommen. Duftstoffe, die von Tieren allgemein zum Zweck der Verständigung in die Umgebung abgegeben werden, nennt man Pheromone (→

Seite 244). Diese lösen dann beim Artgenossen spezifische Reaktionen aus. So wirken Duftmarken beispielsweise als geruchliche Barriere, nach dem Motto: »Halt, bis hierhin und nicht weiter!«

## Wie Hunde markieren

**Analdrüsensekret:** Der Markierungseffekt durch den Kotabsatz wird noch verstärkt durch ein öliges Sekret, das aus den am Anus befindlichen Analdrüsen stammt. Die Intensität dieser Geruchsmarke ist selbst für unsere Nase sehr deutlich und unangenehm wahrnehmbar. Dieses individuelle »Hundeparfüm« wird jedoch auch bei Angstzuständen oder Panik in die Umgebung versprüht – sehr zum Leidwesen mancher Hundebesitzer oder Tierärzte. Die »duftenden« Kothaufen selbst werden häufig nicht irgendwohin abgesetzt, sondern auffällig auf Baumstümpfen oder Grashügeln platziert. Sie dienen einer weithin sichtbaren territorialen Abgrenzung.

**Spritzharnen:** Bei dieser Form des Markierens geben die Hunde den Harn stoßartig ab.
- Die Hündin hält währenddessen ein Hinterbein schräg nach vorn und uriniert höher und häufiger, als sonst beim Urinabsatz üblich. Besonders während ihrer Läufigkeit zeigen einige Hündinnen zirkusreife Akrobatik, indem sie beide Hinterbeine vom Boden abheben. Vor allem bei kleinwüchsigen Hündinnen kann man dann beobachten, dass sie während des Urinabsatzes nur auf den Vorderpfoten laufen, das heißt »fortlaufend« ihre Nachricht schreiben. Hündinnen größerer Rassen lehnen sich zu diesem Zweck an Wände oder Zäune. Sie wollen damit den »Männern« mitteilen, wann genau ein »Stelldichein« sinnvoll ist. Generell können Besitzer zweier Hunde mit unterschiedlichem Geschlecht beobachten, dass beide Hunde in dieser Zeit häufiger gemeinsam Urin absetzen. Die Botschaft hierbei könnte heißen: »Wir gehören zusammen.« In der übrigen Zeit begnügen sich die Hundedamen

überwiegend damit, die Geruchsmarken anderer Hunde auszuwerten, markieren also nicht.
- Rüden zeigen ihr Spritzharnen mit hoch angehobenem Hinterbein. Der Informationsgehalt ist also nicht nur rein geruchlicher Natur, sondern das Beinheben hat »Show-Wert«! Und »Jungs« können und wollen verdammt häufig. Sie bewahren sich immer noch einen Rest an »Schreibmaterial« in der Blase auf, egal wie lang sie unterwegs sind. Damit scheinen sie allgemein mitteilsamer zu sein als Hündinnen.

**Bevorzugte Markierobjekte:** Dies sind senkrechte oder exponierte Gegenstände wie Bäume, Zäune, Hausecken oder auch Türrahmen und Stuhlbeine. So kann auch lange danach noch ihre »Präsenz« wahrgenommen werden. Bei beiden Geschlechtern tritt dieses Verhalten erst ab der Geschlechtsreife auf. Tiere, die sehr früh begin-

Wer dermaßen hohe und deutliche Zeichen setzt, hat etwas Bedeutendes mitzuteilen ...

nen, das Bein zu heben, sind später keineswegs an einer »hohen Rangposition« interessiert, sondern demonstrieren damit lediglich ihre Selbstsicherheit, während ängstlich-unsichere Hunde zumeist hockend urinieren.

## Warum scharren Hunde »danach«?

Nahezu jeder Hundebesitzer kann beobachten, dass sein Schützling, Hündin wie Rüde, gelegentlich nach Beendigung des großen oder kleinen Geschäfts kräftig auf dem Boden scharrt. Insbesondere die Männchen scheinen dies häufiger und intensiver zu zeigen als die Weibchen, indem sie mit beiden Hinterpfoten abwechselnd am Boden kratzen und Staub, Erde und Gras aufwirbeln. Grund dafür ist das männliche Imponiergehabe. Diese Scharrbewegungen dienen jedoch neben einer sichtbar gemachten (optischen) Reviermarkierung auch allgemein der Verbreitung der körpereigenen Gerüche.

Kräftiges Scharren mit den Hinterpfoten nach dem »Toilettengang« dient nicht nur der Verbreitung von Körpergerüchen, es hat auch »Show-Wert«.

## Nachrichten lesen am Wegesrand

Eigene oder fremde Duftmarkierungen begutachten Hunde teilweise sehr intensiv, um möglichst viele Informationen über den »Schreiber« der Nachricht zu erfahren: Wie alt? Rüde oder Hündin? Dabei stehen sie mit tief gebeugtem Kopf und mehr oder weniger erhobenem Schwanz und scheinen ganz versunken in die »Tagespresse«. Rüden sind schier nicht mehr ansprechbar, finden sie einen »Brief« einer läufigen Hündin. Sexversierte »Schnüffler« dürften dabei aus der Information gut ablesen können, wann ihre »Angebetete« für den Liebesakt bereit ist. Zu erkennen ist dies, da die Rüden oft minutenlang zähneklappernd und sabbernd dastehen und sich völlig in das »Lesen« der mit Sexualpheromonen (→ Seite 244) vollgepackten »Liebespost« zu verlieren scheinen. Sie schmecken und riechen gleichzeitig, indem sie an den mit Urin benetzten Grasbüscheln abwechselnd lecken und schnüffeln. Dieses intensive und aktive Riechen und »Einsaugen« von Geruchsinformationen wird auch als Flehmen (→ Seite 242) bezeichnet. Mein Rüde zeigt zudem wie einige seiner männlichen Artgenossen noch ein regelrechtes Zucken im Stirnbereich.

Verantwortlich für all dies ist das sogenannte Jacobsonsche Organ (→ Seite 243). Dieses tunnelartige Gebilde verbindet im Gaumendach des Oberkiefers Maul- und Nasenhöhle. So werden geruchliche Informationen von der Maulhöhle zum Riechepithel (→ Seite 245) der Nase und von dort zum Gehirn zur weiteren Verarbeitung transportiert. Nach der Kontrolle der Geruchsinformation bringen sie wie auch bei der üblichen Markierungskontrolle nicht läufiger Hunde die eigene Markierung auf, um die andere zu überdecken. Einige Hunde, insbesondere Rüden, scheinen sich aber auch gern in ihren eigenen Gerüchen »zu baden«, um sich interessant zu machen, indem sie Urin direkt unterhalb ihres Körpers oder teilweise auf die eigenen Pfoten absetzen.

## SO MACHT'S DER WOLF

Wölfe scheinen in Gefangenschaft keinen festen Kotplatz zu haben. Jungtiere bis zu zwölf Wochen setzen zunächst überall ihren Kot ab, orientieren sich jedoch später an den Kotplätzen der älteren Tiere.

**Reviermarkierung:** Im natürlichen Lebensraum kann das Revier einer Wolfsgruppe 150 Quadratkilometer und mehr betragen. Wölfe kennzeichnen die Grenzen ihres Reviers besonders häufig, indem sie zumeist Bäume oder Sträucher mit ihrem Harn markieren, wobei das »Beinheben« vor allem die Elterntiere übernehmen. Damit können sie sich im Gelände orientieren und wissen nach Kontrolle der Duftmarken, wann sie sich wieder in heimatlichem Gelände befinden. Ferner markieren sie oft stark begangene Wege, besonders an Kreuzungen. Man vermutet, dass dadurch zeitweise abwesende Gruppenmitglieder wieder heimfinden. Andererseits akzeptieren sie auch die Markierungen anderer Gruppen und wechseln an deren Territoriumsgrenzen die Richtung, um nicht durch das fremde Revier laufen zu müssen.

**Subjektmarkierungen:** Rüden markieren Weibchen und Welpen der Gruppe, um durch diesen Gruppengeruch die Familienmitglieder auch in Situationen der Trennung (Jagd, Kämpfe, Dunkelheit) schnell wiedererkennen zu können. Ferner konnte beobachtet werden, dass eine Fähe und ein Rüde gemeinsam nebeneinander oder in kurzen Abständen mit Urin Markierungen setzten. Diese beiden Wölfe wurden dann kurze Zeit später ein Paar und übernahmen gemeinsam die Aufzucht der Jungen.

Wölfe markieren teilweise ihre Futterverstecke, um sie bei Bedarf schneller zu finden.

## Markieren von Hunden oder Menschen

Wird ein Sozialpartner aus der eigenen oder aus einer fremden Familie, egal ob Artgenosse (Rüde oder Hündin) oder Mensch, mit Urin markiert, so will der Markierende damit keineswegs, wie immer noch oft fälschlicherweise angenommen wird, seine »Ranghöhe« demonstrieren. Dieses sogenannte Subjektmarkieren geschieht zumeist in Situationen von gesteigerter Erregung, bei Stress, als Übersprunghandlung (→ Seite 247) oder zur Stärkung des Gemeinschaftsgefühls bzw. als eine Art Rückversicherung, selbst noch zur Familie dazugehörig zu sein. Ebenso werden Fremde verstärkt im eigenen Revier markiert. Auch wird unter Umständen das Bein des Besitzers oder eines Passanten auf dem Spaziergang als Markierungsobjekt genutzt, wenn keine natürlichen senkrechten Alternativen wie Bäume oder Pfähle vorhanden sind.

**Duftmarken als Ausweis:** Aber auch alle Körperflüssigkeiten und Sekrete, wie Speichel und Ohrenschmalz, beinhalten informative Geruchsstoffe, die insbesondere bei Treffen mit Artgenossen als eine Art »Ausweis« fungieren. Dazu beschnüffeln sich die Hunde gegenseitig an den Lefzen und Ohren. Auch Hautdrüsen im Bereich des Schwanzes sowie im Gesicht um Kinn, Lippen und Wangen dienen als »Signalgeber« zur Verständigung von Hund zu Hund.

# Schlaf- und Ruheverhalten –
## wie Hunde sich betten

Schlaf ist überlebenswichtig! Im Schlaf werden sämtliche Körperfunktionen einschließlich der Gehirnaktivität gedrosselt. Die Tiere erholen sich von der Arbeit und den Eindrücken des Tages.

## Die vier Lieblingsstellungen unserer Hunde

Blind und taub geboren, schlafen die Welpen in den ersten Lebenstagen sehr viel. Dabei können sie auf einer Körperseite ausgestreckt oder zusammengerollt, später dann überwiegend auf dem Bauch oder Rücken liegen. Bereits innerhalb weniger Tage strampeln sie sich selbstständig von der Bauch- in die Rückenposition, oder sie lassen sich einfach auf die Seite rollen. Die entsprechenden Vorlieben scheinen dabei individuell verschieden zu sein. Die einzelnen Liegepositionen hängen einmal von der Umgebungstemperatur ab, außerdem davon, wie gut die Welpen ihren körpereigenen Wärmehaushalt selbstständig regulieren können. Besonders in den ersten Stunden und Tagen funktioniert dieser noch nicht hinreichend, dann kuscheln sich die Hundebabys in der Nähe der Mutterhündin seitlich eingerollt aneinander. Oder sie liegen kreuz und quer, auch häufig übereinander und bleiben nahezu ständig in Körperkontakt. Wird es zu warm und eng, liegen sie auf dem Bauch oder Rücken mit teilweise nach hinten ausgestreckten Hinterbeinen und halten möglichst großen Abstand zu den anderen. Auch erwachsene Hunde zeigen alle vier Liegepositionen. Zudem reagieren sie ebenso auf unterschiedliche Umgebungstemperaturen. Natürlich gibt es vielfältige und individuelle Variationen dieser vier Liegepositionen. Auch zwängen sich einige Hunde gern in enge Nischen und schlafen oder dösen mit rechtwinklig abgeknicktem Kopf an der Wand (→ auch Foto Seite 45).

## Ruhen – Dösen – Schlafen

Vor dem Niederlegen bei längeren Ruhepausen treten Hunde im Kreis, manchmal scharren sie auch, bevor sie die Hinterbeine einknicken und sich seitlich abrollen. Bei kurzen Ruhepausen gibt es weder Scharren noch Kreistreten.

Hunde können sich aus dem Stehen hinlegen, indem sie die Hintergliedmaßen in die Sitzposition abknicken und nachfolgend die Vorderpfoten einknicken. Oder sie »brechen« förmlich zusammen. Ab und an kann man beobachten, dass sie sich mit den Vorderpfoten nach vorn ausgestreckt in die Bauchlage »rutschen« lassen und die Hinterbeine nach hinten ausstrecken. Hunde heben auch Gruben in Sand, Erde oder Kies als bequemen Schlafplatz aus. Zusätzlich bieten diese Kuhlen einen kühlen Liegeplatz. Beobachtet man so manchen Vierbeiner beim Lagern, so scheinen sie sich regelrecht in ihren »Hundenestern« aus Korbgeflecht oder Plüsch zu verschanzen, um sich vor Entdeckung zu schützen.

## Schlaf-Wach-Rhythmik

Während neugeborene Hundewelpen außer Wachsen, Saugen und Ausscheiden fast ausschließlich ruhen und schlafen, verkürzen sich bereits ab der zweiten Lebenswoche die Schlaf-

und Ruhephasen merklich. Jedoch bleibt das für Welpen und Junghunde typische Muster des schnellen Wechsels zwischen Aktivität und Ruhe. Gerade noch mit den Geschwistern herumgebalgt, fallen die »Kleinen« regelrecht um und schlafen oft an Ort und Stelle ein, um Minuten später wieder voll in Aktion zu treten. Zunehmend orientieren sie sich an unserem menschlichen Lebensrhythmus.

Hunde brauchen viel mehr Schlaf- und Ruhepausen als der Mensch. Ansonsten könnten sie sicherlich nicht so perfekt ausgeglichen auf den zivilisatorischen Alltagsstress in menschlicher Obhut reagieren! Sie ziehen sich immer dann auf ihr Lager zurück und ruhen mit geschlossenen oder leicht geöffneten Augen, sobald keine »Arbeitsanweisungen« mehr an sie gerichtet sind oder der Besitzer selbst schläft. Wenige Augenblicke vorher bekommen sie einen leicht abwesenden und verträumten Blick, blinzeln, bis die Augenlider »ganz schwer« werden, und legen sich auch gleich an Ort und Stelle hin und dösen weg – sie sind hundemüde!

Beim Schlafen wechseln Hunde ihre Positionen in den verschiedenen Liegevarianten, schmatzen und gähnen herzhaft kurz vor und nach den jeweiligen Schlaf- und Ruhephasen. Beim Gähnen sind die Ohren entspannt, das Maul ist weit aufgerissen und die Zunge eingerollt. Einige Hunde äußern dabei einen hohen, quiekenden Laut.

## SCHLAFPOSITIONEN

**1** Eine der häufigsten Ruhepositionen erwachsener Hunde ist die »Kugel«. Bei dieser halbseitlichen Bauchlage ruht die Schnauze auf allen vier nach vorn gestreckten und gebündelten Pfoten, wobei eine der Vorderpfoten zur Stabilisierung etwas nach außen gestellt ist. Schwanz und Beine sind unter dem Richtung Hinterteil gebogenen Brustbereich bzw. Kopf versammelt. So ruhen oder schlafen viele Hunde über einen längeren Zeitraum.

**2** In der Rückenposition schlafen Vierbeiner nur dann, wenn sie sich so richtig wohl und sicher fühlen. Dies erkennt man daran, dass sie ihren Bauch präsentieren. Dabei erschlaffen Vorder- und Hinterläufe und hängen locker nach unten gerichtet. Meist lehnen sich die Hunde im Schlaf an Gegenstände wie Kissen oder an Zimmerwände an, um ihre Liegeposition zu stabilisieren oder um ihren Rücken zu schützen.

**Schlaflager:** Wenn Wölfe satt bzw. ihre Nahrungsdepots für sich und die Nachzucht voll sind, leisten auch sie sich lange Ruhe- und Schlafperioden. Die Wolfsgruppe bildet häufig einen Kreis, und die Tiere liegen je nach Umgebungstemperatur in mehr oder weniger engem Körperkontakt beieinander. Der Rüde des »Königspaares« zieht sich meistens von der übrigen Gruppe auf eine Anhöhe oder auf einen Sonnenplatz zurück. Dort dreht er sich mehrmals im Kreis, um die Schlafstätte zu ebnen, oder er streckt sich genussvoll aus, um in einen tiefen Traum zu sinken.

**Hunger bestimmt die Schlafdauer:** Nur wenige Hunde, zum Beispiel Schlittenhunde, sind wie Wölfe gegenüber sehr tiefen Temperaturen von bis zu minus 60 °C gewappnet. Ihr Fell bietet bereits einen optimalen Kälteschutz, zudem hat es eine sehr dichte Unter-

wolle. Der Hauptfeind ist jedoch der Wind. Deshalb graben sie sich in den Schnee ein, rollen sich zu einer Kugel zusammen, wobei die Schnauze, alle vier Pfoten und der Schwanz unter dem Körper versammelt sind, und lassen sich förmlich einschneien bzw. zuwehen. Wird das Futter knapp, treibt der Hunger die Wölfe oft tagelang umher. Dann gönnen sie sich nur ab und an ein Ruhen oder Dösen für wenige Augenblicke, weil sie ständig wachsam sind und nach Beute Ausschau halten.

Allgemein gilt, dass Wölfe weniger häufig schlafen als Haushunde, weil sie sich im Gegensatz zu unseren »Couchschläfern« permanent um das eigene Überleben und das ihrer Nachzucht bemühen müssen. Wenn Wölfe schlafen, dann träumen und zeigen sie auch die bei Hunden beschriebenen Zuckungen und Laute (→ Seite 45).

**Kontaktliegen:** Ein gemeinsamer Mittagsschlaf von Hund und Besitzer kann zu einem wichtigen und von beiden als gemütlich empfundenen Ritual im Tagesablauf werden. Nicht nur »Hundesenioren« gönnen sich nach dem ersten Gassigang gern eine Portion »Extraschlaf«. Dabei wollen unsere Schützlinge möglichst in engem Körperkontakt bei uns liegen. Dadurch zeigen sie, wie stabil und angstfrei ihre Bindung zum Menschen ist. Allerdings kann man sich auch täuschen (→ Seite 171). Zudem mögen längst nicht alle Hunde das enge Kontaktliegen mit Artgenossen oder dem Menschen. Nicht nur bei disharmonischen Rudeln gibt es »getrennte Schlafzimmer«. Auch unabhängigen Tieren sagt man nach, dass sie lieber allein und frei liegen.

## Schlafphasen und Träume

Bei Hunden scheinen sich Leicht- und Tiefschlafphasen wie bei uns häufig abzuwechseln. Die eigentliche Schlafzeit von durchschnittlich zehn bis zwölf Stunden pro Tag besteht demnach aus etlichen Schlafzyklen, wobei der Anteil an Leichtschlafphasen, aus denen die Vierbeiner sofort in Aktion mit ihrer Umwelt treten können, überwiegt. Zunächst lässt die Aufmerksamkeit nach, und die Hunde liegen entspannt mit halb geschlossenen Augen in ihrem »Kuschelbett«. Dann schwinden Muskelspannung und Bewusstsein, alle Glieder werden schwer und hängen herab. Die anfängliche »Alarmbereitschaft« wird nun zunehmend durch tiefere Schlafphasen abgelöst. Puls, Atemfrequenz und Blutdruck sinken immer weiter

ab, und irgendwann befindet sich der Hund in einer Tiefschlafphase (→ Seite 246). Im Anschluss daran kommt es häufig zu dem etwas paradoxen Phänomen des aktiven Schlafs (→ Seite 240) mit häufigen und schnellen Augen- und Muskelbewegungen. In dieser Phase träumen Hunde. Sie zucken, strampeln, laufen in der Luft, knurren, heulen, bellen und lassen eigenartige »Quiek-Wuff-Laute« hören, während über ihren ganzen Körper Zuckungen laufen. Andere mahlen mit den Kiefern oder zucken mit den Augenlidern, Lefzen und Tasthaaren. Die Gehirnaktivität ist jetzt ähnlich hoch wie beim Einschlafen, weshalb viele Hunde kurz nach dem Träumen problemlos aufwachen können. Dennoch sollten wir unsere »Zottelschnauzen« in dieser Phase nicht unnötig stören. Vermutlich bewältigen sie ihre Alltagsprobleme im Traum, wie wir dies tun.

## Können Hunde schnarchen?

Hunde schnarchen häufiger, als allgemein bekannt. Einige tun es ausschließlich in den Traum- und Tiefschlafphasen, anderen wiederum kann Schnarchen angeboren, weil angezüchtet sein.

**Schlaf-Schnarcher:** Bei ihnen flattern die erschlafften Anteile von Gaumensegel, Zäpfchen und Zungengrund im Maul durch den Sog der Atemluft hin und her. Dadurch entsteht das typische Knattergeräusch, das zu der einen oder anderen Krise mit den Besitzern im Hundehaushalt führen kann. Meist schnarchen Hunde in Rückenlage mit tief hängendem oder abgeknicktem Kopf oder wenn die Atmung aus anderen Gründen erschwert ist. Häufig korrigieren die Tiere ihre Schlafposition von selbst, weil durch das Schnarchen und die allgemein erschwerte Atmung eine Unterversorgung mit Sauerstoff eintritt. Einige Besitzer greifen auch zur »Notwaffe«, indem sie den nächtlichen Ruhestörer durch kurzes Anstoßen wecken. Diese Methode hilft ja bekanntlich auch bei den Zweibeinern.

**Handicap-Schnarcher:** Gründe können eine vorübergehende Beeinträchtigung durch blockierte Nasenwege als Folge einer Erkältungskrankheit oder durch ernährungsbedingtes Übergewicht sein. Dies lässt sich durch geeignete Gegenmaßnahmen beheben. Dagegen bleiben die leidgeprüften »Qualzuchtopfer« meist »Dauer-Schnarcher«. Dazu gehören kurzschnäuzige Rassen wie Mops, Französische und Englische Bulldogge, Malteser, Pekinese, Shitzu und selbst Boxer. Bei ihnen ist die Atmung oft permanent beeinträchtigt. Leider nehmen einige Züchter diese »Handicaps« billigend in Kauf und riskieren besonders in den Sommermonaten Zwischenfälle mit akuter Atemnot bis hin zu Erstickungsanfällen. Dabei waren noch vor etwa 100 Jahren viele dieser Hunde »mopsfidel«, weil sie noch kein »niedliches Kindchengesicht« hatten!

Gar nicht so unbequem – Ruhen mit rechtwinklig abgeknicktem Kopf ist Entspannung pur für Hunde!

# Komfortverhalten – oder was ist nötig, um sich wohlzufühlen?

Als eines der wichtigsten Kriterien für Wohlbefinden bei unseren »Lieblingen« gelten sogenannte »komfortable« Verhaltensweisen (→ unten), die man als Komfortverhalten zusammenfasst. Was brauchen demnach unsere Hunde noch zum Lebensglück außer Futter, Gassizeiten und Schlaf? Kann man pauschal davon ausgehen, dass Tiere, die bestimmte komfortable Verhaltensmuster zeigen, sich tatsächlich in diesem Moment wohlfühlen? Oder ist es ab und an auch so, dass Hunde mit demonstriertem Komfortverhalten vielmehr gestresst sind, sich aber künftig wohlfühlen möchten? Welche Verhaltenselemente werden eher dann gezeigt, um Stress abzubauen? Diese und weitere spannende Fragen möchte ich auf den folgenden Seiten beantworten.

## Komfortverhalten – was ist das?

Zum Komfortverhalten gehören Handlungen, die der eigenen Körperpflege (Putz- und Kratzbewegungen, sich schütteln, sich scheuern, sich wälzen) sowie der sozialen Körperpflege (gegenseitiges Lecken) und der optimalen Versorgung des Körpers mit Sauerstoff (gähnen, sich strecken, sich räkeln) dienen. Diese führen dann im Allgemeinen zur Steigerung des persönlichen Wohlbefindens. Komfortable Verhaltensweisen können auch als eine Art Stressbewältigung fungieren, indem sich der Hund aktiv mit ihn störenden Alltagsdingen auseinandersetzt. Diese Technik zur Stressbewältigung wird »Coping-Strategie«

genannt (→ Seite 241). So kann der Hund selbstständig das Problem lösen oder sich an die Situation anpassen. Jeder Hundebesitzer, der seinen Schützling beobachtet, hat sicherlich schon einige der folgenden Verhaltensweisen sehen können: Die »Zottelschnauze« schleudert ihren Kopf oder reibt ihre Schnauze, sie leckt und beriecht sich, rutscht auf dem Po oder seitlich mit der Schnauze voran über den Boden, niest, schnauft hörbar tief, stemmt ihren Rücken als Buckel in die Höhe, streckt ihre Zehen, hechelt, wischt mit ihren Pfoten über die Nase oder Schnauze oder zeigt einen Schluckauf. Selbst regelrechte »Ekelbewegungen« mit hochgezogenen Lippen und mehr oder weniger angewiderten Kaubewegungen kann der Hund vollführen, um eklig schmeckendes Futter mit der Zunge aus dem Maul zu befördern. Eine ganze Menge an verschiedensten Verhaltensweisen also, die es zu unterscheiden gilt.

## Formen der eigenen Körpertoilette

Bleiben wir aber zunächst einmal bei der Körperpflege, und zwar der eigenen des Hundes.
**Schnauzenlecken:** Hunde lecken sich besonders nach dem Saufen oder Fressen mit heraushängender Zunge ihre Schnauze, um die Maulregion zu säubern. Dieses Verhalten zeigen sie jedoch viel häufiger auch emotional bei Stress oder als Zeichen der Deeskalation bzw. Beschwichtigung, was vielen Hundebesitzern nicht bewusst ist. Damit tun Hunde kund, dass sie derzeit eher unzufrieden sind, sich aber wohlfühlen möchten. Wenn das Gegenüber, Mensch oder Artgenosse, dies als »Hilferuf« erkennt und entstressende

Maßnahmen ergreift, kann sich nachfolgend der Hund wieder wohlfühlen. Das heißt, dass unsere Vierbeiner oft Verhaltensweisen mit Signalwirkung zeigen!

**Pfotenwischen:** Auch heben sie im Zusammenhang mit diesen Deeskalationssignalen im Liegen oder Sitzen eine Pfote hoch und wischen sich damit wie mit einem Waschlappen über eine der beiden Gesichtshälften. Dies kann sowohl der Reinigung als auch dem Stressabbau dienen. Also ist es immer günstig, die Gesamtsituation zu bewerten! Wenn die Hunde das »Pfotenwischen« morgens nach dem Aufwachen zeigen, kann es passieren, dass sie darüber wieder einschlafen. Die Pfote bedeckt dann noch teilweise Auge und Gesicht, und man hat den Eindruck, als »schäme« oder »verstecke« sich der Hund. Auch wischen sich die Hunde ab und an gleichzeitig mit beiden Pfoten das Gesicht nach vorn ab. Danach beriechen sie gründlich die körpereigenen Düfte an den Pfoten, die aus dem Gesichts- und Ohrenbereich stammen. Dabei können sie zusätzlich niesen, schnaufen und schmatzen.

Nach einer derartigen Gesichtsmassage fühlen sich die Hunde pudelwohl. Sie glauben es nicht? Probieren Sie es einmal bei sich selbst aus! Sie werden merken, wie entspannend es sein kann, wiederholt mit den Händen über das Gesicht zu reiben. Stressabbau pur!

**Lecken und Knabbern des Fells:** Bereits Welpen wischen sich mit der Zunge Milchreste aus dem Fell. Ihre erwachsenen Artgenossen lecken oder durchforsten mit den Zähnen knabbernd das Fell nach Fremdkörpern und Ungeziefer wie Zecken und Co. Dabei beißen sie sich ins Fell und ziehen die Haare durch die Zähne. Die Pfoten werden sowohl beleckt als auch teilweise intensiv beknabbert. Beleckt werden natürlich auch Beine und Genitalien. Nach dem Absatz von Kot oder Urin, aber auch nach einer Paarung reinigen sie die entsprechenden Körperöffnungen penibel. Unsere »Zottelschnauzen« vollführen hierbei sportliche Meisterleistungen, wenn sie sich auf der Seite liegend wie ein Bodenturner krümmen, um mit der Zunge zwischen den gespreizten Beinen ihr Hinterteil erreichen zu können.

Sich im Gras lustvoll zu wälzen und zu dehnen, ist reines Vergnügen. Mit gestreckten Hinterbeinen und rudernden Vorderbeinen wirft der Hund dabei den Kopf ekstatisch hin und her.

**Kratzen:** Kopf und Ohrenpartien werden häufig mit den Hinterpfoten kratzend gepflegt. Dabei verziehen sich die Gesichtszüge mancher Hunde, als wären sie der Welt genießerisch entrückt. Die »Kleinen« verlieren dabei ab und an sogar das Gleichgewicht, fallen um oder kratzen in die Luft. Auch soll das Kratzen und Scharren der Stimulierung der Talgdrüsen in der Haut dienen.

**Schütteln:** Dies ist wohl die häufigste Form der Körperpflege. Besonders morgens bzw. generell nach dem Erwachen, nach einem Bad im See oder dem Spaziergang im Regen schütteln unsere Vierbeiner ihr Fell, ihre Ohren und Schnauzen regel-

> Komfortable Verhaltensweisen
> sind wie Wellness pur
> für unsere »Zottelschnauzen«.

recht in Form. Gleich einer Welle läuft der Schleudervorgang vom Kopf über den Rumpf bis hin zur Schwanzspitze. Dabei stehen sie breitbeinig, um ihr Gleichgewicht beim Schütteln nicht zu verlieren. Beobachten Sie einmal das Spiel mit den Lefzen. Die Oberlippe ist nach oben aufgestülpt und schwingt geräuschvoll schlabbernd von einer auf die andere Seite. Dies ist übrigens der Grund, weshalb ich unsere vierbeinigen Hausbewohner gern »Zottelschnauzen« nenne. Und wie glücklich sie (trocken) im Gegensatz zu uns (nass) dastehen! Wohlbefinden pur!

Weshalb aber schütteln sich Hunde, wenn sie vielleicht etwas zu lang und intensiv angefasst und gestreichelt wurden? Darauf gehe ich auf Seite 181 näher ein, verraten sei es schon jetzt. Dieses Schütteln dient dann, wie in vielen ähnlichen Situationen, dem Stressabbau! Es ist also kein Ausdruck von, sondern entspricht eher dem Wunsch nach Wohlbefinden!

**Wälzen:** Weshalb betreiben die Hunde aber so viel Aufwand mit der Körperpflege, wenn sie sich kurze Zeit darauf wälzen? Wie viele andere Säugetiere wälzen sich Hunde nur dann, wenn sie sich frei und ungefährdet fühlen. Wälzen und Scharren am Boden gilt als große Wonne. Egal, ob unmittelbar nach dem Bad im See oder nach dem Lauf durch den Regen, danach wird sich nach Herzenslust im Sand, auf der Wiese oder auf dem Teppich zu Hause gescheuert und gewälzt. Manche »Zottelschnauzen« werfen sich regelrecht schwungvoll auf den Rücken, während sich andere mit nach vorn gerichteter Schnauze seitlich auf den Rücken abrollen. Liegen sie dann auf dem Rücken, schleudern sie alle Beine lustvoll in die Luft, werfen den Kopf ekstatisch hin und her und pressen die Wirbelsäule gegen die jeweilige Unterlage. Dabei oder danach schnaufen, niesen sie oder schütteln sich. Dieses Wälzen informiert uns über die reine Freude und Lust am Leben unserer »Schnüffelnasen«. Man könnte auch von einer »Eigenmassage« der Hunde sprechen. Und nach dem abschließenden Schütteln scheinen sie auch sauber zu sein.

So weit können wir dies als Komfortmaßnahme nachvollziehen. Wäre da nicht das für uns Menschen unverständliche »Einduften« mit Gestank! Warum Hunde ab und an zu »Schweinehunden« werden, erkläre ich Ihnen ab Seite 140.

## Soziale Körperpflege

Putzen und lecken sich Hunde gegenseitig oder zeigen sie dieses Verhalten gegenüber dem Menschen, so wird dies als ein Ausdruck enger sozialer Bindung verstanden. Dabei belecken sie Nacken, Ohren und Kopf besonders intensiv und gern. Während dieses Lecken zwischen Eltern und Welpen vornehmlich der Körperpflege dient, wollen Geschwister bei Wiederkehr des Artgenossen oder der Rüde von der Hündin wissen, wie der andere »schmeckt«. Beim Lecken des Partners gewinnen sie wichtige Informationen über dessen Befindlichkeit (unter anderem Läufigkeit)

und über Erlebnisse. Inwieweit auch wir als Besitzer von unseren Hunden abgeleckt und damit »abgecheckt« werden, bleibt zu diskutieren und zu beobachten. Viele Hundebesitzer sprechen von regelrechten »Geruchs- und Leckkontrollen«, wenn sie von Besuchen in Haushalten mit anderen Hunden zurückkehren.

Wie bereits erwähnt, zeigen erwachsene Hunde eher selten ein gegenseitiges Belecken von Augen und Ohren, und nur dann, wenn sie sich gut kennen. Die Mutterhündin hingegen pflegt permanent ihre Welpen, die ihrerseits wiederum an den Zitzen der Mutter von Geburt an lecken. Dabei schieben die Welpen ihre Zunge zwischen den Schneidezähnen nach vorn aus dem Maul und schmatzen mit den Lippen.

Es gibt jedoch eine weitere Form des Leckens, das keinen Bezug zum Saugen oder zur Körperpflege hat. Man kann es als ein »Lecken in die Luft« bezeichnen. Dieses »Zungenspiel« entstammt dem ehemaligen Bettelverhalten der Welpen und kann von erwachsenen Hunden als ein »Friedenssignal« gegenüber Menschen und Artgenossen verwendet werden. Das Zungezeigen dient häufig als sozial faire Geste der Abmilderung einer Drohung oder als Versöhnung.

## SICH SCHÜTTELN, GÄHNEN, HECHELN

**1** Sich schütteln: Nach einem Bad oder einem Gassigang im Regen schütteln sich die Hunde. Durch diesen angeborenen Trocknungsvorgang verhindern sie, dass das Wasser das Fell bis zur Unterwolle durchdringt.

**2** Gähnen: Beim Gähnen reißt der Hund sein Maul weit auf und gibt ein charakteristisches Jaulgeräusch von sich. »Ich bin müde« oder »Mir ist langweilig« ist die allgemeine Erklärung für dieses Verhalten. Hunde gähnen aber auch allgemein in emotionalen Situationen, etwa wenn sie erleichtert, unsicher oder erregt sind oder wenn sie unter Stress stehen.

**3** Hecheln: Dabei atmen die Hunde rasch durch das geöffnete Maul. Einerseits kühlen sie sich damit, denn es entsteht Verdunstungskälte (→ Seite 51), andererseits hecheln sie auch bei Stress, um diesen dadurch zu kompensieren.

Ich fühle mich rundum wohl – genussvoll stemmt der Vierbeiner seinen Rücken als Buckel in die Höhe und streckt seine Vorderläufe bis in die Zehen ...

### Gähnen und sich strecken – Wunsch nach Wohlbefinden?

Ursprünglich brachte man Verhaltensweisen wie gähnen, sich strecken, räkeln und hecheln vornehmlich mit einer verbesserten Versorgung des Körpers mit Sauerstoff in Verbindung. Heute weiß man, dass es auch mit Komfortverhalten zu tun haben kann (→ Fotos, Seite 49). Gerade beim Gähnen und Strecken wissen wir selbst, wie angenehm es nach dem Aufstehen oder nach langer ermüdender Tätigkeit sein kann. Auch gähnen wir aus Verlegenheit oder wenn wir uns besonders geborgen fühlen. Wie schwierig ist es oftmals, seinem Partner zu erklären, warum man ihn beim gemütlichen »Candle-Light-Dinner« herzhaft angegähnt hat – nämlich weil man ihn entspannend und beruhigend findet, nicht aber öde! Gute Manieren hin oder her! Probieren Sie es doch wieder einmal ganz gezielt in Ihrer

Umgebung aus! Gähnen, das ist mittlerweile hinreichend bekannt, wirkt nicht nur entspannend, sondern empathisch, freundlich und ansteckend. Egal, ob Sie im Bus oder im Auto sitzen – Ihr Gegenüber wird auf Ihr Gähnsignal hin entspannt!

**Gähnen:** Hunde gähnen eigentlich viel häufiger, als man allgemein vermuten würde. Sie setzen das Gähnen besonders gern als »Friedenssignal« oder auch zur Deeskalation bei Stress und Angst ein. So gähnt der deckwillige Rüde seine »Angebetete« an, die ihm relativ unfreundlich zähnefletschend und knurrend den Laufpass gibt. Auch in »Streitgesprächen« innerhalb der sozialen Gruppe werden Freundlichkeiten über das Gähnen gezeigt, nach dem Motto: »War nicht so gemeint.« Werden Sie, liebe Leser, von Ihrem Hund öfter angegähnt, so kann dies Harmonie bedeuten, aber auch das Gegenteil. Fehler im Training, Missverständnisse und Strafen führen zu Stress bei Ihrem Schützling. Ein scharfes Wort. Und er gähnt Sie an, weil Sie wieder einmal nicht versteht, obwohl er sich doch bemüht hat. Er gähnt und »schwenkt die Friedensfahne«, weil er sich eben nicht wohlfühlt, aber wohlfühlen möchte! Jetzt müssen Sie nur noch richtig reagieren – freundlicher Ton und richtige Kommunikation –, und schon sind Sie beide wieder ein Team! Aber auch Sie können Ihren Vierbeiner einmal herzhaft angähnen und ihm damit eindeutig vermitteln: »Entspann dich!«

**Sich strecken:** Dabei liegen die Tiere auf der Seite, auf dem Rücken oder sie stehen. Sie dehnen sämtliche Gliedmaßen inklusive des Kopf-Hals-Bereichs maximal. Zusätzlich gähnen sie oft.

## Was machen Hunde an den Hundstagen?

Wenn es uns zu heiß ist, schwitzen wir. Dabei wird der Schweiß über die gesamte Hautoberfläche an die Umgebung abgegeben. Durch die ent-

## SO MACHT'S DER WOLF

Wölfen wird nachgesagt, dass sie im Vergleich zu Haushunden eher weniger Zeit mit Körperpflege verbringen müssen. Dies lässt sich über einen speziellen Selbstreinigungseffekt des Wolfspelzes erklären. Entsprechend den Jahreszeiten wechselt das Fell von dicht im Winter zu lichter im Sommer.

Wölfe wälzen sich regelmäßig auf einer Beute oder einem verwesenden Kadaver. Es wird angenommen, dass sie ihren eigenen Körper-geruch durch das Wälzen in toten Beutetieren überdecken, um sich nicht zu verraten und so den für sie überlebenswichtigen Jagderfolg gefährden. Beutetiere, wie beispielsweise Hochwild, haben eine feine Nase und wittern die tödliche Gefahr oft schon, bevor die Wölfe überhaupt angreifen können. Durch das Wälzen wird die zu jagende Beute geruchlich verwirrt, weil die Tiere im Jäger einen vermeintlichen Artgenossen riechen.

stehende Verdunstungskälte wird der Organismus gekühlt. Allein den Primaten (Mensch, Menschenaffe) steht diese Form der Thermoregulation durch Wärmeabgabe uneingeschränkt zur Verfügung, wobei täglich bis zu 800 Milliliter Schweiß abgesondert werden. Hunde können nur über die Ballenhaut ihrer Pfoten »schwitzen«, da ihnen auf der übrigen Haut die Schweißdrüsen fehlen. Weil dies nicht ausreichend effektiv war, mussten sich Hunde andere Strategien zur Kühlung des Organismus »einfallen« lassen.

### Hecheln als Form der Kühlung

Um die Körperwärme zu regulieren, hecheln Hunde, das heißt, sie verdunsten Nasensekret. Und das funktioniert so: Die Schleimhaut in den Nasenmuscheln und in der Maulhöhle ist extrem gefältelt, dadurch ist ihre Fläche größer als die gesamte Körperoberfläche. Zusätzlich ist sie von unzähligen feinen Blutgefäßen (Venen) durchzogen. Der Hund atmet über die Nase ein und über das Maul aus. Die Atemfrequenz kann dabei bis zu 400 Atemzüge pro Minute betragen. Dabei streicht die kühlere Einatemluft an der Schleim-haut entlang und bringt Kühlung durch Verdunstungskälte. Das Wasser, das die Hunde auf diese Weise verlieren, müssen sie – gerade an heißen Tagen – durch Trinken immer wieder ersetzen können. Deshalb ist es so wichtig, dass Sie Ihrer »Zottelschnauze« Wasser zur freien Verfügung anbieten. Vorteil dieses Kühlprinzips: Die Hunde verlieren kein Salz wie wir beim Schwitzen. Zusätzlich gibt es in der Schleimhaut des Hundes noch ein Wärmeaustauschsystem. Venen und Arterien liegen dicht nebeneinander. Durch die Verdunstungskälte wird auch das Blut in den Venen gekühlt. Es kann nun Wärme vom Blut der Arterien aufnehmen und dieses dadurch abkühlen. Das kältere Blut fließt in den Körper. Dies nennt man Gegenstromprinzip.

Dieses Kühlsystem in der Kopfregion ist zum Beispiel wichtig, wenn Hunde an heißen Tagen jagen oder schnell laufen. Denn dann kann die Körpertemperatur relativ schnell auf über 40 °C ansteigen. Über das Hecheln und den »Wärmetauscher« im stark durchbluteten Nasenmuschelbereich erfolgt die Kühlung. Es besteht also kein Grund zur Panik, wenn Ihr Hund im Hochsommer einen kurzen Sprint hinlegt. Bei Ruhe wird übrigens meist weniger gehechelt, also auch weniger gekühlt als bei Arbeit.

**Weitere Möglichkeiten der Kühlung:** Die Hunde belecken und befeuchten ihr Fell (Verdunstung), sie zeigen einen jahreszeitlichen (und witterungsabhängigen) Haar- und Fellwechsel, sie ziehen sich in schattige Regionen zurück, sind in den frühen Morgen- und späten Abendstunden aktiv, trinken vermehrt oder baden in einem See. Eine weitere Besonderheit sind sogenannte »thermische Fenster«, mit deren Hilfe sie sich kühlen. Diese Stellen sind Bereiche mit nur dünnem Fellbewuchs zwischen den Vorderbeinen, am Brustkorb und in der Lendengegend – also dort, wo die Isolation durch Fell weniger vollständig ist. Je nach Witterung werden diese »Fenster« bei Hitze geöffnet, das heißt, die Hunde spreizen ihre Gliedmaßen ab, oder bei Kälte geschlossen, indem sie sich zusammenrollen.

Was machen nun Hunderassen in heißen Sommern, die ursprünglich aus wesentlich kälteren Regionen stammen? Typische Nordlandvertreter, wie der Neufundländer oder der Alaskan Malamute, können wie all ihre Artgenossen bei höheren Temperaturen kaum schwitzen. Gerade bei Huskys ist das Schwitzen über die Pfoten stark eingeschränkt, weil ihre Pfoten im Vergleich zu anderen Rassen relativ klein und kompakt sind. Die Fähigkeit zur Thermoregulation ist generell begrenzt. Zudem besitzen Schlittenhunde wie die Wölfe eine Zwei-Schicht-Behaarung aus langem, Wasser abweisendem Deckhaar und feiner Unterwolle, wodurch sie optimal an die kälteren Regionen der Erde angepasst sind. Bewegen sich die Tiere, kommt es über die Reibung in der Unterwolle zur Wärmebildung, doch die Deckhaarschicht verhindert den Wärmeabtransport. Zusätzlich können sie wegen ihres dichten Fells auch keine Wärme über die Methode der »thermischen Fenster« abgeben (→ linke Spalte).

**Wie können Sie Ihrem Hund helfen?**

• Lassen Sie Ihre »Zottelschnauze« nicht in engen Räumen wie Käfigen, Stallungen, Zwingern oder Ähnlichem zurück, die keinen Schutz vor Wärme (Stauhitze) aufweisen. Das gilt vor allem für das Auto. Nur wenige Minuten im heißen Auto können tödlich für die Tiere sein!

• Sorgen Sie immer dafür, dass der Hund ausreichend Trinkwasser zur Verfügung hat!

• Verlegen Sie Aktivitäten (Radfahren, Joggen etc.) bzw. Gassigänge in die frühen Morgen- und späten Abendstunden!

• Halten Sie das Fell kurz durch Ausbürsten der dichten Unterwolle bzw. Scheren.

• Belüften Sie die Wohnung gut, beschatten Sie die Fenster mit Jalousien.

• Lassen Sie den Hund in kühlen Gewässern baden, duschen Sie ihn mit kaltem Wasser ab, machen Sie feuchte Umschläge.

• Versehen Sie das Lager des Hundes mit Kühlakkus. Akkus unter Handtücher legen!

• Besondere Vorsicht gilt bei alten, kranken, fettleibigen, operierten und kreislaufkranken Tieren.

Kratzt sich der Hund mit seiner Hinterpfote an Kopf und Ohren, so kann es sich um Körperpflege handeln, oder er versucht damit Stress abzubauen.

# Warum ist Erkundung, Orientierung
## und Neugierde für Hunde wichtig?

Hunde erforschen, wenn wir es zulassen, gern ihre Umgebung. Besonders Welpen und Jungtiere streifen voller Neugier und Wissensdurst umher und wollen vieles über ihre Umwelt kennenlernen. Dabei »saugen« sie gleich einem Schwamm alles Neue in sich auf. Aber auch ältere Tiere können, wenn sie ausreichend motiviert sind, neugierig aufs Leben bleiben.

## Neugier – Motor für Erkundungen

Neugierig ist man, egal ob Tier oder Mensch, wenn man (noch) von und über seine Welt etwas erfahren möchte. Neugier stellt dabei einen Antrieb dar, der die Erkundung einer bisher völlig fremden Umgebung auslösen kann. Wenn man bewusst und vermehrt neue Reizsituationen aufsuchen und erkunden will, um Langeweile, allgemein bestehenden Alltagsfrust oder einfach Stress abzubauen bzw. zu kompensieren (Coping-Strategie, → Seite 241), muss man sich orientieren können. Hunde wollen nicht auf immer gleichen Wegen ausgeführt werden! Das Aufsuchen und Erkunden neuer Örtlichkeiten entspricht demnach dem ureigenen Verhalten von Mensch und Hund, um sich wohlfühlen zu können. Warum nicht gemeinsam die Welt täglich neu entdecken?

### Erster Schritt: Fernorientierung bzw. Fernerkundung

Hunde zeigen grundsätzlich das gleiche Neugier- und Erkundungsverhalten wie der Wolf. Durch die züchterische Einflussnahme des Menschen wurden jedoch einige Hunde zu regelrechten »Spezialisten« geformt und auf »Auge«, »Ohr« oder »Nase« getrimmt. Allgemein werden neue Objekte oder Situationen zunächst aus der Entfernung beobachtet. Während dieser Fernorientierung bzw. Fernerkundung stehen, sitzen oder liegen die Tiere scheinbar »auf der Lauer«. Sie richten ihre Augen, Nase und Ohren nach der Windrichtung, horchen und fixieren mit schräg gehaltenem Kopf und heben gelegentlich eine der beiden Vorderpfoten hoch – sie »stehen vor«. Dies alles sind Elemente aus der Jagdhandlungskette (→ Seite 34). Wenn der erste »Check-up«

> Als geborene »Weltenbummler« wollen Hunde ihre Umwelt erkunden und kennenlernen.

als positiv bzw. ungefährlich ausfiel, laufen die Hunde langsam und vorsichtig mit tiefer gehaltenem Kopf in Richtung des zu erkundenden Objekts, ohne es aus den Augen zu lassen.

Hier zeigt sich, wie die Kinderstube war, denn das Abwägen zwischen neugieriger Annäherung und lebenserhaltender Flucht sollten die Welpen bereits in früher Lebensphase täglich selbst üben können. Dadurch erlangen sie im weiteren Leben ohne übertriebene Angst eine gewisse Selbstständigkeit und ein nötiges Selbstbewusstsein gegenüber der Umwelt. Nur neugierige und erkundungsfreudige Tiere, die sicherer und weniger ängstlich durch den Alltag ziehen, sind anderen

Artgenossen gegenüber im Vorteil. Dies lernen die Welpen jedoch nur in einem behüteten und entspannten Umfeld. Dabei kommt der harmonischen, Sicherheit bietenden Bindung zum Sozialpartner Mensch und dem in derselben Gruppe lebenden Artgenossen eine große Bedeutung zu. Beide, Hund wie Mensch, ermöglichen dem Welpen ein gesichertes »Hinterland«, von dem aus er bequem und angstfrei die Welt entdecken kann. Auch über Nachahmung wird der Kleine zu Entdeckungsreisen motiviert.

### Zweiter Schritt: Nahorientierung bzw. Naherkundung

Haben die Hunde ein belebtes oder unbelebtes Objekt aus der Ferne geprüft, nähern sie sich ihm, um es genauer untersuchen zu können. Es wird beschnuppert, mit den Vorderpfoten und der Schnauze betastet bzw. beleckt. Anschließend kann der Hund den Gegenstand auch probieren, indem er ihn anbeißt. Dabei bedient er sich seines Geruchs-, Tast- und Geschmackssinns. Ist ihm die gesamte Situation eher unheimlich, wird der Hund unter Umständen einen sprichwörtlich »langen Hals machen« und sich wieder ein Stück entfernen.

## Die Sinnesleistungen der Hunde

**Haben Hunde einen »siebten« Sinn?** Sowohl für die Fern- als auch für die Naherkundung brauchen unsere »Zottelschnauzen« alle ihnen zur Verfügung stehenden Sinne. Nun wird häufig behauptet, dass die »Spürnasen« einen »siebten« Sinn haben. Nicht anders scheint es vielen Menschen erklärbar, dass ihr Hund bereits Frauchen nach Hause kommen hört, noch bevor das Auto in die heimatliche Straße einfährt. Wie, fragen sich andere Hundebesitzer, ist es möglich, dass

bei strahlendem Wetter »Bello« unruhig wird und hechelt, und tatsächlich bricht wenig später ein Gewitter los? Wie finden Hunde im tiefsten Dickicht in fremder Umgebung zielsicher einen Tümpel oder Bach, um zu trinken? Können sie Wasser riechen? Weshalb können uns Hunde in der Dämmerung und nachts sicher nach Hause begleiten, wenn wir bereits keine Konturen mehr erkennen? Das alles klingt spannend, ist aber in Wirklichkeit noch viel spannender!

### Wie die Sinnesorgane funktionieren

Hunde nehmen, wie viele andere Lebewesen auch, bestimmte Reize und Signale aus der Umwelt mithilfe sogenannter Rezeptoren (→ Seite 245) auf. Diese »Empfangsapparate« werden durch die einwirkenden Reize stimuliert. Ein dermaßen erzeugter Impuls gelangt über verschiedene Nervenbahnen zu einem ganz bestimmten Bereich des Gehirns. Dort wird er verarbeitet und analysiert. Innerhalb einer unvorstellbar kurzen Zeitspanne werden wiederum Nerven-Impulse durch die »Leitungen« gejagt, die bestimmte körperliche Reaktionen auslösen. So können Informationen aus der Umgebung verarbeitet werden, und der Hund kann sich ein Bild seiner Welt machen, das so ganz anders ist als das unsrige. Doch worin unterscheiden sich Hund und Mensch?

### Das Gehör – der große »Lauschangriff«

Das Hörvermögen der Hunde ist viel leistungsfähiger als das des Menschen. Die Vierbeiner peilen die Schallquelle regelrecht an, indem sie den Kopf konzentriert und zielgerichtet hin- und herbewegen. Die Ohren können sie in einer sechzehntel (!) Sekunde zum Geräusch drehen. Sie können dies selbst probieren und auslösen. Stellen Sie sich in ruhiger Umgebung daheim vor Ihren Hund und sprechen Sie ganz leise mit ihm. Und

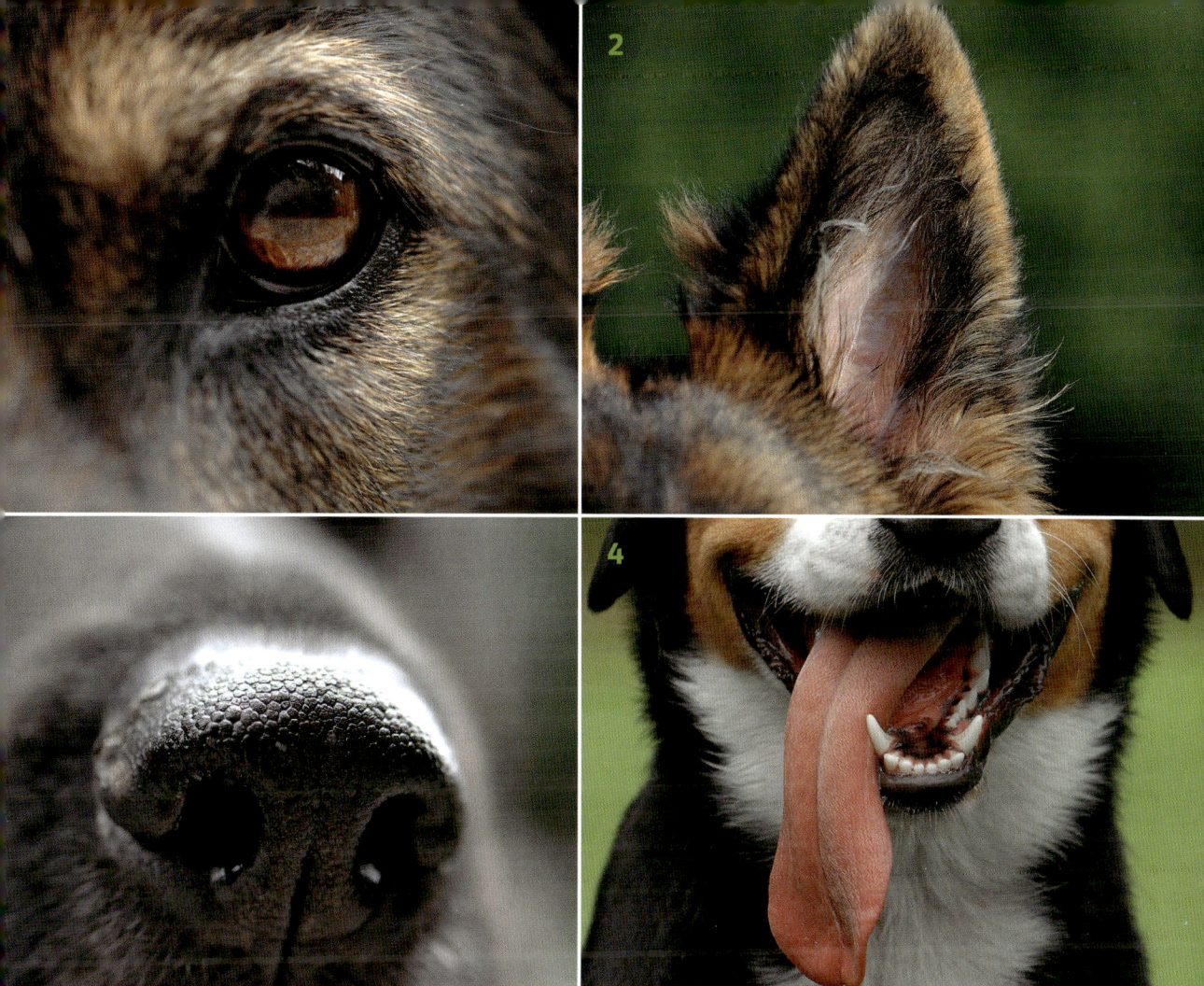

## DER HUND – EIN MEISTER DER SINNE

**1** Sehen: Hunde erfassen als »Sichtjäger« Bewegungen in großer Entfernung. Die Augen liegen – mehr oder weniger stark ausgeprägt – seitlich am Kopf. Dadurch beträgt das Gesichtsfeld des Hundes 250 bis 290° (das des Menschen beschränkt sich auf 220°). Damit können Hunde ihre Umgebung besser nach Beutetieren absuchen.

**2** Hören: Hunde können Geräusche über große Distanzen wahrnehmen. Sie lokalisieren die Signale, indem sie die Ohren, wenn möglich, aufstellen und in Richtung der Geräuschquelle drehen. Mehrere Ohrmuskeln helfen ihnen dabei.

**3** Riechen: Hunde nehmen Geruchsstoffe in extrem niedriger Konzentration wahr und können diese auch viel differenzierter auswerten. Durchschnittlich 200 Millionen Riechzellen und ein Befeuchten der Nase mit der Zunge helfen dem Hund, Geruchsstoffe aufzunehmen. Durch intensives Riechen »sammeln« sie regelrecht Gerüche.

**4** Schmecken: Ob Hunde gut schmecken können, weiß man noch nicht genau. Jedenfalls scheinen sie weniger Geschmackspapillen auf der Zunge zu haben als wir. Man geht davon aus, dass Hunde wie wir beim Fressen »riech-schmecken«.

schon können Sie ein lustiges »Ohrenwackeln« Ihres Vierbeiners beobachten. Oft sehr leise, für uns nicht wahrnehmbare Töne lassen unsere »Zottelschnauzen« bereits aufhorchen.

**Der Hörbereich des Hundes:** Im niederen Frequenzbereich ähnelt das Hundeohr unseren (67 Hz Hund vs. 64 Hz Mensch). Ihr optimaler Hörbereich liegt bei etwa 4.000 Hz. Während beim Mensch selbst in jungen Jahren bereits bei etwa 17.000 Hz die obere Hörgrenze erreicht ist, können Hunde im Ultraschallbereich Töne bis zu 45.000 Hz wahrnehmen – ein Bereich, welcher für uns verschlossen bleibt. Und genau in diesem Bereich ist das Hundeohr hinsichtlich der empfundenen Lautstärke zwei- bis viermal so empfindlich wie unseres! So bedeuten hochfrequente Lärmmacher wie knallende Metalltüren zumeist schon Leiden.

Interessant ist des Weiteren, dass bei der Wahrnehmung komplexer Lautformen, so etwa bei einem ausgesprochenen Kommandowort »Sitz«, die Wortanfänge am wichtigsten sind. Auch können Hunde mit einem langen Ton und abnehmender Grundfrequenz schneller zur Ausführung einer passiven Handlung, etwa »Bleib«, trainiert werden. Im Gegensatz dazu sollte der Rückruf als aktive Handlung eher mit kurzem und hochfrequentem Laut erfolgen. Ideal geeignet sind dafür Hochfrequenzpfeifen.

Deshalb eine Bitte: Schreien Sie Ihren Hund niemals an! Es tut ihm physisch weh und verbessert außerdem weder Gehorsam noch Besitzerbindung, sondern löst eher Angst, Stress und Hilflosigkeit bzw. Verwirrtheit aus. Die besten Hundetrainer flüstern! Lassen Sie überdies von klein auf Ihren Liebling viele Alltagsgeräusche stressfrei kennenlernen, indem Sie Lautstärke und Dauer der jeweiligen Geräuschkulisse langsam und behutsam steigern. Allerdings ist das Vermeiden von Lärm durch die Haltung der Hunde in stadtferner Waldidylle ebenso hinderlich für die Entwicklung Ihres Welpen wie die permanenten Missklänge und die Dauerbeschallung in Großstädten. Die Mischung macht's!

Tasthaare sind ähnlich empfindlich wie Fingerspitzen. Sie übermitteln Berührungsreize und dienen dem Aufspüren von Nahrung und der Orientierung im Dunkeln.

## Der Geruchssinn – »Detektive mit der feuchten Nase«

Auch beim Geruchsempfinden haben unsere »Spürschnauzen« die Nase vorn. Ihr Riechepithel (→ Seite 245) auf der Nasenschleimhaut ist nicht nur flächenmäßig größer, es besitzt auch eine viel höhere Dichte an Geruchsrezeptoren und ist dadurch extrem leistungsfähig. Wir riechen im Gegensatz zu unseren »Nasenarbeitern auf vier Pfoten« fast nichts. Die geruchlichen Informationen werden mithilfe des Jacobsonschen Organs (→ Seite 243) von der Maulhöhle zum Riechepithel der Nase und von dort zum Gehirn zur weiteren Verarbeitung transportiert. Das im Gehirn befindliche Riechzentrum ist für die Identifikation und Bewertung der einzelnen Gerüche verantwortlich. Beim Hund ist der relative Anteil des

**Wer seine Nase dermaßen in den Wind hält, der hat etwas Wichtiges »errochen«. Gleich wird er starten und das »Objekt seiner Begierde« inspizieren.**

Riechzentrums etwa vierzigmal größer als bei uns Menschen.

**Luft-Witterung:** Die Tiere nehmen mit der Atemluft darin feinst verteilte Staubpartikel und Wassertröpfchen auf. Diese wirken als Geruchssignale. Dabei heben die Hunde den Kopf und teilweise ein Bein in die Höhe, bewegen den Nasenspiegel hin und her und signalisieren damit: »Ich habe einen Geruch in der Nase.« Ob es weit entfernte Wasserlöcher, weggeworfene Wurstschnitten oder totes bzw. lebendes Wild ist, alles kann »errochen« werden.

**Boden-Witterung:** Hunde arbeiten aber auch fleißig am Boden. Dabei sind sie, wie bereits auf Seite 40 beschrieben, mit dem Lesen der »Tagespresse« beschäftigt. Sie untersuchen unter anderem Urinmarkierungen auf deren Bedeutung hin. Besonders interessante »Artikel« und »(Liebes-)Botschaften« werden beleckt, um die Wirkung der Duftstoffe zu verbessern. Bei diesem Schnuppern saugen Hunde Luft in kurzen und schnellen Atemzügen hörbar ein. Welpen zeigen dies bis zum Ende der ersten Lebenswoche zunächst scheinbar ohne Orientierung. Später richtet sich dann die »Nasenarbeit« auf Mutter und Geschwister, auf den Boden sowie allgemein auf Objekte in der Umgebung.

Natürlich gibt es dabei vielfältige Unterschiede in der Intensität und Häufigkeit zwischen den Rassen und Linien sowie von Hund zu Hund. Insbesondere Vertreter der Jagdhunderassen wollen geruchlich arbeiten. Fährtenarbeit und Futtersuchspiele sind jedoch auch für die meisten anderen »Schnüffelnasen« essenziell für ihr Wohlbefinden. Das Lesen der spannenden und wichtigen »Hundezeitung« als Mittel gegen Unterforderung und Langeweile gehört in den Tagesablauf eines jeden Hundes! Also gestatten wir ihnen doch so oft als möglich diese natürliche Beschäftigung!

## Das Sehvermögen – »Sichtjäger mit Überblick«

Hunde sehen die Dinge der Welt anders als wir. Als »Sichtjäger« können sie selbst kleinste Bewegungen noch in großer Entfernung ausmachen. Dafür sehen sie im Nahbereich eher grobkörnig. Obgleich sie auch im Besitz von Zapfen, den Lichtrezeptoren für Farbe (→ Seite 247), auf der Netzhaut sind, sehen sie vornehmlich grau (weiß und schwarz) und dichromatisch (Blau- und Gelbtöne). In ihrer Netzhaut sind mehr Stäbchen (Lichtrezeptoren für Hell und Dunkel, → Seite 246) als Zapfen vorhanden. Mithilfe einer zusätzlichen Verstärkerfläche, dem sogenannten Tapetum lucidum (→ Seite 246) können Hunde auch bei wenig Licht, also in der Dämmerung oder nachts, sehen. Sie können dies testen, indem Sie einmal spätabends durch einen unbeleuchteten Park laufen und Ihren Hund führen lassen – Sie werden merken, dass er dies perfekt kann, ohne zu stolpern oder anzuecken! Durch weit aufgerissene Augen und geweitete Pupillen fangen unsere Hunde noch kleinste Lichtquellen ein und können Strukturen erkennen.

## SO MACHT'S DER WOLF

Wolfswelpen sind in früher Lebensphase sehr interessiert am Kontakt mit ihrer belebten und unbelebten Umwelt. Noch ehe im weiteren Verlauf der Entwicklung die Angst zunehmend die Neugier verdrängt, machen sie sich ein Bild von »Freund« und »Feind« und natürlich von der künftigen Beute. So werden große Beutetiere keine Flucht vor einem »Wolfs-Dreikäsehoch« ergreifen, und dieser kann in aller Ruhe wertvolle Informationen über das »Wildbret« sammeln.

**Sinnesentwicklung:** Interessant ist der Vergleich von Wolf und verschiedenen Hunderassen bezüglich der Sinnesentwicklung. So reagieren Wolfswelpen ähnlich wie gleichaltrige Golden-Retriever-, Siberian-Husky- und Bullterrier-Welpen erstmalig bereits mit zweieinhalb Wochen auf optische Reize, indem sie diese fixieren. Pudel und Schäferhunde zeigen dies erst mit vier Wochen. Auch auf akustische Reize reagieren Pudel erst ab der dritten Lebenswoche. Wolfswelpen tun dies bereits eine Woche früher. Der größte Unterschied in der Verhaltensentwicklung zwischen Wolf und Pudel betrifft das Wittern. Wolfswelpen zeigen es bereits mit sieben Tagen, während Pudelwelpen erstmals im Alter von drei bis vier Wochen wittern. Dies ist ein Beweis dafür, dass sich die Entwicklung von Hundewelpen in menschlicher Obhut verzögert. Pudel benötigen das »Wittern« als Teil der Jagd nicht mehr so dringend für ein Überleben wie ihre wild lebenden Vorfahren. In der Verhaltensforschung heißt das »menschenbezogene adaptive Verzögerung« (→ Seite 243).

Wölfe sind auf das exzellente Funktionieren ihrer Sinne angewiesen. Fährtenarbeit ist Überlebenssache! So finden sie unsichtbare Geruchsspuren des Wildes innerhalb kürzester Zeit. Eine irrtümlich verfolgte Fährte kann, etwa bei Nahrungsmangel in Krisenzeiten, zur erheblichen Lebensgefahr werden. Dabei ist die Fähigkeit zum Aufspüren der Beute bis zu einem gewissen Grad angeboren, sie muss jedoch noch durch Lernvorgänge verfeinert werden. Die Elterntiere leisten Nachhilfe.

**Hunde und Fernsehen:** Eine Erklärung, weshalb Hunde oft Probleme beim Fernsehen haben (anbellen, nicht erkennen können), liegt in der Bildwiederholfrequenz des jeweiligen Bildschirms. Bei alten Röhrengeräten, aber auch bei neuen, meist preisgünstigen Apparaten (50 Hz-Technik ausgerüstet), die dem menschlichen Auge gerade hinreichend angepasst sind, sehen Hunde besonders schnelle Bilder unscharf und verschwommen, weshalb diese Bilder auch hin und wieder angebellt werden. Ein Wert von 80 Hz und höher wäre fürs Hundeauge optimal.

## Der Geschmackssinn – »Gourmet« oder »Allesfresser?«

Über den Geschmackssinn des Hundes ist immer noch relativ wenig bekannt. Hunde scheinen, wie ich bereits auf Seite 32 erwähnt habe, weniger Geschmackspapillen auf der Zunge zu besitzen als wir Menschen. Einige »Zottelschnauzen« sind mittlerweile regelrechte »Allesfresser« geworden, die alle möglichen und unmöglichen Dinge als Nahrung probieren. Während sich uns als Besitzer der Magen zusammenzieht, kennen viele Hunde keinen Ekel. Gleich, ob ein verwestes

Stück Wild oder ein Snack aus dem Mülleimer mit längst überschrittenem Verfallsdatum, unsere »Schweinehunde« verspeisen es genüsslich! Andere wiederum sind »Futterspezialisten«, die eine ganz bestimmte Konsistenz und Geschmacksrichtung bevorzugen. Bei kleinen Hunden kann man häufig ein »Gourmetverhalten« beobachten, das teilweise erlernt ist. Einige pfiffige Vierbeiner haben die positive Erfahrung gemacht, dass Frauchen »weich« wird, wenn sie »normales« Hundefutter à la Kantine verweigern. Besorgt um die Gesundheit des Lieblings, werden kulinarische Kostbarkeiten aufgetafelt. Es wird gekocht, gebacken und Spezialfutter gekauft, und der dermaßen verwöhnte Hund frisst immer wählerischer. Gibt es ein Geheimrezept gegen diese Art von »Diven-Allüren«? Natürlich – Futterverknappung und Futtererarbeitung. Frei nach dem Motto »Es wird gefressen, was in den Napf kommt!« riskieren Sie zwar kurzfristig bei Ihrem Hund das Gefühl von Hunger – aber der ist ja bekanntlich der beste Koch!

## Der Tastsinn – sensibler als angenommen

In der Haut bzw. Unterhaut liegen die Rezeptoren für Tast-, Druck-, Schmerz- und Temperatursinn. Diese winzig kleinen Empfangsapparate nehmen bestimmte Reize aus der Außenwelt auf und geben diese an ein Nerven-Reizleitungssystem weiter. Die gewonnenen Informationen werden darüber zum zentralen Nervensystem (Gehirn und Rückenmark) zur Verarbeitung transportiert. Diejenigen Rezeptoren, die unmittelbar unter der Hautoberfläche liegen, sind für die oberflächliche Sensibilität verantwortlich. Jeder Hundebesitzer hat sicherlich schon die eine oder andere Reaktion seines Schützlings auf Berührungsreize beobachten können, etwa wenn sich eine Fliege auf den Rücken oder die Nase des schlafenden Hundes setzt. Sofort beginnt ein heftiges Schütteln und Schnappen in Richtung des »Störenfrieds«. Bereits mit zwei Wochen zeigen die Welpen diese Abschüttelreaktion. Besonders sensibel sind unsere »Zottelschnauzen« an Stellen, wo sich sogenannte Tasthaare (Sinushaare) befinden, etwa im Lefzen-, Stirn- und Augenbrauenbereich. Damit orientieren sie sich im Raum. Lassen Sie Ihrem Hund also seine »Schnurrhaare« beim nächsten Scheren und Trimmen, damit er auch künftig seine »Antennen« auf Empfang stellen kann.

Ähnlich sensibel wie wir reagieren Hunde auf Druck, Dehnung und Stauchung. Die entsprechenden Schmerzrezeptoren lösen mitunter sofortige Abwehr- oder Fluchtreaktionen aus. Körperliches Strafen ist nicht nur sinnlos (weil oft ohne Erfolg) und widerspricht dem Tierschutzgedanken, es tut auch weh! Also bitte lassen Sie verbale und körperliche Strafen generell sein!

**Dieser Blick spricht Bände – lass uns gemeinsam die Welt erkunden! Wer kann ihm widerstehen?**

# Vom Krabbeln bis zum Marathon –
## wie Hunde sich fortbewegen

Hunde sind »Lauftiere«, die täglich Freilauf benötigen, und zwar unabhängig von Alter, Rasse, Gesundheit und Training. Als optimal gelten dabei zwei bis vier Stunden pro Tag. Allerdings zählen weder die Aufenthalte im Garten noch das ausschließliche Laufen am Fahrrad oder der Auslauf an der langen »Flexileine« dazu. Vielmehr meine ich damit Bewegung ohne Leine in möglichst täglich wechselnder Umgebung.

## Freilauf in der Realität

Also begeben Sie sich in die Öffentlichkeit und suchen zunächst die nahe gelegene Parkanlage auf. Bereits am Eingang kündet ein freundliches Schild: »Hunde bitte anleinen!« Sie sind zwar konfliktfähig, wollen jedoch keinen Disput mit schreibwütigen und besserwissenden Gesetzesvollstreckern und fahren zum etwas außerhalb gelegenen stillen Wäldchen. Dort angekommen, warten die nächsten Verbote. Obwohl die Jagdgesetze häufig keine generelle Leinenpflicht fordern, ist aber das Wildern und Jagen der Haushunde verboten. Hier könnte man demnach seinem Hund, weil er noch nie ein anderes Tier oder einen Menschen gejagt hat, endlich den nötigen Freilauf gewähren, den das deutsche Tierschutzgesetz und die Hundehaltungsverordnung fordern. Aber Vorsicht, Irrtümer können tödlich sein! Während im Park nur Geldbußen lauern, kann der Waldspaziergang für »Bello« der letzte Gang sein, denn die Auslegung der Jagdgesetze obliegt den Jägern! Nun sind Sie vollends verunsichert – und ich versichere Ihnen, ich bin es oftmals ebenso! Wo bitte sollen unsere lauffreudigen Vierbeiner ihren Auslauf bekommen? Ach ja, da waren noch die erlaubten, aber struktur- und reizlosen Hundeauslaufflächen von 50 mal 50 Metern, die für eine Population von 300 Nachbarshunden genügen müssen. Eine Farce? Nein – leider ist dies häufig Realität!

## Hunde wollen sich bewegen

Was das Laufen betrifft, konnten wir während unseres letzten Trekking-Urlaubs in Wales interessante Beobachtungen an unseren Mischlingshunden »Elsa« und »Janosch« machen. Beide liefen pro Tag mehr als unsere 20 Tageskilometer, gab es doch abseits des Weges auf den Wiesen und Weiden so vieles zu entdecken. Während Janosch schon nach dem dritten Tag langsamer wurde, galoppierte seine Schwester bis zum siebten Tag munter dahin. Doch dann waren auch bei ihr plötzlich sämtliche »Batterien« leer. Nach einer Zwangspause mit 14 Stunden Schlaf war sie wieder fit und sprang bis zum Schluss des Trecks fröhlich durch die Welt.

Was will ich Ihnen mit diesem Erlebnis sagen? Es verdeutlicht, dass Hunde, selbst wenn sie aus einem Wurf stammen, völlig verschiedene Ansprüche haben können. So gibt es auch in Bezug auf den Bewegungsbedarf individuelle Besonderheiten. Hunde brauchen den Freilauf zur Erforschung (Exploration) ihrer Umwelt, um Kontakt mit menschlichen und hündischen Sozialpartnern aufzunehmen sowie zu den notwendigen »Toilettengängen«. Supersportler wie Schlittenhunde in Arbeit können im Gespann 80 bis 120 Kilometer am Tag bei guter und hart

gefrorener Piste zurücklegen – und dies über viele Tage hinweg. Jegliche bewegungsintensive Aktivität braucht jedoch immer entsprechende Pausen, um Schäden und Schmerzen zu vermeiden. Dafür gibt es keine Richtlinien, doch wenn Sie Ihren Schützling beobachten, werden Sie sein Bedürfnis nach Bewegung oder Ruhe erkennen.

## Die verschiedenen Bewegungsformen

Widmen wir uns den Bewegungsformen der Hunde genauer, dann fallen zunächst die drei Gangarten Schritt, Trab und Galopp auf.

### Gehen bzw. Schreiten

Bei dieser langsamsten Fortbewegungsart ruht der Körper auf allen vier Gliedmaßen. Welpen wirken dabei zunächst unsicher, wanken und laufen schwankend mit eingeknickten Hinterläufen. Noch einige Zeit vorher beschränkte sich ihre Fortbewegung aufs Kriechen, Krabbeln und Robben, wobei sie sich mit rudernden Vorderbeinen am jeweiligen Untergrund festkrallten. Die Hinterläufe scheinen anfangs noch eine untergeordnete Rolle zu spielen.

Gehen bzw. Schreiten können entweder als normale Bewegung oder als Zeichen von Vorsicht, Angst oder Unterlegenheit gelten. Dies muss man im Zusammenhang mit der jeweiligen Situation bewerten. In Verbindung mit Artgenossen oder dem Menschen kann ein besonders langsames Gehen auf Stress, Angst oder einen Konflikt hindeuten. Sie kennen sicher auch eine solche Begebenheit: Ein Hundebesitzer schreit seinen Vierbeiner an, dass er gefälligst herkommen soll. Doch dieser geht nur sehr zögerlich in dessen Richtung. Warum wohl? Nun, der Hund steht in einem Konflikt zwischen Annäherung und Flucht. Er kann nicht stressfrei zu seinem Besitzer

zurückkehren, da dieser ihn so offensichtlich bedroht. Bewegt sich ein Hund sehr vorsichtig im Gelände, kann es sich um beginnendes Jagdverhalten handeln. Er schleicht sich vorsichtig an, um die mögliche Beute nicht zu vertreiben. Auch Rückwärtsbewegungen gibt es. Insbesondere Welpen nutzen sie in ihrer frühen Lebensphase als Reaktion bei Angst und Vorsicht auf bestimmte Umweltreize oder im Spiel.

### DER HUND – EIN LAUFTIER

Hunde besitzen eine äußerst bewegliche Wirbelsäule, die sie in Verbindung mit einer entsprechenden Bemuskelung über eine erstaunlich leistungsfähige Motorik verfügen lässt. Außerdem fehlt ihnen das Schlüsselbein, was die große Flexibilität im Schultergelenk bedingt. Deshalb sind »Slalom« und weitere Elemente des Agility-Sports, aber auch im Zickzackkurs hinter dem Hasen herzuhetzen gut möglich. Entsprechend den anatomischen Verhältnissen gibt es »Sprinter«, »Dauerläufer« oder »Bewegungsmuffel«. Doch egal, zu welcher Gruppe ein Hund gehört, die meisten sind schneller als wir.

### Trab und Galopp

Der Trab ist die beliebteste Gangart der Hunde. Können sie ohne Leine frei umherlaufen, so bewegen sie sich häufig im Trab oder leichten Galopp. Dabei scheinen sie mit erhobenem Kopf oft mühelos über den Untergrund zu schweben. Beim schnelleren Galopp kann man den Sprint und den etwas langsameren und kontrolliert eingesetzten Sprunggalopp unterscheiden. Weil Sprints äußerst kräftezehrend sind, werden sie nur selten und über kurze Distanzen gezeigt.

## SO MACHT'S DER WOLF

**Der Trab der Wölfe** ist legendär. So laufen sie mit sechs bis acht Kilometern pro Stunde umher und legen oft 400 bis 500 Kilometer in einem Monat zurück. Je nach Schwierigkeit des Geländes und Witterungsbedingungen pausieren die Tiere für eine mehr oder weniger kurze Zeit und verfallen ab und an in einen langsameren Schritt. Verfolgen sie jedoch ein Beutetier, werden die Pausen kürzer. Sie scheinen einige Tage regelrecht über die Ebene zu »schweben«. So können sie täglich bis zu 60 Kilometer und mehr elegant trabend an der Fährte »arbeiten«. Dabei überwinden sie schwimmend auch mühelos breitere Flüsse. Auf den Hinterbeinen stehend nach der Beute wittern gehört ebenso zum normalen Bewegungsmodus der Wölfe wie das Überklettern oder Überspringen von Hindernissen. Jedoch tun sie dies nur bei Bedarf, etwa um Kräfte zu sparen, sonst umlaufen sie das Hindernis.

Wie bei einem Test im Windkanal ist der Kopf nach vorn geschoben, die Beine sind unter dem Körper versammelt und berühren den Boden scheinbar kaum. Der Anreiz, seinen gesamten Körper »fliegen zu lassen«, muss demnach enorm hoch sein. So sprinten Hunde gelegentlich, um sich vor Gefahren in Sicherheit zu bringen, um hinter einer Beute herzujagen oder auch um einen potenziellen Gegner aus einem bestimmten Territorium zu vertreiben. Aber auch spielerisch und aus purer Freude am Leben bauen unsere »Zottelschnauzen« gern überschüssige Energien oder Stress durch Sprints ab. So jagen sie sich gern gegenseitig und spielen »Fangen« mit abwechselnder Rolle als Jäger und Gejagter.

### Noch mehr Bewegungsformen

**Springen und hüpfen:** Während beim Springen einmalig alle vier Beine in der Luft sind, bedeutet Hüpfen ein mehrmaliges Springen hintereinander. Von klein auf vollführen Hunde regelrechte »Freudensprünge«. Je nach Größe, Körperbau, Masse und Alter springen einige Hunde hoch hinaus. Sie überwinden Hindernisse wie Gräben oder Gartenzäune, die oft an Höhe und Ausdehnung ein Mehrfaches ihrer Körpergröße ausmachen. Gesprungen wird spontan oder auf Anweisung – und bei Lob sind unsere Vierbeiner stolz auf ihre Leistung. Aber Vorsicht! Sprünge in unkontrollierter Gegend können zu Unfällen führen. Besonders großrahmige (große Statur) und schwere Tiere können sich sowohl beim Absprung als auch bei der Landung leicht verletzen. In den Kinderstuben wirken die ersten Sprungversuche noch sehr unbeholfen, und nicht selten erleiden die jungen »Sportler« eine Bruchlandung auf dem Bauch. Dennoch springen und hüpfen sie unermüdlich. Im weiteren Lebensverlauf wird das Springen gezielt eingesetzt, um einem Ball oder einer Beute (»Mäuselsprung«) hinterherzusetzen.

**Klettern:** Ob allein bei der Jagd oder gemeinsam mit den menschlichen Familienmitgliedern wandernd im Gebirge – sobald Hindernisse in ihrem Weg liegen wie Baumstämme, Felsbrocken oder Weidegatter, klettern Hunde darüber. Sie nutzen dafür sowohl die Vorder- als auch die Hinterläufe. Während hinten gestrampelt und geschoben wird, ziehen sich die »Zottelschnauzen« mit den Vorderläufen förmlich nach oben.

**Kreiseln:** Aber auch in sogenannten Einzelbewegungen arbeiten sich einige Hunde aus. So drehen sie sich plötzlich um sich selbst, versuchen ihren Schwanz zu erhaschen oder hüpfen spielerisch durch die Welt. Dieses als Kreiseln bekannte Verhalten dürfen Sie auf keinen Fall bestätigen oder belohnen (→ Seite 160).

## Schwimmen – »nur Fliegen ist schwereloser«

Viele Hunde schwimmen – manche aus purer Freude, andere apportieren begeistert Bälle oder Stöckchen aus dem Wasser. Und im Sommer ist es eine willkommene Abkühlung. Aber es muss noch mehr dahinterstecken, warum einige »Zottelschnauzen« förmlich süchtig nach Wasser sind und in jedem Tümpel oder See baden gehen, während andere wiederum Wassermassagen durch Stromschnellen in Bächen und Flüssen bevorzugen. Das kann man einfach erklären: Der Wasserdruck lässt den Venendruck ansteigen, wodurch überschüssiges Gewebswasser ausgeschwemmt wird und Glückshormone (Endorphine) ausgeschüttet werden. Stressabbau auf natürliche Art!

## SPRUNGTALENT – VOM STEG INS FLACHE WASSER

**1** Absprung: Kraftvoll nimmt der Hund Anlauf und drückt sich mit den Hinterbeinen vom Boden ab.

**2** Flug: Dann streckt er den Körper in der Luft nach vorn oben und zieht zunächst die Vorderextremitäten an. Dann klappt er in der Luft bei entsprechend erreichter Flughöhe auch die Hinterextremitäten ein. Dabei nutzt er den Schwanz als Steuerelement. Das Ziel lässt er im Sprung niemals aus den Augen, denn kaum in der Luft, muss sich der Hund auch schon auf die Landung vorbereiten. Der Schwanz wird zur Stabilisierung nach vorn eingerollt, die Vorderbeine sind weit nach vorn und die Hinterextremitäten nach hinten oben ausgestreckt.

**3** Landung: Sobald der Hund mit den Vorderläufen den Boden berührt, rennt er weiter, indem die Hinterbeine nach vorn schnellen. So nutzt er sehr geschickt die Energie vom Sprung zur weiteren Laufarbeit, toll! Bei der Landung kommt dem Hund zugute, dass das Schlüsselbein fehlt, denn bei den auftretenden Kräften würde dies leicht zerbrechen. Kräftige Muskelgruppen der Schulter fangen hingegen den Aufprall weich auf.

**Nur Fliegen ist schöner! Kann die »Zottelschnauze« ihren Bewegungsdrang ungehindert austoben, lässt sich super Stress abbauen.**

Hunde bewegen im Wasser instinktiv, also in angeborener Weise, ihre Gliedmaßen mit arttypischen Paddelbewegungen, die sie vor dem Untergehen bewahren. Oftmals sind sie in ihren Schwimmbewegungen im Vergleich zum Menschen schneller und effektiver, besonders wenn sie den Anreiz haben, einen Ball oder eine Beute zu apportieren. Wasser hat eine wesentlich höhere Dichte als Luft. So kämpfen die Hunde über die Schwimmbewegungen im Wasser gegen einen höheren Reibungswiderstand an, infolgedessen sind ihre Bewegungen zwar langsamer im Vergleich zum Laufen an Land, ihre Muskulatur wird jedoch allgemein gekräftigt. Für die Rehabilitation und Prophylaxe im Bereich des Bewegungsapparates wird dies bereits in der Physiotherapie für Hunde genutzt.

Wie bei uns Menschen gibt es aber auch bei Hunden wasserscheue Gesellen.

## Positionsverhalten – Sitzen, Stehen und noch mehr

Wenn Hunde nicht laufen oder in typischer Haltung ruhen bzw. schlafen (→ Seite 43), dann bringen sie ihren Körper auf charakteristische Art und Weise in eine bestimmte Stellung oder bewegen ihn an einem festen Ort.

**Sitzen:** Bereits Welpen stemmen sich aus der Liegeposition mit den Vorderbeinen in das Sitzen, wobei dies anfänglich sehr schief gerät und einige auch gleich wieder umfallen. Haben sie sich auf dem rechten oder linken Hinterbein leidlich bequem eingerichtet, ist es doch noch ein Unterschied zu den »Großen«, die mit beidseitig abgeknickten Hinterbeinen direkt auf ihrem Po sitzen können.

**Stehen:** Die Welt kann man natürlich nicht nur im Sitzen entdecken. Also versuchen die Kleinen aus der Sitzposition ins Stehen zu kommen. Die Hinterbeine müssen dafür zunächst unter dem Körper versammelt werden, ehe sie durchgestreckt werden können. Und bitte, liebe Welpenbesitzer, lachen Sie nicht allzu laut über die zweifellos tollpatschigen Stehversuche Ihrer Kleinen! Wir sahen als Kleinkinder auch nicht sicherer aus, schwankten in den Knien gefährlich hin und her und fielen genauso häufig um. Zur Stabilisierung ihrer Lage nehmen Welpen dann gern ein Objekt oder den Artgenossen zu Hilfe.

**Sich aufrichten:** Welpen richten sich auf, indem sie sich aus dem Sitzen oder Stehen mit den Vorderpfoten abstützen. So kommen sie besser an die »Milchbar« heran, wenn Mama gerade selbst steht und die Zitzen unerreichbar hoch sind. Als Erwachsene sind Hunde oft wahre Balancekünstler. Sie können sich eine geraume Zeit nur auf den Hinterbeinen stehend aufrecht halten, etwa um zu wittern oder an einen Gegenstand heranzukommen. Ich selbst bin immer wieder überrascht, wie ausdauernd und perfekt einige Hunde ihr Gleichgewichtsgefühl beim Wittern demonstrieren können.

# Spielverhalten: Spielend lernen
## für die Zukunft

Sicher haben Sie sich auch schon gefragt, warum Hunde mit sich, Artgenossen und uns Menschen spielen, und das selbst noch in hohem Alter? Wollen sie durch dieses infantile Gehabe mit übertriebener Mimik und Gestik ausdrücken, dass sie sich wohlfühlen und glücklich sind? Oder dient der mitreißende Aktionismus auch dem Erlernen und Zeigen von »Friedensangeboten«, um sich anschließend wieder wohlfühlen zu können?

## Ist Spielen biologisch sinnvoll?

Spielen ist zunächst aus tiefster Seele unernst. Voller Lust und Spaß tollen vor allem Welpen selbstvergessen in der Gegend herum und erfinden immer neue Kombinationen von Verhaltensweisen, die insbesondere aus den Bereichen des Jagd-, Aggressions- und Sexualverhaltens stammen. Diese reihen sie in sehr schneller Abfolge aneinander. Sie scheinen zu spielen um des Spielens willen. Weder ist dabei ein Ziel noch ein Verlauf erkennbar. Die Welpen und Junghunde scheinen zu »blödeln«, jeder versucht den anderen dabei zu übertrumpfen.

Dennoch ziehen die Hunde aus dem Spielen, vor allem aus dem Sozialspiel (→ Seite 66), einen direkten Nutzen. Denn ihr Wachstum wird geschult und ihre Koordinationsfähigkeit trainiert. Seit Längerem ist bekannt, dass Hunde ihre Umwelt nicht nur durch Erkunden, sondern auch über Spielverhalten kennenlernen. Besonders in der frühen Welpenphase wird je nach Situation und Motivation die Welt entweder neugierig und angstfrei erkundet oder im Spiel mit Objekten oder Artgenossen erforscht. Dabei untersuchen die Kleinen zunächst alles Neue, und wenn sie es als ungefährlich erkannt haben, lassen sie sich davon zum Spielen anregen.

## Erkunden oder Spielen – beides geht nicht

Wer neugierig die Welt erkunden will, hat zunächst weder Zeit noch Lust zu spielen. Erst wenn ein bestimmter Bereich der Umwelt, bei den Welpen das entspannte Umfeld des Nestes, als ungefährlich abgecheckt werden konnte, lässt es sich dort bei Bedarf spielen. Mit der Zeit wird ihnen dieser Ort allerdings langweilig, deshalb vergrößern die Welpen ihr Terrain erneut. Und schon erforschen sie trotz zunehmender Angst und Furcht weiter ihre Umwelt und spielen weniger (→ Seite 53).

Spiel und Erkundung konkurrieren auch im späteren Leben, selbst bei uns. Sind wir auf Reisen in fernen Ländern, erforschen wir dort die Natur, Kultur oder Menschen. Für das daheim so geliebte Kartenspiel haben wir dann keine Zeit.

## Spiel zur Persönlichkeitsentwicklung

Spielverhalten ist sowohl angeboren als auch erlernt bzw. erworben. Spielend werden Informationen gesammelt, um sich in einer anfangs sehr feindlich wirkenden Welt zurechtfinden zu können. Vor allem der Welpe lernt also für die Zukunft, wenn er viele wichtige Verhaltensweisen im und durch das Spielen erprobt und einübt, die er als Erwachsener braucht. Ein spielender Hund sorgt somit für seine eigene Persönlichkeitsentwicklung, indem er auch seine Stärken und Schwächen in bestimmten Situationen einzuschätzen lernt. Demnach wäre das Spielen wichtig und keineswegs (nur) zweck- oder sinnlos, wie manchmal angenommen. Bereits in den ersten Lebenstagen entdecken die »Kleinen« im Spiel nicht nur ihre Umwelt, sondern auch ihre Grenzen. Ebenso loten sie Möglichkeiten aus, wie sie sich selbst und die »Welt«, in der sie leben, kontrollieren können. Dabei kommt den Sozialspielen eine besondere Bedeutung zu. Meist üben die »Kleinen« bis zum Alter von etwa acht Wochen mit den Geschwistern soziale Rollenspiele, nach dem Motto: »Gestern warst du der Sieger, heute will ich gewinnen …« Hierbei können Konflikte spielerisch geprobt werden, ohne harte Konsequenzen fürchten zu müssen. Diese Partnerspiele bei den Welpen sind wichtig für die Kontrolle ihrer Beißkraft, denn eine perfekte

Mit der Vorderkörpertiefstellung und schelmischem Blick fordert dieser Hund sein Gegenüber eindeutig dazu auf, mit ihm zu spielen.

Beißhemmung (→ Seite 225) will gelernt sein! Im Erwachsenenalter ist es überaus wichtig, auch spielerisch seinen Sozialpartnern »Friedensangebote« machen zu können bzw. sich einfach gemäß der Situation richtig zu verhalten, ohne Schaden zu nehmen. Müsste der Hund dann erst lernen, mit den anderen zu kommunizieren, und ausprobieren, wie er sich jetzt am besten verhält, kann dies schlimmstenfalls sein letzter Tag sein! Das Kennenlernen und die Vervollkommnung der »Hundesprache« werden so bereits in den ersten Lebenstagen im Welpennest unter den Geschwistern trainiert. Spielerfahrene Hunde können besser mit unerwarteten Situationen umgehen und die individuellen Befindlichkeiten ihrer Sozialpartner ausgleichen, unabhängig davon, in welcher »Tagesform« sich diese befinden.

## Spielen ist auch im Alter wichtig

Doch Spielen sollte nicht nur den Welpen vorbehalten sein. Auch nach der Übernahme in den Sozialverband »menschliche Familie« sollten Sie Ihrem Hund lebenslang und täglich diese spielerischen Kontakte zu den Artgenossen und den Menschen ermöglichen.

**Spiel als Beschwichtigung:** Erwachsene Hunde zeigen infantiles, also kindliches Verhalten besonders gern, wenn sie beschwichtigen und Konflikte abschwächen (deeskalieren) wollen. So können sie verhärtete Situationen spielerisch auflockern und Erregungen abbauen, nach dem Motto: »Nun lass uns wieder vernünftig miteinander reden oder einfach gemeinsam ein Stück rennen …« Spielen ist demnach nicht nur ein Ausdruck von bestehendem Wohlbefinden, sondern signalisiert in bestimmten Situationen die Bereitschaft, alles dafür zu tun, dass »Hund« sich bald wieder wohlfühlen kann!

**Spiel zum Stressabbau:** Sicherlich können sich Hunde durch die verschiedensten Spielarten auch selbst entspannen und Stress abbauen. So haben

Sie vielleicht schon beobachtet, dass Ihr Hund nach einem Schreckerlebnis, einem Konflikt oder nach einer »Standpauke« ein befreiendes Renn- oder Verfolgungsspiel praktizierte. Im Rennspiel »lässt er Dampf ab«, um sich wieder wohlfühlen zu können (»Coping-Strategie«, → Seite 241).

**Spiel mit wechselnden Rollen:** Wenn man spielende Hunde, gleich in welcher Situation, beobachtet, fällt der Vergleich zum Jagen nicht schwer – das Spielverhalten scheint ebenfalls selbstmotivierend zu sein. Auch trainieren Hunde untereinander nicht selten Jagdszenarien mit wechselnden Rollen für »Jäger« und »Opfer« sowie gestellte »Kampfszenen«. Spielfreudige »Zottelschnauzen« sind bei Hundebegegnungen scheinbar unbelehrbar und suchen bei erneuten Treffen gerade jene Hunde auf, von denen sie vor wenigen Tagen weggebellt oder weggejagt wurden. Ist dieses Spielen also doch sinnlos? Nein, keineswegs! Der zum Spiel auffordernde (anspielende) Hund trainiert den Ernstfall und sucht sich sozialisierte und daher nicht wirklich gefährliche »Sparringspartner«, um alle möglichen Formen von Flucht und Schadensvermeidung zu üben, die er bei Kontakten mit nicht sozialisierten Hunden brauchen könnte. Auch der Hund mit dem Part des »Raufbold-Trainers« lernt und übt natürlich seinen Teil der »Hundesprache«. Und »Spieler« gewinnen immer – egal, ob als »Jäger« oder »Opfer« –, nämlich an Erfahrungen!

## Spielsignale für den Sozialpartner

Treffen zwei Hunde aufeinander, die spielen wollen, wird im Allgemeinen mit »aufgedeckten Karten« ehrlich und ohne Arglist und Täuschung gespielt. Die beiden sind sich nicht unsympathisch. Haben sie einmal den Kontakt hergestellt, wollen sie diesen mit dem gefundenen Spielpartner möglichst auch künftig beibehalten.

---

### WELCHEN NUTZEN HAT SPIELEN ...

**... für die Zukunft des Hundes?**

○ Förderung des Muskelwachstums und der Entwicklung der Sinne beim Welpen

○ Förderung der Beweglichkeit und Koordinationsfähigkeit

○ Erlernen der »Hundesprache« und Einüben von sozialen Rollen

○ Erlernen der eigenen Aggressions- und Frustrationskontrolle

○ Förderung von Lernen und Flexibilität

**Bedeutung im Augenblick:**

○ Stressbewältigung (»Coping-Strategie«)

○ Deeskalation bei drohenden Auseinandersetzungen (»Pufferfunktion«)

○ »Spieltrick«, um an Futter, Plätze, Spielzeug oder Ähnliches zu gelangen

○ Kontaktaufnahme bzw. -beibehaltung zum Sozialpartner

○ Reduktion von Angst und Verbesserung der Umweltkontrolle

○ Förderung der Aufmerksamkeit beim Lernen durch erhöhten Bereitschaftszustand (»Stand-by-Modus«)

## Wie Hunde zum Spielen auffordern

Beim Spielen fällt auf, dass die Verhaltensabläufe im Gegensatz zum Ernstfall aufgelockert und abgeflacht gezeigt werden. Typisch dafür sind spezielle Verhaltensweisen, mit denen Hunde Artgenossen zum Spielen auffordern bzw. ihrem Gegenüber signalisieren: »Ich bin in Spiellaune!«

**Spielgesicht:** Hier wechseln in rascher Folge Imponierverhalten mit Unterwürfigkeitsgesten sowie Angst mit Aggression, um dem Gegenüber zu zeigen, dass alles nicht ernst gemeint ist. Die Lefzen sind zunächst meist weit nach hinten gezogen, die Ohren stehen aber aufrecht oder werden abrupt angelegt. Die Augen blicken ins »Leere«, oder der spielbereite Hund schielt schelmisch von unten herauf, wobei das Weiße im Auge deutlich zu sehen ist. Das Maul ist leicht geöffnet, oder es wird kurzzeitig maximal und weit aufgerissen wie bei einem »Clowns-Lächeln«. In rascher Abfolge scheint der Hund ängstlich und dann wieder sehr selbstsicher. Dabei lassen die Spielpartner ihren jeweiligen Gesichtsausdruck nie »einfrieren« wie beim Pokerspiel! Dauert eine der gezeigten Mimiken zu lang, wird dieses »Pokerface« entsprechend vom Spielpartner gedeutet. Ein nur für eine Sekunde zu lang gezeigtes Drohgesicht kann zur Eskalation und damit zum Gegenteil dessen führen, was der Hund eigentlich mit der Aufforderung zum Spiel wollte – nämlich keinen Streit!

Sollte aus Spiel Ernst werden, kann urplötzlich eben jenes Spielgesicht wieder auftauchen, doch diesmal, um den Gegner zu besänftigen.

**Vorderkörpertiefstellung:** Dabei beugt der Hund den Vorderkörper und Kopf tief nach unten und verharrt in dieser etwas unbequem scheinenden Position mit Po und Schwanz wackelnd (→ Foto, Seite 66). Aus dieser Haltung springen die Hunde plötzlich nach oben und vollführen eine Reihe von »Bocksprüngen« in die Luft, um den anderen zum Spiel zu animieren. Daraus können sich mehrere gegenseitige »Jagdattacken« anschließen, begleitet von oft sehr lautstarkem Bellen. Dies kann bei einigen Rassen ein Versuch sein, den im Vergleich zum Wolf verkümmerten Gesichtsausdruck zu kompensieren. Auch in der

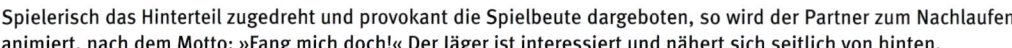

Spielerisch das Hinterteil zugedreht und provokant die Spielbeute dargeboten, so wird der Partner zum Nachlaufen animiert, nach dem Motto: »Fang mich doch!« Der Jäger ist interessiert und nähert sich seitlich von hinten.

Zeit der »Brautwerbung« zeigen sowohl Rüde als auch Hündin diesen »Balztanz«.

**Weitere Spielaufforderungen:** Während Hunde mit Gegenständen spielen (Objektspiel), können sie ihre jeweiligen Sozialpartner, egal ob Mensch oder Artgenosse, durch bestimmte Handlungen zum Mitspielen animieren. Sie laufen zum Gegenüber, springen mit den Vorderläufen in die Luft, tragen ein Objekt (Objekttragen) mit Blick zum Spielpartner, lassen es wenig später fallen oder »klauen« einen Schuh oder den Ball (Objekt wegnehmen). Besonders bei Vertretern von Jagdhundelinien sind Anschleichen, Umkreisen, Hopsen, Verfolgen oder geducktes Ablegen und Gehen häufig eindeutige Spielaufforderungen. Des Weiteren »pföteln« Hunde mit den Vorderläufen, springen im Kreis oder vorn hoch bzw. den Sozialpartner an. Sie scharren, schleudern mit dem Kopf oder dem gesamten Körper, werfen sich auf den Boden oder starten einfach rennend durch. Auch wenn »Zottelschnauzen« mit den Vorderbeinen trampeln, heißt dies, dass sie Kontakt und Spiel wollen. Es ist nicht, wie man vermuten könnte, ein Ausdruck von Ungeduld.

## Wenn Hunde lächeln

Ja, liebe Hundebesitzer, Sie haben richtig gelesen, Hunde können lachen. Dabei ziehen sie bei leicht geöffnetem Fang die Oberlippe kurz über die Schneidezähne nach oben. Dies passiert bei Begrüßungen, zur Spielaufforderung oder beim gemeinsamen »Kuscheln«. Dabei lächeln sie ausschließlich uns Menschen an, nie einen Artgenossen. Sie scheinen unser Lachen zu imitieren. Wenn Ihre »Zottelschnauze« Sie anlächelt, haben Sie vieles richtig gemacht.

Gelächelt wird aus Freundlichkeit, wobei die Art der Kontaktaufnahme seitens der Hunde als »leicht verschämt« interpretiert werden kann. Obwohl sie dabei ihre Zähne zeigen, muss man dies unterscheiden zum »Zähneblecken«, das im

### SOLITÄRSPIELE – DAS SPIEL MIT SICH SELBST

**INFO**

Hier wird ohne jeglichen Partner agiert. Voller Lust werfen sich Hunde kopfüber in die Schneewehe, reiben ihren Körper mit Quiek- und Grunzlauten im Stroh oder schnappen übermütig nach fallenden Blättern. Vielfach suchen sich spielbegeisterte Tiere Gegenstände aus der Umgebung und beschäftigen sich so mit sich. Sie fixieren Flaschen, Stöcke oder Grasballen, betasten sie mit den Pfoten, beknabbern sie mit den Zähnen, schütteln und zerbeißen sie, um die Dinge anschließend in die Luft zu schleudern, wieder aufzufangen und übermütig wegzutragen.

Zusammenhang mit dem Drohverhalten steht (→ Seite 81).

**»Sprechen« in Form von Spiellauten:** Im Gegensatz zum Wolf äußern Hunde, die spielen, häufig ein melodisches Spielknurren oder sie bellen in den höchsten Tönen. Unsere Vierbeiner haben im Verlauf der Generationen gelernt, dass die größte Chance auf gegenseitige Verständigung dann besteht, wenn sie nach Herzenslust bellen. Nur so scheint »Herrchen« zu begreifen, dass er endlich wiederholt den Stock werfen soll. Ein weiterer Beweis dafür, wie die Hunde uns in ihrem Verhalten immer ähnlicher werden.

## Spiele mit Artgenossen

Hunde zu beobachten, die spielen, rennen oder aus vollem Lauf einen Purzelbaum schlagen, ist nicht nur schön, es wirkt auch ansteckend und motivierend! Doch aufgepasst, liebe Leser, wenn Hunde miteinander tollen oder anderweitig kommunizieren, haben wir Pause! Ein Eingreifen jeglicher Art kann fatale Folgen für Mensch und Tier haben (→ Seite 185). Damit Hunde miteinander Kontakt aufnehmen und auch richtig spielen können, müssen sie Freilauf genießen. Gönnen Sie Ihrer »Zottelschnauze« doch dann das Vergnügen und rufen Sie sie nicht jedes Mal zurück, wenn sie bereits in »Unterhaltung« ist und voller Freude zum Artgenossen läuft!

### Die Wahl des Spielpartners

Hunde suchen sich ihre Spielpartner nach ihren Vorlieben aus. Es muss halt passen!

**Spiele mit Artgenossen der gleichen Rasse:** Am einfachsten ist die Absprache unter Geschwistern bzw. mit Artgenossen gleicher »Bauart« (Körperbau). Hier weiß der Hund relativ zuverlässig, was gemocht wird und was nicht.

● Retriever lieben partnerbezogene Objektspiele, indem sie sich gegenseitig Bälle oder Stöcke im lockeren »Staffellauf« abjagen oder daran zerren (Zerrspiele).

● Hochleistungssportler wie Windhunde bevorzugen Sprints und allgemeine Rennspiele im Zickzackkurs, die nur wenige Hunde aus anderen Linien physisch durchhalten können. Oftmals stehen diese dann mit buchstäblich hängender Zunge da und schauen dem gerade »warm« gewordenen Läufer nach. Dieser hat inzwischen die »Schwäche« seines sportlichen Gegners erkannt, »schaltet« in einen langsameren »Gang« in Form eines »Hoppelgalopps« oder lässt sich im Trab einfach austrudeln. Häufig lassen sich Rennspiele mit Rollenwechsel zwischen »Jäger« und »Gejagtem« besonders bei Hunden einer Gruppe bzw. befreundeten Tieren beobachten.

● Viele Terrier sind für Kampfspiele mit spielerischem Rückenbeißen und Schütteln und wilden Verfolgungsjagden (Fluchtspiele) mit wechselnden Rollen von Angriff und Verteidigung zu begeistern. Dabei wird meist der Fang weit aufgerissen. Das Spielgesicht ist ohne bedrohliche Mimik. Oft ringen die Tiere lautlos und mit exzellenter Beißhemmung.

● Hütehunde wie Australian Shepherd oder Border Collie laufen im Kreis, lauern, umzingeln, verfolgen geduckt, legen sich ab oder schleichen sich an. Wohl dem Hund, der dieses Verhalten auch als Spiel erkennt und nicht voller Panik glaubt, dass er jetzt »behütet« bzw. gejagt wird.

**Wie Hunde miteinander spielen:** Viele Hunde springen oder rempeln sich im Spiel an, inszenieren Überfälle, werfen sich so gegenseitig um und beißen gehemmt in Hals und Nacken.

● Auch wird im Spiel »aufgeritten« bzw. mit den Vorderläufen umklammert, wobei dies besonders lustig aussieht, wenn es von vorn geschieht. Vollführt der aufreitende Hund dazu noch rhythmische Beckenbewegungen (Friktionsbewegung), kann Sex im Spiel sein, muss es aber nicht. Es geht hierbei nicht um Fortpflanzungswillen, sondern es wird »nur gespielt«.

● Immer wieder imposant ist auch die »Ringkampfstellung«. Beide Kontrahenten stehen auf den Hinterläufen und scheinen sich mit den Vorderbeinen zu »umarmen«. Häufig werden dazu die Mäuler extrem weit aufgerissen, man »jault« sich zu und schnappt in die Luft oder beißt dem Davoneilenden spielerisch in den Hintern.

## Spiele mit Menschen

Sie befinden sich in Spiellaune und wollen mit Ihrem Hund spielen. Dieser schaut Sie aufmerksam an und steht Ihnen neugierig gegenüber. Vielleicht sprechen Sie ihn an, worauf er die Ohren spitzt und seinen Kopf etwas schräg hält (→ Foto Seite 59). Nun führen Sie doch einmal die hoch über dem Kopf erhobenen Arme rasch nach vorn unten und bewegen sich ähnlich Kindern schnell mit wechselnder Richtung im Zickzackkurs und einigen »Zwischenhopsern«. Was Sie hiermit machen, ist zwar einerseits kindisch,

## SO MACHT'S DER WOLF

Spielen gilt bei Wölfen neben dem Jagen als das zeitaufwendigste Verhalten. Sie spielen im Gegensatz zu Hunden weitestgehend »still«.

**Spielaufforderung:** Wölfe schneiden beim Spielen gern und oft »Grimassen«, um ihre Mimik und deren Bedeutung für die Gruppenmitglieder zu verbessern. Zwölf Wochen alte Wolfswelpen reißen ihren Fang weit auf, entblößen die Zähne, schütteln den Kopf hin und her und beginnen die Nase zu kräuseln. Das übertrieben weit geöffnete Maul hat dabei die größte Signalwirkung für ein erwünschtes Mimikspiel. Während im Kopfbereich durch schnelle und übertriebene Gesichts- und Kopfbewegungen alles zu entgleisen droht, ist der übrige Körper häufig entspannt. Der Partner, dem das Spiel gilt, wird dabei wie verschämt von unten und seitlich angeschaut, oder die Welpen starren in die Luft. Dies geschieht zunächst ohne Kontaktspiele, solche können sich jedoch schnell anschließen. Halbwüchsige Wölfe mit etwa acht Monaten ziehen vor allem ihre Nasenrücken spielerisch in Falten. Dagegen werden die Mimikspiele der Erwachsenen immer feiner und subtiler.

**Spielarten:** Kontaktspiele werden häufig als Beiß- und Kampfspiel bereits ab der zweiten bis dritten Lebenswoche gezeigt. Da wird miteinander gerungen oder im Fell des »Bruders« und der »Schwester« gezogen und geschüttelt, noch ehe die gehemmte Beißbewegung erlernt wurde. Bei derart schmerzhaften Kämpfen wird das Spiel bei festem Biss sofort abgebrochen. Diese zweifellos schmerzhaften Beißereien nehmen mit zunehmendem Alter ab. Ab dem dritten Monat treten Renn-, Verfolgungs- und Suchspiele in den Vordergrund.

Bei Wölfen dominiert der Anteil an Sozialspielen. Um erfolgreich größere Beutetiere jagen zu können, müssen sie in der Gruppe miteinander auskommen. Ohne Lärm durch umfangreiche Lautäußerungen und ohne sich gegenseitig zu verletzen und damit zu schwächen, gelangen dennoch die älteren und cleveren Tiere an die besten Futterstücke. Sie tricksen die unerfahrener agierenden Jungwölfe, die nicht mehr extrem hungrig vor ihrem Beuteteil liegen, aus. Dazu lenken sie diese durch Spielbewegungen und Spielaufforderungen vom Futter ab, um es dann selbst zu fressen.

andererseits für den Hund eindeutig spielmotivierend. Sie zeigen die etwas abgewandelte Form der Vorderkörpertiefstellung (→ Seite 68) mit anschließender Spielfortbewegung – für Ihren Hund das Signal, bellend zwischen spielerischem Angriff mit Anspringen und Flucht umherzutollen. Sie können nun Ihren Hund händeklatschend animieren und hochpowern, indem Sie ihn spielerisch bedrohen und mit »unheimlichen Lauten« und weit ausgebreiteten Armen auf ihn

»zuschweben«. Sie initiieren damit einen spielerischen Überfall. Ihr angstfreier Hund wird dies mit erneutem Angriff-Flucht-Wechsel, typischem Spielgesicht und lautem, freudigem Bellen annehmen. Vielleicht schnappt er sich im Vorbeilaufen noch einen Ball oder Stock und rennt damit in übermütigem Galopp davon. Eine Einladung an Sie, ihm hinterherzujagen.

Solche Spiele mit sozialer Aufforderung stehen bei Hunden hoch im Kurs. Doch leider beschäftigen wir Menschen unsere Schützlinge häufig nur über ewig wiederkehrende Apportierspiele. Und dies ist dann irgendwann in jedem Hund-Halter-Gespann öde und langweilig.

**Erlernen von »Kunststücken«:** Dafür sind ebenfalls eine Reihe von Spielelementen nutzbar. So können Sie auf dem ursprünglichen und spielerisch gezeigten Vorderbeinstoßen Ihres Hundes aufbauen und ihm beispielsweise den Trick »Gib mir Fünf« oder neudeutsch »Give me Five« beibringen. Wieder ein Beweis dafür, dass das spielerische Erlernen von Kommandos am effizientesten ist. Freie Spielformen, die im natürlichen Verhalten der Hunde vorkommen, können oft mühelos variiert, modifiziert und als Kommandos konditioniert (→ Seite 102) werden.

## Spiele, die ernst werden können

»Zerr- und Anspringspiele« sowie »Kampfspiele« sind ohne verlässlich abrufbare Abbruchkommandos nicht ungefährlich, wie Sie auf Seite 159 lesen werden. Subtilere Anzeichen von »Kampfspielen« übersehen wir jedoch häufig. Unsere Vierbeiner sind nicht nur dann zum Spielen aufgelegt, wenn sie »pföteln« oder mit der Schnauze stoßen, sondern auch wenn sie uns spielerisch mit dem geöffneten Fang »an die Hand oder den Arm nehmen«. Dabei gehen die Tiere meist sehr vorsichtig mit ihren Zähnen um (Beißhemmung vorausgesetzt) und ziehen uns spielerisch ein Stück umher.

## Harmonisches Intermezzo – Hausmusik mit »Janosch«

Eine besonders skurril anmutende Form des Spielverhaltens ist das gemeinsame »Singen« mit dem Menschen. Hunde können auch allein oder unter Artgenossen in den verschiedensten Alltagssituationen singen und heulen, dies bedeutet für sie aber nicht immer Entspannung und

Wohlbefinden, sondern Trennungsangst. Dagegen dienen die gemeinsamen Singabende mit uns Menschen eher der Harmonisierung im Hund-Mensch-Alltag. Voraussetzung dafür ist natürlich, dass man sich als Musizierender auf die »hündische« Begleitung einlässt.

Sobald meine Frau am Klavier sitzt, singt unser Rüde meist aus Leibeskräften mit. Dabei wirft er wie ein Startenor den Kopf nach hinten und heult mit eingezogenen Lefzen und hoch erhobener Nase. Wenn wir es zulassen, übernimmt er auch gern den Klavierpart und haut mächtig auf die Tasten. Sicher könnte man dieses Duett-Singen als Nachahmungsverhalten, als Verhalten, um Aufmerksamkeit zu erregen, oder schlichtweg als ein der Unterhaltung mit dem Menschen dienendes Verhalten interpretieren. Weshalb aber springt »Janosch« regelmäßig aufs Klavier und begleitet sich in seinem »Singsang« selbst? Ich vermute, dass er gelernt hat, mit seinem »Klavierspiel« Stress erfolgreich abzubauen.

Durch Spielen mit sich selbst kann der Hund negative Erregung abbauen und langfristig die eigenen »geistigen Horizonte« erweitern.

# Sexualverhalten – nur Fortpflanzung
## oder auch Spaß?

Oberste Priorität im Leben hat die Arterhaltung, das heißt die Weitergabe der eigenen Gene an die Nachfolgegeneration. Je mehr Nachkommen in die Welt gesetzt und erfolgreich aufgezogen werden, desto höher ist die sogenannte individuelle Fitness (→ Seite 242) der Elterntiere. Fortpflanzen können sich natürlich nur diejenigen, welche ihre Bedürfnisse des täglichen Lebens decken und erfolgreich jegliche Schäden für sich vermeiden.

## Wie es unsere Hunde »treiben«

Sex ist Teil des Sozialverhaltens und verläuft hoch ritualisiert. Männliche und weibliche Tiere müssen sich tolerieren und akzeptieren, um erfolgreich und gefahrlos Sex haben zu können. Dies ist keineswegs selbstverständlich, wie zahlreiche Beispiele im Tierreich zeigen. Da laufen gelegentlich die »Männer« Gefahr, von ihren Partnerinnen getötet bzw. gefressen zu werden. Dagegen verläuft der Sex bei unseren Hunden wesentlich friedfertiger. Allerdings ist er nicht immer so »moralkonform« wie bei den Wölfen. Hunderüden zeigen eine permanente Decklust und sind faktisch hinter jeder hitzigen Hündin her.

## Partnersuche – wer ist der Richtige?

Gleich zu Beginn sei erwähnt, dass in der Hundewelt »Damenwahl« gilt. Natürlich sollte es der beste und fitteste Kandidat sein, der lebensfähige Nachkommen zeugen kann. Obgleich auch ein Rüde mit hoher körperlicher Fitness gern als Partner genommen wird, ziehen die Hündinnen oft »Softis« den »Machos« vor.

**Kriterien für »den« Richtigen:** Zunächst einmal müssen Rüden gut flirten können, also eine gute »Brautwerbung« (Ranzverhalten) vollführen. Auch werden die künftigen Partner auf ihre »Vaterqualitäten« hin geprüft. So sind nicht nur potenziell erfolgreiche »Welpennestbauer« gefragt, sondern Rüden mit hohen Sozialkompetenzen. Dadurch wurden im Lauf der Zeit Dinge wie das Ranzverhalten und das Beherrschen der Hundesprache durch perfektes »Lesen« und »Zeigen« von soziopositiven, agonistischen und beschwichtigenden Signalen (= Sozialkompetenz) faktisch zu sekundären Geschlechtsmerkmalen. Die Besitzer von Hündinnen verstehen oft nicht, weshalb gerade der ihrer Meinung nach hässlichste und räudigste Mischlingsrüde der gesamten Nachbarschaft der Auserkorene ist. Seien Sie versichert, Ihre Hündin weiß es besser!

**Künstliche Zuchtauslese des Menschen:** Hierbei wird das Bedürfnis der Hündinnen häufig völlig missachtet. Denn die züchterische Selektion gilt der Größe, subjektiven Schönheit oder erlernten Verhaltensweisen. Lebensschwache und degenerierte »Qualzuchtprodukte« (→ Seite 245) sind trotz rechtlicher Bestimmungen leider immer noch an der Tagesordnung! Offensichtlicher sind dagegen solche negativen Einflussnahmen mancher Züchter, wenn sie versuchen, unwillige Tiere zum Sex zu zwingen.

## Das Vorspiel

Mit dem Eintritt der Geschlechtsreife (Pubertät) zeigen die Rüden ihre Deckfähigkeit und die Bereitschaft, diese auch auszuprobieren. Dabei variiert der Eintritt ins Erwachsenenleben zeitlich sehr stark, je nach Rasse, Gewicht und Haltungsbedingungen liegt er zwischen dem 6. und 18. Lebensmonat. Allerdings werden die Tiere in der Regel vor Erreichen des ersten Lebensjahres geschlechtsreif. Auch bei den Hunden sind die »Damen« frühreifer. Fortan werden die Hündinnen zwei- bis dreimal pro Jahr läufig (→ Seite 243).

**Sex-Nachrichten:** Dass sie in der nächsten Zeit deckwillig werden, teilen die Hündinnen den männlichen Bewerbern sowohl durch ihre pheromongeschwängerten Urinmarkierungen (→ Seite 244) als auch durch ihr sexbereites Verhalten mit. Besonders in der Zeit des Eisprungs wirken sie sexuell attraktiv. Und genau darauf reagieren die Hundemänner! Allein durch die Düfte am Wegesrand lassen sie sich völlig aus dem Konzept bringen. Oft »hängen« sie minutenlang mit der Nase über der »Liebespost«. Sie flehmen.

**Der Liebesreigen beginnt:** Treffen sich die beiden dann auf der Hundewiese, verläuft die Be-

Auch eine gründliche Geruchskontrolle der Genitalien bewahrt den »Freier« vor Missverständnissen und Ablehnung durch die »Braut«.

grüßung anfangs wie üblich, nur halt eben etwas aufgeregter. Nasen werden gegenseitig aneinandergestoßen, es wird am anderen überall gerochen, auch und besonders an den Genitalien. Die Hündin ist dabei schneller, wohingegen der Rüde sich die nötige Zeit nimmt. Dermaßen von den Sexdüften der Hündin animiert, nähert er sich seiner »Braut« zunächst frontal mit heftig wedelndem Schwanz. Ist die Hundedame in Laune, verneigt sie sich in Vorderkörpertiefstellung und spielt bevorzugt jenen Rüden an, der ihr als potenzieller Sexpartner geeignet scheint. Und schon sind die zwei Verliebten mitten im schönsten sexuellen Vorspiel – dem Ranz- oder Werbeverhalten. Der Rüde folgt der Hündin permanent in kurzem Abstand, wobei er sich stets nach ihrem verführerischen Hinterteil richtet (Folgelauf). Die Verliebten balgen herum, jagen sich und reiten spielerisch beieinander auf. Dabei kann auch die Hündin den Part der Reiterin übernehmen, nach dem Motto: »Ich bin bald zu haben!«

**Bereit oder nicht bereit?** Der Zeitraum der wirklichen sexuellen Lust ist relativ kurz. Gerade mal knapp zwei Tage ist die Hündin wirklich aufnahmebereit. Man erkennt dies daran, dass die Blutung nach erfolgtem Eisprung in einen eher fleischwasserfarbenen Ausfluss übergeht, bis auch dieser endet. Die Häufigkeit des Urinmarkierens in kleinen Mengen nimmt zu. Auch kann man ein sogenanntes Spritzharnen (→ Seite 39) beobachten. Schließlich steht sie oft im Anschluss an das Vorspiel still da, legt den Schwanz zur Seite und präsentiert ihre Scham. Der liebestolle »Freier« wird von Sexdüften förmlich eingehüllt. Hocherregt beschnüffelt und leckt er unter wilden entenähnlichen Schnatterbewegungen der Schneidezähne die Urinpfützen sowie die Genitalien der Hundedame, drängt sich heran und versucht sie zu bespringen. Aber Vorsicht ist geboten! Wenn die scheinbar willige »Braut« den Rüden mit »Hasch-mich-Spielchen« beschwichtigt, will sie doch noch nicht!

## SO MACHT'S DER WOLF

Wölfe werden erst mit zwei (Fähe) bis drei (Rüde) Jahren geschlechtsreif. Sie zeigen auch nur einmal im Frühjahr Interesse an Sex. Monate vorher, in der Zeit der Vorranz, beginnt das Elternpaar mit vertrauensbildendem Verhalten, den Partnerspielen. Haben sich zwei Partner gefunden, führen sie in der Regel eine harmonische Einehe. Die Hochranz, bei der es zwei- bis dreimal täglich zur Kopulation und zum »Hängen« kommen kann, dauert bis zu zwei Wochen. Nur in dieser Zeit ist die Fähe aufnahmebereit und der Rüde in der Lage, fortpflanzungsfähige Spermien zu produzieren. Eine Wolfsfamilie bringt einen Wurf pro Jahr mit ein bis sechs Welpen hervor.

**Rolle des »Königspaares« – das Familienmodell:** Männchen und Weibchen des Zuchtpaares zeigen jeder für sich intrasexuell-agonistische soziale Interaktionen (→ Seite 246). Beide dulden demnach keine »Nebenbuhler«! Die »Eheleute« unterdrücken in der Hochranz jegliche Art von Paarungsversuchen anderer Gruppenmitglieder unter anderem durch Spritzharnen, Imponierverhalten oder gar aggressives Drohen. Während die Zuchtrüde gereizt und aggressiv gegenüber männlichen Wölfen reagiert und besonders während der Paarungszeit jegliches Bemühen im Paarungsverhalten gegenüber seiner Partnerin unterdrückt, verfolgt die Zuchtfähe eine andere Taktik. Ihr gelingt durch ihr Verhalten einerseits eine Veränderung des Hormonhaushalts der zumeist jüngeren Weibchen in der Art, dass diese Tiere keinen geregelten Zyklus mehr durchlaufen, die Ranz unterdrückt wird und die Wölfinnen scheinträchtig werden. Ande-

rerseits sorgt sie gemeinsam mit ihrem Partner für eine angenehme Umgebung der anderen Familienmitglieder.

**Rolle der Gruppe:** Nach einer quasi synchronisierten Läufigkeit werden diese Wölfinnen meist zeitgleich zur Trächtigkeit der Zuchtfähe scheinträchtig, sind also »Milchdepots in Reserve«. Das macht Sinn, da sie sich dadurch als Ammen an der Aufzucht des Königs-Wurfes beteiligen können. Es erhöhen sich folglich die Überlebenschancen der »Königskinder«, da die übrigen Wölfe zu »Onkel« und »Tanten« werden, die als »Milchlieferanten«, »Futterbesorger« und als »Erzieher« der Welpen fungieren. Die Nachkommen gemeinsam aufzuziehen ist auch deshalb praktisch, weil die »Pflegeeltern« durch die enge verwandtschaftliche Beziehung in der Gruppe Teile ihrer Gene indirekt an die Folgegeneration übertragen können, ohne selbst elterliche Verantwortung tragen zu müssen – also purer Egoismus der Gene?

**Auswirkungen auf die Wolfsgemeinschaft:** Die Alternative hieße Abwanderung und Bildung einer neuen Familie, aber auch das birgt Risiken für das eigene Überleben, weshalb viele ledige Wölfe in der Gruppe verbleiben, solange sie dort geduldet werden.

Unter bestimmten Umständen weicht die Sozialstruktur vom Familienmodell ab. Größere Gruppen besitzen dann eine komplexere Struktur mit zum Teil flexiblen hierarchischen Systemen. Hier können dann auch mehrere komplexe Paarungsmuster auftreten, mit dem Resultat von seltenen Mehrfachwürfen pro Jahr und Wolfsgruppe.

## Die Paarung

Vor dem eigentlichen sexuellen Akt unterzieht der potenzielle Vater die »Dame« einer gewissen Abschlussprüfung. Dafür stellt er sich quer an deren Hinterteil und legt den Kopf auf ihren Rücken, um sie anschließend zu belecken und zu beknabbern. Duldet die Hündin auch dies, so bespringt er sie. Er umklammert mit seinen Vorderläufen ihre Brust, zieht sie zu sich heran, schiebt sich auf ihren Rücken und vollführt nach der Penetration rhythmische Stöße gegen ihr Becken (Friktionsbewegungen). Die eher passive Hundedame kommt ihrem »Freier« nur entgegen, in dem sie ruhig stehend den Schwanz permanent zur Seite hält. Die Vereinigung (Kopulation) dauert nicht sehr lang, wobei der Rüde mit typischen Trippelbewegungen der Hinterbeine den Samenerguss (Ejakulation) und damit das Ende des aktiven Teils der Paarung ankündigt.

**»Hängen«:** Dennoch bleiben die Tiere für weitere 5 bis 20 Minuten oder länger miteinander vereint. Dies gilt als eine Besonderheit beim Hundesex und wird als »Hängen« bezeichnet. Dabei schwillt die Penisbasis des Rüden unmittelbar nach der Ejakulation dermaßen an, dass eine Trennung unmöglich wird. Versuchen die Besitzer, die Tiere gewaltsam zu trennen oder werden die Hunde beim Akt gestört oder vertrieben, so hat dies extrem schmerzhafte Verletzungen beider Tiere im Genitalbereich zur Folge.

Sobald die Penisschwellung abgeklungen ist, lösen sich die Partner vorsichtig voneinander und beginnen mit einer gründlichen Säuberung der eigenen »Intimzonen« durch Belecken. Es wird vermutet, dass dadurch nachfolgende Infektionen verhindert werden sollen.

## Homosexualität bei Hunden?

Homosexualität als Liebe und erlebte Sexualität zwischen Partnern des gleichen Geschlechts im menschlichen Sinn kann so nicht auf Hunde übertragen werden. Gleichwohl sieht man immer wieder auf Hundewiesen, wie ein Rüde den anderen von hinten besteigt und eindeutige Friktionsbewegungen (→ links) vollführt. Ähnlich, jedoch seltener, machen es Hundedamen. Dies sieht zwar nach Sex aus, muss es aber nicht sein. Vielmehr kann das Bespringen als Aufforderung zu einer Auseinandersetzung verstanden werden. Die »Reiter« sind zumeist selbstsicher und aktiv, jedoch keinesfalls, wie häufig behauptet, »dominant«, denn es wird zwischen Hunden keine »Rangordnung« aufgestellt. Vielmehr durften sie für sich die positive Erfahrung machen, dass sie auf diese Art Stress abbauen konnten. Deshalb werden sie dies wiederholt dafür nutzen. Die leidgeplagten »Opfertiere« halten still, sicher auch aus Angst vor Eskalation, würden sie sich dem »Wüstling« verweigern. Auch gibt es wahre Abhängigkeiten zwischen befreundeten Rüden, die den »Homosex« mit Rollenwechsel praktizieren, ohne dass einer unter Stress leidet.

Nach der Geburt werden die Kleinen durch die Zunge der Mutter regelrecht abfrottiert, wobei gleichzeitig die Entleerung von Blase und Darm angeregt wird.

# Sozialverhalten –
## verstehen Sie »Hündisch«?

Hunde sind weder »Rudeltiere« noch daran interessiert, Sozialpartner, gleich ob Mensch oder Hund, nach starren hierarchischen Strukturen zu dominieren bzw. zu beherrschen. Es wurde lange Zeit angenommen, dass der Hund einem »inneren Drang« nach »Dominanz« folgt, um gegenüber seinen Sozialpartnern Hund und Mensch in der Konkurrenz um Ressourcen, wie Futter, Lagerplätze etc., einen Vorteilsstatus zu etablieren. Dies ist ebenso unsinnig wie falsch, können doch Hunde weder aktiv und im Voraus rückblickend oder vorausschauend die Erhöhung ihres Status innerhalb der Familie planen, noch sind sie in der Lage, sich einen Begriff von der eigenen Stellung in der »Gruppenhierarchie« zu machen. Ihre Reaktionen sind eher situativ als formal und basieren vielmehr auf individuellen Lernerfahrungen in sozialen Interaktionen, als bisher bekannt.

## Was heißt es, sozial zu sein?

Das Sozialverhalten von Hunden beinhaltet alle Verhaltensweisen, die nicht nur der Verständigung mit den Artgenossen, sondern ebenso der Kommunikation und dem Zusammenleben mit dem Hauptsozialpartner Mensch dienen. Hunde sind hochsozial (obligat sozial) und benötigen für das eigene Überleben dringend das Zusammenleben mit Menschen und Artgenossen. Sie sind darüber hinaus stark motiviert, den Kontakt zu vertrauten Personen oder Hunden zu halten und soziale Isolation (längeres Alleinsein, Leben im Zwinger oder Hof) zu vermeiden.
Als wichtigstes Merkmal sozialer Lebewesen gilt die Fähigkeit zur Kommunikation. Das Lesen-

und Zeigenkönnen von Kommunikationssignalen ist Grundvoraussetzung, dass Hunde ihr eigenes Verhalten entsprechend dem der Sozialpartner Mensch und Hund sowohl innerhalb als auch außerhalb der eigenen Familie anpassen können. Hunde lernen in sozialen Interaktionen und Begegnungen, die Konsequenzen des eigenen Verhaltens aus den Antworten der jeweiligen Gesprächspartner. Wohl dem, der es gelernt hat, schnell die richtigen Informationen vom Gegen-

Ein Junghund zeigt mit dem Lefzenlecken aktives prosoziales Bindungsverhalten, was vom älteren Hund geduldet wird.

über einzuholen, um Missverständnisse und Streit zu vermeiden. Natürlich wird dabei auch gelernt, wie ich meinen Gesprächspartner in verschiedenen Situationen beeinflussen – ja manipulieren – kann. Wichtig ist es, sich inner- und außerhalb der Gruppe mit Artgenossen und dem Menschen über bestimmte Verständigungsmöglichkeiten inhaltlich austauschen zu können. Dafür nutzen unsere »Zottelschnauzen« die verschiedensten Kommunikationsformen. Um erfolgreich in Gruppen leben zu können, müssen die Hunde Imponier-, Deeskalations- und Beschwichtigungsverhalten, defensives und offen aggressives Verhalten »lesen« und »zeigen« können, um Zwischenfälle zu vermeiden.

## Wie funktioniert die »Hundesprache«?

Hunde teilen sich ihren Sozialpartnern, ob Hund oder Mensch, auf verschiedenste Art und Weise mit. Sie kommunizieren bzw. unterhalten sich, wobei ein gutes und optimal verlaufendes Gespräch stets in einem Dialog geführt wird bzw. stattfinden sollte (→ auch Info, Seite 79). Wenn Sender und Empfänger einer Art angehören, so können sie sich untereinander optimal verständigen. Hunde arbeiten mit einem ganzen Bündel von Signalen aus dem Hör-, Seh-, Geruchs- und Berührungsspektrum. Sie setzen diese oftmals synchron ein und »befeuern« den Artgenossen mit vielen Signalen zeitgleich. Dieses ganzheitliche Arbeiten hat den Vorteil, dass nicht nur die einzelnen Signale gesendet und empfangen werden können, sondern dass es den Hunden möglich ist, sich durch verschiedenste Kombinationen dieser Einzelkomponenten ganz fein differenziert zu verständigen. Während wir Menschen meist Freunde großer Worte in mündlicher oder schriftlicher Form sind, vertrauen unsere »Zottelschnauzen« vielmehr auf ihre Gestik, Mimik und

Körpersprache zur Informationsübermittlung. Parallel dazu nutzen die Vierbeiner die Nasen und Ohren zum geruchlichen und akustischen Informationsaustausch sowie nachgeordnet ihre im Vergleich zur Stammform als übertrieben geltende Lautgebung.
**Kauderwelsch Deutsch – Hündisch:** Hunde trainieren bereits im frühen Stadium der Entwicklung die »Hundesprache« mit Artgenossen und perfektionieren diese im Lauf ihres Lebens, wenn der Mensch sie lässt. Vielen Hundebesitzern wird bereits nach kurzer Zeit schmerzlich bewusst: Unsere »Zottelschnauzen« sprechen eine andere Sprache als wir! Doch wie wollen wir artfremde Individuen wie unsere Hunde verstehen und begreifen, wenn schon das menschliche Miteinander so schwierig ist? Noch dazu, wo wir ja häufig sehr bequem sind und sogar von unseren Tieren fordern, dass sie sich auf unser Leben einstellen sollen. Also nötigen wir unsere Hunde,

Spielmimik zwischen zwei Hunden: Mit »Clownsgesicht« und Pföteln lädt der liegende Hund zum Spielen ein – jedoch kann jederzeit aus Spiel Ernst werden.

»Deutsch« verbal-akustisch zu verstehen, ohne ihnen die Sprache in Form von Wortkommandos geduldig und mit vielen Wiederholungen beigebracht zu haben.

Das Fazit, liebe Leser, ist klar und eindeutig – wir Menschen müssen zunächst die »Hundesprache« lernen! Diejenigen von uns, die mit ihren Tieren ganzheitlich über hundetypische Gestik, Mimik, Lautstärke, Klang der Stimme und Körperhaltung kommunizieren, werden schneller und häufiger die Aufmerksamkeit ihrer Tiere erlangen! Mit dieser Aufmerksamkeit und dem durch absoluten Verzicht auf verbale oder physische Strafanwendung aufgebauten Vertrauensverhältnis können wir unseren gelehrigen und arbeitswilligen Hunden zumindest einen Teil unserer Wortbedeutung als Kommandos stressfrei nahebringen, vorausgesetzt, wir stellen weder an uns noch an unsere »Hundeschüler« unrealistisch hohe Forderungen.

Im Folgenden möchte ich Ihnen die Bedeutung der »Hundesprache« vorstellen. Auf die Verständigung über Gerüche bin ich bereits in vorangegangenen Kapiteln eingegangen.

## Optische Signale mit Appellfunktion

Viele Hunde kommunizieren untereinander und mit dem Hauptsozialpartner Mensch vorrangig über Mimik und Gestik im Kopfbereich sowie über bestimmte Körperhaltungen und Bewegungen der Gliedmaßen und der Rute. Besonders im Kopfbereich können einige Hunderassen dem Artgenossen noch vielseitig Informationen übermitteln. Auch über die Art und Weise der Kopfhaltung, der Körperspannung, über den Stand der Rückenhaare und die Rutenstellung sind nonverbale »Gespräche« möglich.

**Gesichtsmimik, kombiniert mit Körperhaltung:** Hier gibt es viele Facetten, die von einem ängstlich-unterwürfigen über einen neutralen bis hin zu einem eindeutig drohenden Ausdruck reichen.

- Beim normal-entspannten Gesichtsausdruck sind Augen, Ohren, Lefzen sowie die gesamte Kopfhaut entspannt und unauffällig. Vergleiche zwischen den Rassen fallen schwer, weil die einzelnen Vertreter variable »Unschuldsmienen« haben. Die Körperhaltung ist neutral, und auch der Schwanz wird rassetypisch gehalten.
- Das Spielgesicht habe ich Ihnen bereits auf Seite 68 vorgestellt, ebenso die typischen Spielhal-

### SO FUNKTIONIERT KOMMUNIKATION

Wichtige Informationen werden über bestimmte Signale, die allesamt Appellfunktion haben können, wechselseitig zwischen »Sender« und »Empfänger« ausgetauscht. Jeder der Gesprächspartner muss hierbei »zu Wort kommen«. Ziel einer jeden Verständigung ist es, sein Gegenüber rational und emotional zu beeinflussen, sodass der andere irgendeine Reaktion zeigt. Der »Sprecher« versucht beim »Zuhörer« zu erreichen, dass dieser ein bestimmtes Verhalten zeigt (Spielaufforderung) oder unterdrückt (Warnungen, Drohverhalten).

tungen. Diese »Clownsgesichter« werden vollkommen aus dem Zusammenhang herausgelöst gezeigt, wobei eine Grimasse und Spielhaltung die andere im schnellen Wechsel ablöst.
- Ängstliche Hunde reißen meist ihre Augen weit auf, wobei der Blick häufig ziellos umherwandert, als würden die Tiere einen Ausweg aus der empfundenen Misere suchen. Andere wiederum blinzeln und weichen dem Blick aus. Typisch für »Angsthasen« sind die nach hinten zurückgeklappten Ohren. Auch die Lefzen und das ganze

## EINGESCHRÄNKTE KOMMUNIKATION DURCH ZÜCHTERISCHE VERFEHLUNGEN

**1** Mit den vorquellenden Augen und der kurzen Nase können Möpse nicht mehr artgerecht drohen. Sie sind zutiefst frustriert, dass sie von anderen Hunden nicht verstanden werden. Kultivierte Streitgespräche sind nicht mehr möglich, Missverständnisse vorprogrammiert.

**2** Auch auf übermäßige Faltenbildung im Kopfbereich gezüchtete Hunde mit extremer Lefzenausdehnung sind nicht fähig, artgemäß zu drohen und zu verwarnen. Wie will man in einem Gesicht voller Falten sehen, ob noch ein oder zwei hinzugekommen sind? Diese Tiere sind regelrecht betrogen ob ihres verkümmerten Vermögens, optische Signale zu setzen.

**3** Extreme Kurzhaarrassen, aber auch Langhaarrassen sind nicht mehr in der Lage, über »Haaresträuben« empfundenen Stress anzuzeigen. Während der Wolf noch 60 (!) verschiedene Gesichtsmimiken hat, zeigt der Bullterrier gerade noch drei bis fünf unterschiedliche Formen des Ausdrucks.

**4** Vertreter langhaariger Hunderassen, deren Gesichtshaare die Augenpartien bedecken, können mit den Sozialpartnern Hund und Mensch keinen Augenkontakt mehr aufnehmen. Sie sind quasi blind und nicht auf Empfang eingestellt. Gleichzeitig können sie weder ein Drohfixieren noch ein Blinzeln zeigen, das vom Gegenüber wahrgenommen werden kann.

Maul sind wie bei einem missglückten »Facelifting« nach hinten gezogen. Der Hund hockt mit eingezogenem Hals und zusammengeschobenem Körper zitternd da. »Wie ein Häuflein Unglück«, treffender könnte die Beschreibung nicht sein. Die eingeknickten Hinterbeine und der weit unter den Bauch gezogene Schwanz komplettieren dieses Bild des Jammers. Legt sich der Hund zudem noch auf den Rücken und präsentiert seine Kehle, möchte er den drohenden Konflikt unbedingt vermeiden. Gleichzeitig wenden Hunde in höchster Not den Kopf ab und vermeiden so den Blickkontakt zum Gegner.

- Ähnlich, wenn auch nicht so dramatisch unglücklich sehen Hunde aus, die in einem Streitgespräch bereit sind, die »Friedensfahne zu schwenken«. Allerdings haben sie nicht die oft beim Angstgesicht typischen großen und geweiteten Pupillen. Ab und an lecken sie sich zusätzlich oder alleinig über die Schnauze. Dies ist ein sichtbares Zeichen von Unterlegenheit und Stress mit Signalwirkung: »Ich will Ärger vermeiden!« Bereit zur Freundlichkeit und Versöhnung, drehen sie den Kopf weg.

- »Angeber« und »potenzielle Siegertypen« setzen demonstrativ ihr »Pokerface« auf. Die Augen sind starr nach vorn gerichtet, die Ohren aufgestellt, Gesicht und Lefzen sind angespannt. So stehen sie aufrecht und zu ganzer Größe emporgereckt mit durchgedrückten und leicht nach vorn geschobenen Beinen voller Selbstvertrauen imponierend vor dem Gegenüber. Die Rute wird steil nach oben getragen.

- Bereitet irgendetwas oder irgendjemand diesen Hunden Ärger, kann sich diese zur Schau gestellte Gelassenheit schnell in ein eindeutiges Warn- oder Drohverhalten wandeln. Die Zeichen im Gesicht, wie Niederstarren des Gegners, gebleckte Zähne, In-Falten-Legen der Nase und Stirn sowie geöffneter Fang, werden als gut einsetzbare Waffen sicher vorgeführt. Klappen die Kiefer zusätzlich mehrfach aufeinander, ist Gefahr in Verzug.

Dann sollte tunlichst jeder, Hund wie Mensch, keine kommunikativen Fehler machen.

- Dann gibt es noch die Hunde, die aus der Unsicherheit und Angst heraus drohen, um möglichst eine deeskalierende Distanzvergrößerung zum »Angstmacher« zu erreichen. Kennzeichen sind die lange Maulspalte, nach hinten gelegte Ohren, geweitete Pupillen, gerunzelte Nase und entblößte Zähne. Auch hier besteht die Gefahr von unliebsamen und schmerzhaften Zwischenfällen, besonders wenn sich das Gegenüber von der übrigen eher angstanzeigenden Körperhaltung leiten lässt.

**Wedeln mit der Rute:** Eine Richtigstellung vorab: Es wird nicht nur vor lauter Freude und Begeisterung mit der Rute wedelt! Sowohl die Haltung als auch die Bewegung der Rute hat Informationscharakter. So ist bei sicheren Hunden mit »Imponiergehabe« oder bei drohenden Tieren der Schwanz hoch aufgerichtet und bewegt sich leicht hin und her. Wird das leichte Wedeln mit niedrig bis horizontal getragener Rute fortgesetzt, heißt dies: »Vorsicht, Überfall droht!« Angst-aggressive Hunde wedeln mit heruntergezogener Rute etwas steif. Angst und Unterlegenheit zeigen bereits die Welpen, wenn sie auf dem Rücken liegend mit dem unter den Bauch gezogenen Schwanz »um ihr Leben« wedeln. Dieses deeskalierende Verhalten drückt auch im späteren Leben den Wunsch nach Frieden aus.

**Haaresträuben (Piloerektion):** Hierbei stellen sich Haare im Nacken-, Rücken- und Schwanzbereich blitzartig auf. Dieses Phänomen ist zunächst nichts anderes als eine unwillkürliche Reaktion des Körpers auf Angst, Stress oder auch Kälte. Durch eine vom vegetativen Nervensystem gesteuerte Kontraktion der Haarbalgmuskeln erheben sich die Haarfollikel über die Hautoberfläche und die Haare richten sich auf. Oftmals wirken derartig »stachelig« aussehende Hunde aggressiv, doch das sind sie nicht immer. Zunächst hilft ihnen das gesträubte Fell, um größer zu erscheinen und dem Gegenüber zu imponieren. Diese nicht steuerbare »Hinhaltetaktik« hilft unsicheren, ängstlichen und gestressten Hunden den Gegner zu beeindrucken und »Zeit zu schinden«. Während dieser »Denkpause« können sie sich immer noch für Deeskalation, Beschwichtigung oder Kampf entscheiden. Ein wirklich sicherer Hund wird hingegen unter Umständen sofort und ohne derartige »Umwege« seine Überlegenheit demonstrieren.

**Drohfixieren:** Mit diesem provokanten Signal – einem Niederstarren – teilt der Überlegene dem Gegenüber seine Stärke und Motivation mit. Oft-

**INFO**

### »WEDELN MIT DER RUTE«

Das Wedeln mit der Rute wird häufig als generell freundliches oder gar zum Spiel aufforderndes Zeichen missverstanden. Doch ein schwanzwedelnder Hund ist nicht automatisch gut gelaunt, sondern aufmerksam; alles Weitere hängt vom übrigen Gesamtausdruck des Tieres ab. Rutenbewegungen drücken vielfältige und voneinander völlig verschiedene Stimmungen aus (→ Seite 81).

mals sind wir erstaunt darüber, dass ein Hund dem anderen ausweicht, den Kopf wendet und von dannen zieht, und dies scheinbar ohne jegliche Absprache. Hier irrt der Beobachter, können doch bekanntlich »Blicke töten«!

**Blinzeln:** Dies ist freundlich gemeint und voller Bedürfnis nach Harmonie. Der blinzelnde Hund signalisiert Freundlichkeit und Friedensinteresse in einer Stresssituation oder gar bei Angst, besonders wenn er sich zusätzlich die Lefzen und die Nase beleckt. Werden Sie, liebe Leser, von Ihrer

»Zottelschnauze« angeblinzelt, dann haben Sie vielleicht wieder einmal die Stimme zu laut erhoben. Wenn Sie jetzt das Friedensangebot Ihres Hundes nicht nur erkennen, sondern erwidern möchten, dann blinzeln Sie – Ihr Hund wird Ihre Vergebung gern annehmen!

### Optische Merkmale im Wandel der Zeiten

Im Vergleich zum Wolf »leiden« unsere Hunde bereits unter einer domestikationsbedingten Abflachung und Vergröberung ihrer Kommunikationsmittel. Neu in ihrem Verhaltensinventar ist hingegen das Lachen, wie Sie bereits auf Seite 69 erfahren haben. Diese Fähigkeit unterscheidet sie grundsätzlich von den Wölfen. Lachen ist freundlich gemeint und gilt als ein Beweis, dass der Hund sein optisches Ausdrucksverhalten der Kommunikation mit uns Menschen anpasst. Demgegenüber ist der Mensch durch seinen Selektions- und Züchtungswahn selbst Wegbereiter für zunehmende Kommunikationsschwierigkeiten, sowohl zwischen den Hunden als auch zwischen Hund und Mensch. Oft werden unwissentlich optische Merkmale so reduziert, dass es den Hunden nur mehr eingeschränkt möglich ist, sich optisch zu verständigen. An der Rute oder den Ohren kupierte Hunde können sich in diesem Bereich nicht mehr ausdrücken und Stimmungen von sich übermitteln. Vier Beispiele züchterischer Verfehlungen stelle ich Ihnen auf Seite 80 vor.

### Die akustische Kommunikation

Hunde und Wölfe haben viele akustische Signale gemeinsam, dennoch ist die Lautgebung bei unseren »Fellrhetorikern« schon irgendwie übersteigert. So bellen sie nicht nur häufiger und lauter, sondern auch differenzierter als Wölfe.

Wer sich jedoch über die Bellfreudigkeit seines

Hundes mokiert, dem sei gesagt, dass unsere Vorfahren nichts anderes wollten, als lautstarke »Bewacher« ihrer Territorien. Durch züchterischen Einfluss über Jahrtausende haben sich Hunde ihren jugendlichen Übermut mit mehr oder weniger großer Bellfreudigkeit bewahren können. Dagegen ging die natürliche Dringlichkeit des »Schnauzehaltens« bei etwaigen Jagdtouren in der Wildnis verloren. Ruhiges Verhalten war nicht mehr überlebenswichtig. Im Gegenteil! Es galt zunehmend, den Hauptsozialpartner Mensch »anzusprechen«, ein Lebewesen, das sich vorrangig auf seine Rhetorik und »Stimmgewalt« verlässt. Also versuchten und versuchen unsere »Zottelschnauzen«, über mehr oder weniger gerichtete und gezielt eingesetzte Laute beim Sozialpartner eine Reaktion auszulösen. Hunde untereinander lernen bereits im Welpennest die »Wortbedeutungen« der akustischen »Hundesprache« bei Sozialspielen und sonstigen Interaktionen kennen. Der Anteil der Lautgebung und speziell des Bellens steigt im Verlauf der Individualentwicklung an, und zwar bei jedem Hund anders. Während die Mutter auf bestimmte infantile Laute der Welpen (Winseln, Fiepen) angeborenermaßen sofort reagiert, ändert sich das Verhalten des »Spielkumpans« im Welpennest nicht gleich, wenn man knurrt und bellt. Erst muss er auch verstehen, was damit gemeint ist. Ebenso ergeht es unseren »Zottelschnauzen« in der Unterhaltung mit uns Menschen. Zunächst richten sie das »Wort« wahllos, später gezielt an uns, sobald sie bemerkt und gelernt haben, dass diese spezielle Lautgebung eine Reaktion bei uns auslöst. Und schon sind wir mit unseren Vierbeinern im schönsten »Wortgefecht«. Ähnlich wie wir wiederholen sie häufig ein bestimmtes akustisches Signal mit dem Ziel, irgendwann eine möglichst erwünschte Reaktion vom Gegenüber zu erhalten. Dabei kann so ein ständig wiederholtes Bellen ganz schön nervenaufreibend sein, und zwar für beide Seiten. Sind Sie schlau genug,

auf das nervige Gebelle nicht zu reagieren, resigniert »Bello« und ändert seine Taktik.

**Angeborene akustische Signale:** Sie werden später immer weiter modifiziert und an die jeweiligen Lebensbedingungen angepasst.

● Welpen winseln in zumeist hohen Tonlagen, wenn sie verlassen werden, Schmerzen oder Angst empfinden, unruhig oder aufgeregt sind oder wenn sie Deeskalations- bzw. Beschwichtigungsverhalten zeigen. Wird das allgemeine Unwohlsein stärker, wird regelrecht geplärrt. Winsellaute lösen sofort freundliche Sozialkontakte im Welpennest aus. Auch erwachsene Hunde winseln lebenslang als Zeichen mangelhaften Wohlbefindens.

● Mucklaute kommen nur in den ersten drei Lebenswochen zu Beginn und am Ende leichter Stresssituationen vor. Später entwickelt sich daraus das Brummen. Es wird bei sehr kurzen Störungen und wenn sich die Welpen wohlfühlen eingesetzt.

Zwei Hunde im Streitgespräch (T-Stellung) oder bei einer normalen Kontaktaufnahme mit Beriechen der Schwanzwurzel. Das Foto lässt beide Vermutungen zu.

- Hundekinder murren, wenn ihnen etwas ganz gehörig nicht passt. Noch in der Welpenzeit wandelt sich das Murren ins Knurren, wobei erst wesentlich später diese Laute als Verwarnung und Androhung von Gewalt vom Gegenüber verstanden werden. Erwachsene Hunde knurren bei starkem Stress, aber auch im Spiel oder während der Jagd vor lauter Erregung.
- Das Knurren kann sich in ein dunkles, wie tief aus der Brust dröhnendes Grollen steigern. Dieses Imponier- (kurze Laute) bzw. Aggressionsverhalten (länger anhaltend) sollte unbedingt respektiert werden, ein Angriff steht bevor!
- Können die Welpen mit Murren den Stressauslöser nicht beeindrucken, so fiepen sie in den höchsten Tönen. Das kann sich bis zu einem regelrechten Schreien steigern. Auch ältere Tiere fiepen oder schreien bei plötzlichen Schreckerlebnissen, bei akuten Schmerzen, als Zeichen von Demut, aber auch in Situationen höchster (auch freudiger) Erregung. So schreien Hunde gelegentlich, um ihre Freude und Erregung kurz vor dem bevorstehenden Gassigehen kundzutun. Kurz und wiederholt gezeigtes Fiepen und Jammern soll uns zum Spielen, Streicheln oder zu einer sonst wie gearteten Aktivität mit unserer »Zottelschnauze« animieren. Es kann uns Hundebesitzer nervlich arg belasten.
- Ähnlich den Wölfen heulen unsere Hunde. Dies kann durchaus ansteckend wirken. Der Verlassenheitsschrei (»Loneliness-Cry«) der Wölfe wird in Situationen von höchster Angst und Stress beim Alleinsein gezeigt. Die Hunde wollen unter allen Umständen eine Gruppenzusammenführung »herbeiheulen« und schreien dafür notfalls die gesamte Nachbarschaft zusammen.
- Einige Hunde schnaufen, wenn sie die eigentliche Gefahr nur riechen, aber noch nicht sehen.
- Das hundetypische »Wuffen« ist ein gedämpftes Bellen bei geschlossener Schnauze und wird von meist verunsicherten und geängstigten Hunden als Warn- und Drohlaut abgegeben.

## Die verschiedenen Formen des Bellens

Keine Lautäußerung ist bei unseren »Zottelschnauzen« so verbreitet wie das Bellen aus vollem Hals. Gebellt wird bei Erregung, bei Freude, zur Begrüßung und im Spiel, aber auch zum Schutz und zur Verteidigung als Warn-, Droh- oder Angriffslaut sowie bei der Jagd.
- Wird zu heftig gespielt bzw. grob und schmerzhaft gerangelt, wehrt sich das Opfer gegen den Übeltäter unter anderem durch klangloses Spielbellen mit kurzen, schnellen Wiederholungen.
- Aus der Defensive heraus wird das Bellen zunehmend variabler, wobei einige Knurrlaute untergemischt werden, wie um seinen Verteidigungswillen zu untermauern.
- Später zeigen Hunde in bestimmten Situationen echtes, tief klingendes Drohbellen im Stakkatostil mehrfach hintereinander, wobei der Gegner nicht selten regelrecht niedergebrüllt wird.
- Eher ängstliche Tiere bellen hochfrequenter und wechseln häufig mit Fieplauten ab.
- Bellen zur Kontaktaufnahme kommt eher leicht mit hohen Tönen daher.
- Dringen Fremde in das eigene Territorium ein oder erscheinen sie an Grundstücksgrenzen wie am Gartenzaun, dann warnt der Hund in schneller Folge klanglos bellend. Dies garantiert ihm einen krisenfesten Job seit über 15.000 Jahren. Aber bellende Hunde nerven auch, besonders das scheinbar sinnlose »In-die-Luft-Bellen« ohne Bezug zu Personen oder der Umwelt! Die Hunde stehen da und scheinen sich selbst ganz gern zu hören. Sie bellen sich ein. Monotones und in einigen Fällen fast stereotypes Lautgeben ist oft eine Belastung in der Hund-Besitzer-Beziehung. Besonders geistig und körperlich unterforderte Tiere ohne »Job« neigen zu solchen Neurosen.

## Die taktile Kommunikation

Um ihrer Sprache noch mehr Bedeutung und Inhalt zu geben, setzen Hunde oft Kopf, Hals und

den gesamten Körper ein. Dies nennt man taktile Kommunikation.

**Soziale Körperpflege im entspannten Umfeld:** Sie gilt als wohlwollend und bindungsfördernd. Gegenseitiges Belecken zwischen befreundeten und verwandten Hunden dient der Stabilisierung der Beziehungen. Dabei wird nicht nur mit der Zunge Kopf, Schnauze, Hals und Körper des Partners beleckt, sondern es kommt zum zärtlichen Knabbern und Fassen mit den Zähnen. Eine besondere Form sind die »Schnauzenzärtlichkeiten«, bei denen ein Hund sehr vorsichtig die geschlossene Schnauze des anderen mit dem eigenen Fang umfasst. Ähnliche Freundschaftsbeweise verschenken unsere Lieblinge auf vier Pfoten auch an uns, vorausgesetzt, das Vertrauensverhältnis stimmt! Natürlich dürfen Sie diese erwidern und müssen dabei nicht einmal küssen. Behutsame Streicheleinheiten sorgen ebenso für die nötige soziale Bindung und Sicherheit.

**Kontaktliegen in der Gruppe:** Wie gern liegen befreundete Tiere gemeinsam beieinander oder zeigen ein regelrechtes »Paarlaufen« wie beim Eiskunstlauf. Dieses freundliche Nebeneinander- und Umeinanderherlaufen kann auch mit Drängeln und nachfolgendem körperlichem Kontakt einhergehen. Einige Hunde reiben sich gern an Partnern, so als ob ihnen das Fell jucken würde.

**Bodychecks:** Sie sind unfreundlich gemeint. Dazu gehören Anrempeln, Wegdrängeln, Über-den-Haufen-Rennen oder aggressives Anspringen.

● Eine typische Imponier- und Provokationsgeste ist das Auflegen von Kopf oder Pfote meist auf den Rücken des Artgenossen.

● Nichts erregt die Gemüter so, wie das Anspringen der Hunde. Dabei stammt es ursprünglich aus dem Komplex der Nahrungsaufnahme. Sobald die Welpen abgestillt sind, benötigen sie feste Nahrung. Diese bekommen sie von der Mutter, indem diese reflexartig das halb verdaute Futter im Welpennest hervorwürgt. Diese »Futterautomatik« setzen die kleinen Racker selbst in Gang, wenn sie mit den Pfoten und der Zunge nach der mütterlichen Schnauze stoßen. Wäre das Verhalten nicht angeboren, würden die Welpen verhungern. Also ist das Anspringen nicht nur normal,

Der Hund beriecht und beleckt vorsichtig die Hand des Besitzers, der ihm diese ruhig entgegenhält. Ob als Begrüßung oder im Rahmen der sozialen Körperpflege, dient diese Kontaktierung der Stabilisierung der Beziehung.

sondern ebenso überlebenswichtig! Später zeigen die »Halbstarken« dieses Verhalten gegenüber ihren erwachsenen Gruppenmitgliedern, um sie zu begrüßen. Auch wenn sie sich in bestimmten Situationen den Älteren gegenüber frech und ungebührlich benommen haben, ist dies immer eine tolle Entschuldigung! Auf derartige Beschwichtigungen reagieren die meisten sozial geschulten und erfahrenen Althunde mit Groß-

## HÜFTSTOSS – FREUND-SCHAFTSBEKUNDUNG

**INFO**

Miteinander vertraute Hunde drängen ihr Hinterteil gegen den befreundeten Artgenossen und wenden dabei ihr Gesicht beschwichtigend ab. Diese schöne Geste wird etwas abgewandelt auch uns Besitzern gegenüber gezeigt, besonders in Situationen der Begrüßung oder in harmonischen Momenten. Es ist ein echter Freundschaftsbeweis unserer »Zottelschnauzen« und drückt neben der Freundlichkeit auch ein hohes Maß an Vertrauen aus. Wenn sich Ihr Vierbeiner mit seiner Hüfte sanft an Sie drückt, dann haben Sie vieles richtig gemacht!

herzigkeit und Güte. Die dreisten Junghunde werden nur kurz fixiert und anschließend links liegen gelassen – man hat ihnen vergeben.
**»Kindlich-taktiles« Verhalten mit Bedeutungs-wandel:** Diese Verhaltensweisen dienen der Beschwichtigung in »Krisenzeiten«.
• Stoßen mit der Schnauze: So suchten die Kleinen nach der Zitze bzw. veranlassten die Mutter, Futter hochzuwürgen. Nun zeigt es eindeutig den Willen zum Frieden.
• »Pföteln«: Diese Geste entwickelte sich aus

dem Milchtritt (→ Seite 36). Die aufgelegte Pfote kann ebenso wie das Schnauzestoßen prosozialen aktiven Bindungswillen sowie die Bitte um Aufmerksamkeit bedeuten. Sie wird so erfolgreich wie kein anderes taktiles Verständigungssignal gegenüber uns Menschen angewendet. Wir freuen uns darüber, weil wir das »Pfote-Reichen« des Hundes mit unserem Händeschütteln gleichsetzen. »Winken« Hunde mit der Pfote aus Entfernung, bitten sie meist »um gut Wetter«.

# Hunde unter sich

Als obligat soziale Wesen benötigen Hunde dringend Anschluss an Sozialpartner. Obgleich der Mensch den Artgenossen nicht in gleicher Weise ersetzen kann, leben die heutigen Haushunde zumeist im menschlichen Familienverband und führen ein Dasein als »Hundesingle«. Einige »Zottelschnauzen« haben jedoch zusätzlich zu den Zweibeinern einen oder mehrere Artgenossen als Sozialpartner. Mit diesen gilt es einen sozialen Konsens über viel- und wechselseitige Interaktionen zu finden.

## Mythos Dominanz – neue Sicht auf die soziale Gemeinschaft unter Hunden

Was ist nun falsch am Modell der »Dominanz«, um das innerfamiliäre Sozialverhalten bei Hunden zu erklären? Lange galt die These, wonach Hunde einen angeborenen inneren Drang haben, sich gegenüber Familienpartnern sozial expansiv zu verhalten. Über den angeblichen »Internen Drive« sollten Hunde motiviert sein, einen höheren Status gegenüber den übrigen Familienmitgliedern mit dem Ziel der Kontrolle über wichtige Ressourcen zu erreichen, notfalls mittels gezeigter Aggression. Dominanz bzw. Rangordnung wurde als Beziehung zwischen zwei oder mehreren Hunden erklärt, die den Zugang zu bestimmten Ressourcen regeln soll. Schon bald aber wurde deutlich, dass diese Regeln nicht starr und feststehend, sondern flexibel und stark abhängig von der Motivation des jeweiligen Tieres waren. So konnte man immer wieder in Hundegruppen mit gemeinsamem Hausstand beobachten, dass Futter nicht immer vom »ranghöheren« bzw. »dominanten« Hund in der Weise beansprucht wurde, dass er stets zuerst fressen wollte. Nicht nur, dass sich die Hunde innerhalb einer sozialen Gruppe bestimmte Ressourcen nach ihrer Bedeutung aufteilten, es demnach nicht den dominanten Hund gab, der sämtliche Ressourcen immer zuerst für sich beanspruchte, sondern dass es irgendwie eine interne spontane und situative Absprache zwischen den Tieren geben muss …

Diese Fähigkeit, bestimmte Signale des anderen zu erkennen und zu lernen, dass diese Zeichen in etwa vorhersagen könnten, wie ein momentanes »Streitgespräch« ausgehen könnte, macht deutlich, dass das sogenannte »Dominanzmodell« als viel zu banal für die komplexe Wechselbeziehung im Sozialverhalten von Hunden gelten muss. Hunde würden also von ihren vorangegangenen Interaktionen und Gesprächen profitieren, da sie Erlebtes mit dem Gegenwärtigen abgleichen können. Fakt ist, dass die Reaktionen gegenüber Sozialpartnern auf individuellem Lernen, auf Lernerfahrungen basieren. Hunde lernen ähnlich den Menschen, die Konsequenzen des eigenen Verhaltens aus den Antworten der anderen abzuleiten, indem sie soziale Interaktionen beobachten und Informationen einholen, die helfen vorauszusagen, wie sich die Sozialpartner in verschiedenen Standard-Situationen verhalten werden.

Aber verstehen Hunde überhaupt die Idee einer Hierarchie? Können sie sich eines Status bewusst werden? Nein – dies ist unsinnig! Was wollen und brauchen aber Hunde zum Leben? Hunde wollen fressen, sich paaren, ihr Territorium sichern, spielen, jagen und vieles mehr. Dieses »Wollen« bzw. das Erreichen des Gewollten reicht fürs individuelle Überleben, ohne die Sozialpartner benachtei-

Das Darüberbeugen und erzwungene Anfassen gilt als bedrohliche Geste – der ängstliche Blick des Vierbeiners sagt alles!

ligen zu müssen. Gutes Beispiel dafür sind die »Welpenkämpfe«, durch die sich bei den Akteuren gleichermaßen die Wettbewerbsfähigkeit verbessert. Natürlich kann und wird dieses Streben nach den Zielen durch jedes einzelne Familienmitglied immer mal zu Konflikten führen, wobei sich jeder der Streitenden zunächst überlegt, wie stark er selbst und der andere jeweils motiviert ist, um diese Ressource zu streiten, und wie es um die jeweilige körperliche und geistige Fitness bestellt ist. Hier kann ein »Bluff« lohnen, indem man den Streit mit einer massiven Bedrohung beginnt und so nicht selten den momentanen Zugang zu der beiderseits begehrten Ressource erreicht. Oder man lenkt ein, weil es sich, satt wie man ist, nicht lohnt, deswegen mit dem Partner in Streit zu geraten. Erfahrene Hunde wissen: »Fang keinen Streit mit einem Widersacher an, der größer, körperlich und geistig stärker oder cleverer ist als man selbst – man könnte ernsthaft verletzt werden!« (→ auch RHP, Seite 245). Im selben Haushalt erlernen Hunde sogenannte soziale »Faustregeln«, die auf Beobachtungen und Erfahrungen basieren. Eben diese individu-

## SO MACHT'S DER WOLF

Wölfe leben als erweiterte Familie, die aus einem Elternpaar und deren Nachkommen besteht. Gegründet wird die Familie in der Regel durch eine junge Fähe, die sich einen oft ebenso jungen und sozial kompetenten Rüden wählt. Dieses »Königspaar« lebt dann für ein bis drei Jahre mit ihren Nachkommen, wobei sich die Elterntiere die Führungsrolle und Entscheidungsgewalt teilen. Während der Welpenaufzucht übernimmt insbesondere die Fähe die Geschicke der Gruppe, während der Rüde die Versorgungs- und Nahrungsbeschaffung leitet. Natürlich beeinflussen auch die Jungwölfe als erwachsene Nachkommen mit ihrem kooperativen Verhalten das soziopositive Gefüge innerhalb der Gruppe.

Die erfahrenen Alt- bzw. Leittiere schlichten zumeist kleinere Streitereien, wobei im Grunde alle Familienmitglieder zu beschwichtigendem und deeskalierendem Verhalten neigen, um soziale Spannungen zu verringern und den Zusammenhalt der Gruppe nicht zu gefährden. »Sich richtig gut zu kennen« ist die beste und wichtigste Voraussetzung, um Auseinandersetzungen zu vermeiden, die für jedes Gruppenmitglied gefährdend sein können. Aggressive Zwischenfälle und heftige Ausei-

nandersetzungen um Ressourcen sind in natürlichen und stabilen Sozialverbänden (im Gegensatz zu willkürlich zusammengestellten Gruppen nicht verwandter Wölfe in Gehegen!!) eher sehr selten, und dann dermaßen flexibel, dass es eher situativ (unmittelbare Konkurrenzsituation um eine bestimmte Ressource zu diesem Zeitpunkt) als formal (vorhersagbar zwischen einzelnen Paaren) zum ritualisierten Streit kommt.

Die Leit- bzw. Elterntiere bestechen dabei mit ihrer Gelassenheit und Souveränität. In Zeiten guten Nahrungsangebotes kann es, wenn auch selten, in größeren Familien zu komplexen Paarungsmustern und Mehrfachwürfen kommen, ohne dass Nachkommen getötet werden. Die Gruppengröße variiert zwischen 2 bis 42 Tieren und wird einerseits von der Anzahl der Welpen pro Wurf (eins bis sechs) und den abwandernden Jungwölfen bestimmt. In der Regel verlassen diese die Familie im Alter von ein bis drei Jahren oder werden aus dem Verband vertrieben. Sie schließen sich zu neuen Gruppen zusammen, leben vorübergehend oder andauernd als Einzelgänger oder kehren bei entsprechendem Nahrungsangebot oder schwindender Geburtenzahl wieder zurück.

ellen Absprachen oder »Faustregeln« im Umgang mit dem Mitbewohner ähneln, oberflächlich betrachtet, Hierarchien, sind es aber nicht! Sie sind viel flexibler und können, und das ist das tolle, situativ angepasst werden. Dabei gibt es natürlich Hunde, die »dominant« erscheinen, jedoch lediglich häufiger an Streitgesprächen interessiert sind als andere. Diese Hunde sind einfach nur, ähnlich

Sportlern, motiviert, um bestimmte Dinge zu konkurrieren, ohne sich eines Status bewusst zu werden. Mithilfe von Erahrungen während täglicher Kontakte und des Aufstellens sogenannter »Faustregeln« bzw. Absprachen lässt sich mit jedem Gruppenmitglied friedlich zusammenleben, indem man die Vorlieben und Launen des anderen kennt und respektiert.

## Die Hundetreffs

Unsere »Zottelschnauzen« sind einfach toll! Bei täglich vielfachen Hundebegegnungen mit permanenten Territoriumsüberschneidungen gibt es erstaunlich wenig Beißzwischenfälle. Das lässt auf ein hohes Maß an sozialer Kompetenz unserer Hunde im Allgemeinen schließen. Im Verlauf dieser zufälligen Treffs kommunizieren beide Tiere in gewohnter Manier durch Lesen (Check-up) und Zeigen von Signalen der arteigenen »Hundesprache«. Dabei fällt auf, dass die Gefahr von Ausschreitungen umso geringer ist, je ritualisierter und geordneter dieses Gespräch verläuft.

### Die Begrüßung

Der erste Eindruck ist entscheidend! Bereits aus der Entfernung werden optische und olfaktorische (geruchliche) Informationen ausgetauscht. Dabei verlassen sich unsere »Bellos« eher auf ihre »Nasenarbeit«, als dem »äußeren Schein« des Gegenübers sonderliche Beachtung zu schenken. Das verschiedenartige Aussehen der Rassen sowie die züchterische Modifikation und Selektion der Signalstrukturen bedingen, dass viele Tiere nur noch eingeschränkt ihre Stimmungen über die Mimik darstellen können (→ Seite 80). So kontrollieren sie den Artgenossen häufig am Kopf und am Hinterende, wobei sie dieses schnüffelnderweise mehrfach umkreisen. Sind sie neutral gestimmt, zeigen sie mitunter Fellwittern, Ins-Fell-Stoßen mit der Schnauze gegen Kopf, Hals oder Flanke, gegenseitigen Schnauzenkontakt, Beißen, Belecken oder Beknabbern des Fells, Anal- und Genitalwittern und -lecken. Auch beriechen sie häufig die Oberseite der Schwanzwurzel (Violwittern). Dieser Check-up dient dem ersten Informationsaustausch, nach dem Motto: »Wer bist du? Wo willst du hin? Bist du Mann oder Frau? Krank oder gesund? Kastriert oder nicht? …« Einige Hündinnen versuchen sich hier bereits der geruchlichen Prüfung zu entziehen, indem sie mit ihrem Schwanz die Anogenitalregion abdecken. Dieses Verhalten ist zyklusabhängig, das heißt, eine Hündin, die nicht läufig ist, wird sich auch nicht beriechen lassen.

Wenn der erste Informationsaustausch ausreichend stattfand, gibt es prinzipiell drei Varianten des weiteren Verlaufs:

- Zunächst kann die Interaktion beendet werden, indem sich beide Tiere in verschiedene Richtungen entfernen.
- Es schließt sich ein gemeinsames Spiel an, wobei sich die Hunde gegenseitige Sympathie bekunden können.
- Nur selten kommt es zu ernsteren Zwischenfällen. Ursachen dafür sind häufig Missverständnisse in der Kommunikation oder auch die Verteidigung wichtiger Ressourcen (Bälle, Futter, Besitzer

Greift der Mensch in eine Hund-Hund-Kommunikation ein, wird der Gesprächsverlauf meist gestört.

als Futterlieferant etc.), wobei die Besitzer in der Regel die Hauptverursacher der Eskalation bei Hundebegegnungen sind (→ Seite 185).

## Der Streit

Wenn sich die Hunde tatsächlich in streitlustiger Stimmung befinden, kann es zu einer mehr oder weniger ritualisierten Auseinandersetzung kommen. Einer der Beteiligten provoziert den anderen durch ein etabliertes Imponiergehabe, wobei der andere ebenfalls mit imponierendem Drohverhalten (→ Seite 81) oder gar mit Aggression antworten kann. Im Gegensatz zu Hündinnen, die diffizilere Mittel wie Drohfixieren und defensive Aggression bevorzugen, gefallen sich Rüden in der Rolle des Machos. Ein typischer Ablauf ist die sogenannte T-Stellung (→ Foto, Seite 83). Dabei ist zunächst der »Balkenhund« der Aktivere, er stellt sich dem »Vertikalhund« in den Weg und präsentiert imponierend seine verletzliche Breitseite, nach dem Motto: »Na, versuch es doch …« Der Ausgang der Interaktion ist jedoch völlig ungewiss und hängt von der Reaktion des scheinbar schwächeren Tieres ab. Hat sich der Provokateur in seinem Gegenüber verschätzt, bekommt er sofort die Quittung für seine anmaßende Frechheit, indem dieser ihm nun die Pfote oder gleich den gesamten Kopf imponierend auf die Schulter legt. Als weitere Gesten der Selbstsicherheit können zu sehen sein: Schieben mit der Breitseite in Richtung Gegner, Abdrängeln und Verhindern, dass der andere weiterläuft (Bodycheck), Imponierscharren, das klassische Halsdarbieten, das provozierende Jagen und Tragen von Beute.

Es gibt zweifellos »Machos« mit rüden Manieren, aber keinen »dominanten« Rüden auf der Hundewiese! Während der zufälligen Begegnungen zwischen Hunden, die nicht derselben Gruppe angehören, sind diejenigen im Vorteil, die sich von klein auf täglich in der Kommunikation mit Artgenossen üben konnten. Je mannigfaltiger und flexibler der Hund in seiner Kommunikationsfähigkeit ist, desto problemfreier werden künftige Hundetreffs ablaufen. Sozial versierte Hunde entwickeln für Begegnungen mit Artgenossen bestimmte Taktiken und Strategien, um selbst stets unverletzt und mit heiler Haut davonzukommen. Natürlich gibt es immer wieder Hunde, die gern streiten, aber eben auch solche, die einen falschen Mut zeigen, indem sie der offensichtlichen Größe des Gegenübers keine Bedeutung beizumessen scheinen, und zu stänkern anfangen. Oder sie sind im Gegenteil besonders clever, indem sie beim Check-up in dem ihnen körperlich überlegenen Hund einen »Hasenfuß« entlarven. Spannend ist es allemal, die verschiedenen freien und nicht vom Menschen gemanagten Begegnungen zwischen Hunden zu beobachten.

Im Anschluss an ein Streitgespräch kann Deeskalationsverhalten, Beschwichtigungsverhalten (→ auch Seite 91), weiteres Drohen oder ein Angriff folgen, um den Konflikt zu bewältigen.

**Deeskalationsverhalten:** Dazu gehören Flucht-, Meide- und Übersprungverhalten sowie die passive Demut.

● Fliehend wird sich mehr oder weniger schnell vom Gegenüber zurückgezogen, notfalls auch per »Rückwärtsgang«.

● Über ein dezentes (Blick und Kopf abwenden) oder deutliches (Abwenden des gesamten Körpers) Meideverhalten kann der Hund ebenfalls versuchen, den Streit zu beenden.

● Durch Schnuppern am Boden, Lecken des Mauls, Sich-Kratzen u.Ä. wird nicht nur die direkte Kommunikation unterbrochen, sondern auch der innere Stress abgebaut (Übersprungverhalten, → Seite 247).

● Bei der passiven Demut handelt es sich um Angstverhalten. Die Hunde zeigen »Sich-auf-den-Rücken-Legen«, sich Kleinmachen mit vorsichtigem Entfernen, Schütteln, Kratzen, Lecken

des eigenen Mauls, Pföteln aus Entfernung (»Winken«), Ausdrehen des Hinterbeins, Kriechen, Winseln, Fiepen, Schreien, Urinieren … Sie wollen unbedingt die bedrohliche Situation beenden und Abstand wahren …

**Beschwichtigungsverhalten:** Dies wird oft in Kombination aus einem aktiv prosozialen Bindungsverhalten (veraltet »aktive Demut«) und Spielverhalten gezeigt, indem die Hunde unter anderem »Pföteln«, Vorn-Hochspringen, Lecken der Schnauze des Partners, ein aktives auf den Artgenossen Zulaufen mit angehobenem Kopf, »Flatterohren« und aufrechte Körperhaltung demonstrieren. Der Blickkontakt zum Gegenüber wird dabei aufgebaut. Es folgt meist eine Spielaufforderung durch einen schelmischen Blick (Clownsgesicht) und Trampeln bei eingeknickten Hinterläufen. Während dieses prosoziale Bindungsverhalten in festen Gruppen nicht immer auf Bedrohung hin gezeigt wird, dient es auf der Hundewiese meist der Konfliktentschärfung. Reagiert das Gegenüber mit Aggression, kann sich dieses einerseits in echtes Demutsverhalten und Angst wandeln. Wenn jedoch alles ohne Erfolg ist und der Unterlegene missverstanden oder sein Friedensangebot ausgeschlagen wird, kann er andererseits selbst aus der unglücklichen Rückenposition heraus um sein Leben kämpfen – er beginnt zu drohen.

**Drohen:** Der arg bedrängte und verängstigte Hund droht zunächst eher defensiv. Dabei entblößt er die Zähne, zieht die Maulwinkel lang nach hinten und die Lippen extrem nach oben, legt die Ohren flach an den Kopf an, klemmt den Schwanz, tritt mit den Füßen und schnappt in die Luft, um aus dieser misslichen Lage herauszukommen. Oder er droht offensiv aggressiv zurück mit runden Maulwinkeln, tiefem grollendem Knurren, gebleckten Zähnen, gerunzeltem Nasenrücken, steil aufgerichtetem Schwanz. Dabei fixieren sich die Gegner oder einer stellt sich über den anderen. Beide Streithähne können

jedoch auch mit Flucht oder erneutem Droh- bzw. Angriffsverhalten reagieren.

**Angriff:** Hat das Imponier- und Drohverhalten nicht den gewünschten Erfolg gezeigt, beginnt das »Säbelrasseln« erneut. Die Situation ist spannungsgeladen, weil unmittelbar ein Überfall, ein Ringkampf oder eine Beißerei bevorstehen kann. Weitere Aggressionselemente sind der Bodycheck (Anrempeln, Schieben, Runterdrücken) oder das Queraufreiten.

**Showkampf zweier Rüden:** Dies ist ein Schauspiel der ganz besonderen Art (→ Foto, Seite 185). Zwei Ringern gleich, treten sie sich auf den Hinterbeinen stehend mit den Vorderpfoten oder liegen sich in den Armen, knurren und brüllen sich an, reißen ihre Mäuler extrem weit auf, als ob sie sich gegenseitig fressen wollten. Pure Angeberei! Der Abbruch der Interaktion erfolgt häufig mit beiderseitigem Entfernen oder mit dem Rückzug eines der Tiere – ein Ernstkampf ist äußerst selten.

**Der Mensch kommuniziert freundlich, indem er sich hinhockt, den Kopf abwendet und dem Hund die Hand anbietet – der Hund nimmt geruchlich Kontakt auf.**

# Territorialverhalten – Wächter
## seit über 15.000 Jahren

»Nein!, aus!, pfui! – was soll denn das?«, tönt es sofort, sobald Hunde an der Leine, an der Haustür oder am Gartenzaun lautstark bellen. Ja, was soll das Bellen an territorialen Grenzen? Haben wir nicht vor allem deshalb Wölfe domestiziert, um Haus und Hof gegen feindliche Übergriffe schützen zu lassen? Sind unsere Hunde nicht immer noch die zuverlässigsten, weil sensibelsten Sicherheitssysteme und laut Statistik die verlässlichste Prävention von Raubüberfällen und Einbrüchen im häuslichen und gewerblichen Bereich? Kaum eine Firma mit Lagerbeständen und weitläufigem Firmengelände verzichtet auf die »Vier-Pfoten-Security«.

Aufpassen erwünscht! Selbst kleinste Veränderungen am und im Kernterritorium werden angezeigt.

## Warum Hunde ein
## Territorium verteidigen

Hunde haben einen starken territorialen Bezug und sind bestrebt, sowohl ihr Kernterritorium (→ Seite 95) als auch bestimmte Räume zu verteidigen, in denen sie aktiv sind (Aktionsräume, → Seite 95). Wertgeschätzte Immobilien wie Haus, Hof und Garten, in denen sie sich viele Stunden des Tages aufhalten, haben Priorität. So können besonders auch innerhalb von Kernterritorien Fress- und Schlafplätze als wichtige territoriale Ressourcen verteidigt werden. Betreten Artgenossen, egal ob fremd oder befreundet, das eigene Kernterritorium, ist die Bereitschaft zur aggressiven Auseinandersetzung allgemein stets höher als beim neutralen Treff auf der Hundewiese. Zum Glück für uns nehmen die meisten »Zottelschnauzen« die Aufgabe des »Wächters« nicht allzu genau. Nachdem sie den vier- oder zweibeinigen Besucher bzw. Eindringling durch Bellen den übrigen Gruppenmitgliedern deutlich angezeigt haben, schalten viele Hunde ihre »Alarmfunktion« aus.

### Übersteigerter Wachdienst

Aber wehe, wenn der Hund seine Aufgabe der Territoriumsüberwachung und -verteidigung allzu genau nimmt. In der Ausprägung des »Bewa-

chungsverhaltens« gibt es große Unterschiede, sowohl innerhalb der einzelnen Hunderassen und -linien (→ Seite 243) als auch von Tier zu Tier. Das heißt, dass die unten genannten Hunderassen nicht automatisch extremes Territorialverhalten zeigen müssen. So verhalten sich Hunde aus Linien, die über viele Zeiträume hinweg ausschließlich als sozial kompetente »Familienhunde« gezüchtet wurden, grundsätzlich weniger territorial als Hunde, die ihre Bestimmung als professioneller »Wachdienst« von den jeweiligen Elterngenerationen erhielten.

Wegbereiter für ein übersteigertes Territorialverhalten und die meist folgende Territorialaggression sind neben der genetischen Veranlagung vor allem aber Langeweile und Unterforderung sowie eingeschränkte Kontakte mit der belebten Außenwelt. Hunde, die ihren »Auslauf« überwiegend oder ausschließlich im Garten oder auf dem Grundstück bzw. angeleint bekommen, verlernen sowohl die »Hundesprache« als auch die folgerichtige und aggressionsfreie Kontaktaufnahme mit dem Menschen. Sie werden häufig asozial und gefährlich.

**Rassen mit Security-Funktion:** Während viele Jagdhunde und Schoßhündchen eher »wachfaul« sind, gelten insbesondere einige Wach- und Herdenschutzhunderassen als besonders »wachfreudig«. Wer für sich und seine Familie einen Kuvasz, Kangal oder Pyrenäen-Berghund halten will, benötigt nicht nur viel Geduld, Zeit und Ausdauer im Training, sondern genaue Kenntnisse über Herkunft und Verwendung der Elterntiere. Oder er nutzt diese Tiere gemäß ihrer Veranlagung für die Arbeit. Hundefreunde, die sich mit derlei Problemen überfordert fühlen, sollten auf weniger geschulte »Bewacher« zurückgreifen, die dennoch als »Alarmanlagen« hinreichend funktionieren, etwa Pinscher und Schnauzer, Doggen und Mastiffs, Schäferhunde und Dobermänner, Sennenhunde und Bernhardiner, Appenzeller oder Rottweiler. Diese Rassen sind durch züchterische Beeinflussung für das Bewachen von Kernterritorien (Schutz von Haus, Hof und Grundstücken) oder Aktionsräumen (Hüten und Schutz von Viehherden) bereits über viele Generationen hinweg beschäftigt und genutzt worden.

Je problemloser diese Hunde in der Welpen- und Junghundezeit waren, umso überraschter sind die Besitzer, wenn ihre Hunde in die Pubertät kommen, spätestens aber in die Zeit der Sozialreife (→ Seite 246). Waren sie bisher angst- und aggressionsfrei, werden sie plötzlich zu wilden »Kläffern« und kritischen Prüfern. Dann hängt es von der Tagesform und von erlebten Situationen ab, ob Besucher die Grundstücksgrenze passieren können oder nicht. Beliebte Opfer sind neben Postboten auch der Nachbar oder »wichtige« Aktentaschenträger. Tolerabel, wenn auch unschön ist dieses Verhalten, solange sich die Tiere im nachfolgenden Kontakt mit dem hinzutretenden Menschen oder Artgenossen angst- und aggressionsfrei selbst regulieren können. Sobald aus dem angeborenen und nahezu jedem Hund eigenen Territorialverhalten Aggression gegenüber dem »Eindringling« folgt, haben der Hund und vor allem dessen Besitzer ein größeres Problem, besonders bezüglich der Gefährdung der öffentlichen Sicherheit (→ Seite 228). Der Besitzer vereinsamt und fühlt sich bald sozial isoliert. Angekündigte Besuche werden abgesagt, Freundschaften gekündigt, oder man trifft sich im Café – aber bitte ohne Hund! Demnach hat das angeborene Territorialverhalten viele Nachteile für Tier und Mensch. Wer immer nur um seine Heimstätte kämpfen muss, geht selbst ja auch größere Risiken von Verletzungen ein.

## Wie der Mensch das Territorialverhalten beeinflusst

Neben der bereits erwähnten züchterischen Tätigkeit kann der Besitzer das Territorialverhalten wie jedes Verhalten seines Tieres in die eine oder andere Richtung, gewollt oder ungewollt, beeinflussen. Als »Klassiker« des unbeabsichtigten Trainings von territorialem Verhalten gelten die Reaktionen der verschiedenen Gruppenmitglieder, sobald es an der Tür klingelt.

Die »Zottelschnauzen« lernen am Erfolg und Misserfolg, wann das Bellen sinnvoll oder sinnlos ist.

Zur Verdeutlichung ein Beispiel aus dem realen Leben: Besuch hat geklingelt. Während »Bello« bei Herrchen vor dem Lesesessel liegt und schläft, ist die Gastgeberin noch mit dem Spülen der letzten Gläser beschäftigt. Deshalb bittet sie ihren Mann zu öffnen. Dieser steht rasch auf und eilt rufend »Ich komme!« zur Tür, weil er die Schwiegereltern nicht verärgern will, indem er sie auch nur eine Minute warten lässt. Das ist das Signal für den Hund, ebenfalls an die Tür zu laufen und lautstark zu bellen. Alle Versuche, ihn davon abzubringen, nutzen nichts. Das Bellen wird eher verstärkt, wenn man jetzt versucht, den Hund zu beruhigen. Warum dies so ist und warum auch Strafen das Bellen intensivieren kann, erfahren Sie auf Seite 195.

**Richtig reagieren:** Grund für dieses Verhalten ist, dass uns die Hunde nahezu den gesamten Tag über beobachten und unser Verhalten gern nachahmen. Vor dem Klingelzeichen herrschte noch völlige Ruhe. Mit unserem hektischen Aufspringen zeigen wir dem Hund, dass etwas Besonderes passiert. Und das muss er melden. Eine »normale« Reaktion. Wenn Sie, liebe Leser, diese »Zeremonie« abändern wollen, dann verhalten Sie sich in ähnlichen Situationen weniger hektisch. Bleiben Sie beim nächsten Türklingeln einfach mal ohne Worte in Ihrem Sessel sitzen, lesen Ihre Zeitung weiter und trinken noch für einige Minuten Ihren Kaffee zu Ende. Natürlich haben Sie dies mit Ihren Gästen so vereinbart. Selbst wenn Ihr »Bewacher« nun eifrig bellend an die Tür rennt, bleiben Sie entspannt. Nach einer gewissen Zeit lernt Ihr Hund am Misserfolg (die Tür bleibt geschlossen und keiner aus der Gruppe reagiert), dass Bellen an der Tür sinnlos ist. Er zieht sich still auf sein Lager zurück, worauf er prompt belohnt wird. Kurze Zeit darauf schlurfen Sie scheinbar gelangweilt in Richtung Tür, wobei auch die nun folgende Begrüßung etwas weniger euphorisch verläuft, indem keiner, weder der Besuch noch Sie, den Hund beachten. Damit lernt dieser von Ihrem Verhalten, dass die Klingel in Verbindung mit dem eintreffenden Besuch fast ein Nichtereignis ist, das »Hund« nicht melden muss, andererseits sich ein ruhiges Zurückziehen und Liegen auf der Decke eher lohnt.

## Erweiterte Kernterritorien und Aktionsräume

Nicht nur die häusliche Umgebung als Kernterritorium wird bewacht, sondern auch Orte in fremdem Terrain, etwa im Auto, Restaurant oder im Park. Dort beanspruchen Hunde oft Kleinstterritorien, die sie verteidigen. Dabei spielt nicht selten die Nähe zum Besitzer eine entscheidende Rolle. Über die kurze Leine verbunden, kann (und muss zwangsläufig) der Hund sich und sein Familienmitglied verteidigen. Dieser Wachfunktion Ihres Schützlings können Sie schon nicht mehr so sicher sein, wenn er in einiger Entfernung vor oder hinter Ihnen läuft und Sie plötzlich von einem Fremden angesprochen werden. Da nie eindeutig feststellbar ist, zu welchem Zeitpunkt der Vierbeiner welchen Aktionsradius als Territorium noch verteidigt, kann es passieren, dass er aus sicherer Entfernung einen nüchternen »Checkup« macht und je nach Situation zu Ihnen läuft

## SO MACHT'S DER WOLF

**Kernterritorium:** Es wird auch »Homezone« genannt. Dies ist den Wölfen »heilig«. Hier befinden sich die Schlaf- und Ruheplätze sowie die »Kinderstuben«. An den Grenzen der Kernterritorien werden eigene Duftmarken so auffällig positioniert, dass potenzielle Eindringlinge sofort wissen, die Revierinhaber sind bereit, ihr Territorium nachdrücklich zu verteidigen. Auch werden an den territorialen Grenzen alle fremden Duftmarken prompt durch den eigenen Geruch ersetzt. Dieses demonstrative »Wettrüsten« führen meist die Elterntiere durch. Häufig sitzen oder liegen auch einige »Wächter« etwas abseits von der Gruppe auf erhöhten Plätzen, um so perfekt die Wohnstätte bewachen und nötigenfalls gegen eindringende Beutegreifer verteidigen zu können.

**Aktionsräume:** Die Jagdreviere benachbarter Wolfsgruppen können sich überschneiden. Je nach Nahrungsangebot nutzen Wölfe bestimmte Reviere auch zum Teil gemeinsam, ohne sich dabei allzu sehr in die Quere zu kommen. Die stark begangenen Wege, insbesondere Kreuzungen, werden, wie auf Seite 40 erwähnt, verstärkt markiert, um für sich und zeitweise abwesende Gruppenmitglieder Orientierungspunkte im Gelände zu schaffen. In diesen Aktionsräumen akzeptiert man auch relativ problemlos die Markierungen anderer Gruppen und ist bereit, die Richtung zu wechseln, um einen Konflikt zu vermeiden.

---

oder die Flucht ergreift. Seien Sie bitte nicht allzu enttäuscht über Ihren scheinbar undankbaren Hund, der sich in Krisensituationen als »Feigling« entpuppt. Mut ist biologisch nicht sinnvoll!

Aktionsräume sind Territorien, in denen ursprünglich gejagt wurde. Deshalb variieren sie. Sie können sich räumlich an die Kernterritorien anschließen oder in völlig fremder Umgebung und unabhängig von Haus und Hof als solche existieren. So kann eine nur wenige Minuten dauernde Rast auf einer Parkbank dazu führen, dass die zuvor getroffenen und freundlich kontaktierten Menschen sofort verbellt werden, sobald sie in die Nähe der Bank gelangen. Über die Form und Ausdehnung der beanspruchten Aktionsterritorien gibt es große Unterschiede von Hund zu Hund. Manche bewachen laut bellend lediglich den eigenen Garten, andere verfolgen die vermeintlichen Eindringlinge bis weit über das Grundstück hinaus.

## Zuchtziel für Herdenschutzhunde

Zu den Herdenschutzhunden gehören Rassen wie Kangal, Bergamasker Hirtenhund, Kaukasischer Owtscharka. Sie wurden gezüchtet, um autonom, unabhängig und selbstständig zu agieren und um vertraut mit den zu bewachenden Herdentieren (Schafe) zu sein. Gegenüber Menschen und Artgenossen zeigen sie mitunter große territoriale Aggression. Die Hunde, häufig ganz ähnlich im äußeren Erscheinungsbild wie die Schafe, waren für deren Schutz vor anderen Beutegreifern wie Wölfen, Hunden oder Menschen verantwortlich. Eine Anpassung, ein Gehorsam und sonstige Vorbereitungen auf ein integratives Leben im Sozialverband »Familie« waren nicht vorgesehen!

# Ängstliche und
## aggressive Hunde

Angst ist normal und biologisch durchaus sinnvoll, denn sie bewahrt unsere Hunde vor Schmerzen und Schäden und sichert unter bestimmten Umständen sogar das schlichte Überleben! Mutige Hunde, die trotz zu erwartender negativer Konsequenzen in ihr Verderben rennen, sind leichtsinnig, gestört oder einfach lebensmüde!

## Angst, ein »Stück Lebenskraft«

Jede Bedrohung, ob real oder eingebildet, löst bei Tieren eine Art Stressreaktion aus. Die zweifellos unangenehmen Gefühle, die sie währenddessen empfinden, kann man als Furcht oder Scheu bezeichnen. Sie sind im Besitz wichtiger angeborener Schutzmechanismen und Angstreflexe. Es wäre auch ungünstig fürs Überleben, müssten sie erst lernen, dass Schmerz, natürliche Feinde oder bestimmte Geräusche Bedrohung und Gefahr bedeuten. Dabei zeigen Welpen bis zur fünften Lebenswoche eher weniger Angst und mehr Neugierverhalten, spätestens ab der achten Woche wandelt sich dieses Verhältnis ins Gegenteil. Dies ist äußerst günstig für die Entwicklung, weil die Kleinen so zunächst viele Dinge im und um das Welpennest angstfrei kennenlernen können (→ Seite 208). Wenn sie später die Ausflüge in die Umgebung ausdehnen, ist es wichtig, nicht vom Nächstbesten attackiert oder gar gefressen zu werden. Die Welt wird zwar immer noch neugierig erkundet, aber mit der nötigen Vorsicht. Neben angeborenen Signalen können auch sämtliche Umweltreize bei entsprechendem Lernen zu erworbenen Angstauslösern werden.

### Angstreaktionen

**Unbewusste Abwehrreaktion:** Dies geschieht in einer unvorstellbar schnellen Reaktionszeit von etwa zwölf Millisekunden. Kaum wird der bedrohliche Reiz über die Sinnesorgane wahrgenommen, wird in automatisierter Form reflexartig (→ Seite 245) vom Gehirn ein Abwehrsystem aktiviert. Die Flucht oder Aggression, die ausgelöst wird, geschieht unbewusst und ohne Bewertung. Schlecht wäre es um unsere Gesundheit bestellt, müssten wir erst darüber nachdenken, ob wir unsere Hand vom heißen Herd nehmen. Ebenso ergeht es unseren »Zottelschnauzen«.

Gerunzelter Nasenrücken und geöffneter Fang – mit dem rechten Hund ist nicht gut Kirschen essen. Pfötelnd versucht der linke Hund zu beschwichtigen.

**Bewusste Abwehrreaktion:** Hier findet die Reaktion auf den bedrohlichen Reiz auf höherer Ebene statt. Die Reaktionszeit dauert wesentlich länger (mindestens doppelt so lang), da nach dem Wahrnehmen des Reizes erst eine Bewertung im Gehirn stattfindet. Tier oder Mensch treffen nach eingehender Situationsanalyse eine eher bewusste und differenzierte Entscheidung, ob reagiert werden muss oder nicht. Natürlich spielen hier bereits gemachte Erfahrungen in der Vergangenheit eine Rolle.

**Beide Reaktionen sind wichtig!** Die Schnelligkeit einer unbewussten Abwehrreaktion sichert häufig das Überleben, während der langsamere bewusste Weg die angeborenen Ängste durch Lern- und Lebenserfahrung an die jeweilige Situation anpassen kann. Natürlich variiert die Sensibilität für angstauslösende Reize von Tier zu Tier, abhängig von Erbanlagen, früheren Erfahrungen und dem Grad der Sozialisation (→ Seite 212). Ist die Angst so groß, dass der Hund sein Verhalten nicht mehr kontrollieren kann, leidet er 8 und ist in seinem normalen Leben mehr oder weniger beeinträchtigt.

## Was passiert bei Angst im Körper?

Zunächst stellt sich der Organismus auf einen »Alarmzustand« ein, um sich fürs Überleben fit zu machen. Dafür wird alles an »Ballast über Bord geworfen«, was nicht zwingend fürs Überleben wichtig ist. Das heißt, wenn wir uns fürchten, bekommen wir »kalte Füße« und machen uns vor Angst förmlich in die Hose, weil alles Blut im zentralen Teil des Körpers benötigt wird und keine Energie mehr für die Schließmuskelfunktion von Blase und Darm übrig ist. Auch Speicheln oder Erbrechen sind nicht selten – Angst und Stress schlagen halt auf den Magen. Kurz darauf geht ein Adrenalinstoß durch den Körper, und sowohl Muskeln als auch Herzschlag sind aufs Äußerste angespannt bzw. nach oben geregelt.

Zusammengezogener Körper, eingeknickte Beine und heraushängende Zunge – dieses »Häuflein Elend« drückt Unsicherheit, Unterwürfigkeit und Angst aus.

Das gilt gleichermaßen für die Hunde. Die Tiere sind höchst wachsam und erregt, und ebenso wie die Schmerzempfindlichkeit ist auch die Bereitschaft zur Aggression erhöht. Eine Abwehrreaktion steht unmittelbar bevor.

## Wie sich Angst zeigt

Wie echte »Angsthasen« aussehen, habe ich bereits auf Seite 79 beschrieben. Die wichtigsten Symptome der Angst zeigen unsere Hunde in der Körpersprache, indem sie zusammenzucken, zurückschrecken, rückwärtsgehen, Abstand halten, still stehen, fliehen, sich in eine Ecke oder auf den Boden drücken. Sie zeigen das typische Angstgesicht mit flach nach hinten gestellten Ohren, weit aufgerissenen Pupillen bei abgewandtem Blick, angespannten Gesichtsmuskeln und spitzen, nach hinten gezogenen Maulwin-

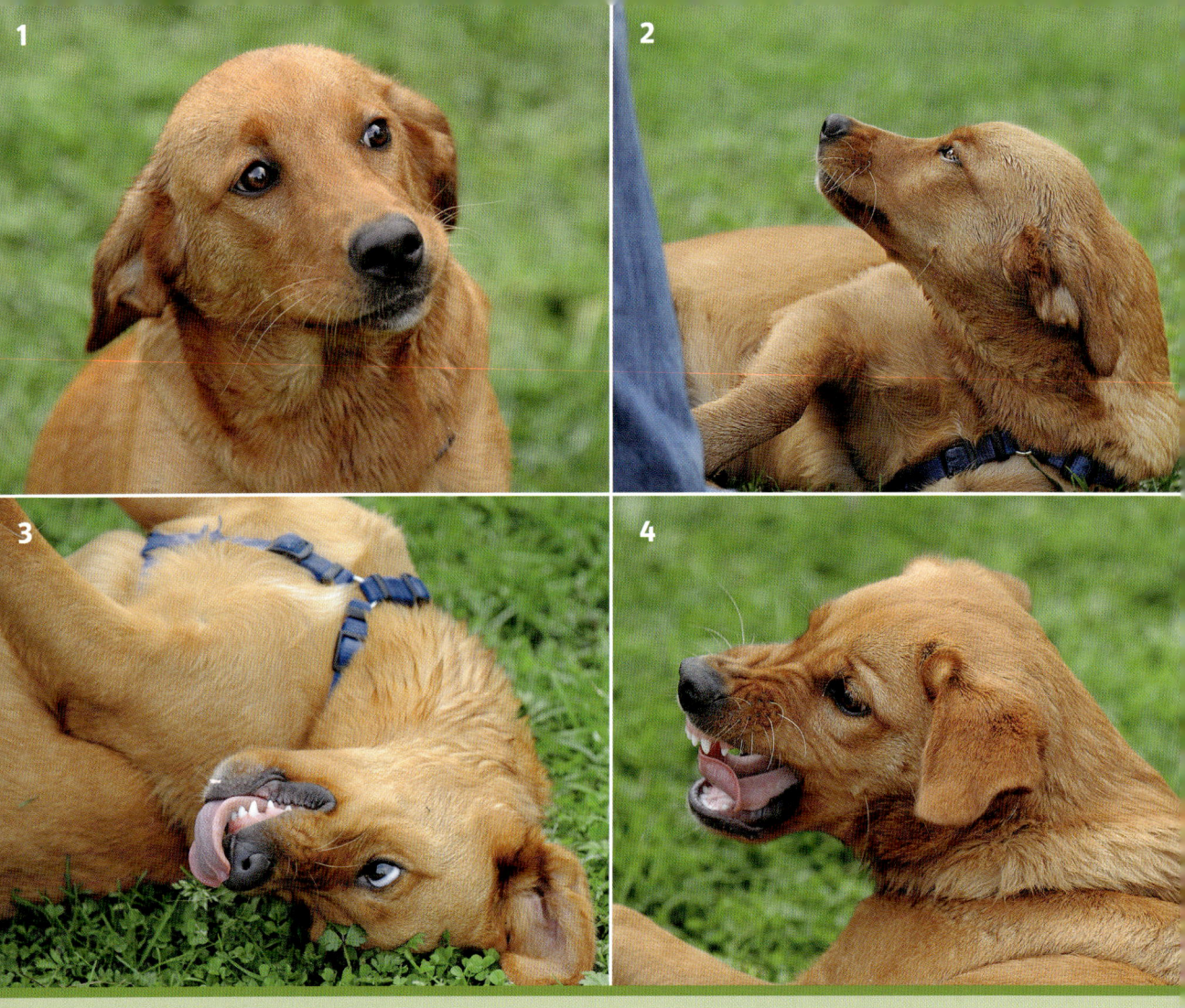

## ANGSTBEWÄLTIGUNG – EIN BEISPIEL AUS DEM HUNDEALLTAG

**1** »Benno« wartet an einer Wiese auf sein Frauchen. Da kommt ein Nachbar daher, vor dem Benno Angst hat. Er würde ihm gern aus dem Weg gehen, ist jedoch angeleint. Deshalb macht er sich ganz klein und unscheinbar, in der Hoffnung, unerkannt zu bleiben.

**2** Der Nachbar hat ihn aber bereits entdeckt und läuft voller Freude auf ihn zu. Benno weiß, dass er mit Flucht und Erstarren keinen Erfolg hat, also versucht er es mit Flirten: Er wendet seinen Blick ab, legt sich auf den Rücken und deutet ein »Pföteln« an. Der Nachbar erkennt leider nicht, dass ihm Benno über diese Demutsgesten klarmachen will: »Ich habe Angst vor dir! Lass mich in Ruhe!«

**3** Er beugt sich über ihn und lacht ihn an – Bedrohung pur für den Hund. Da er sich unverstanden fühlt, begegnet er dem Mann zunächst mit unterwürfig-ängstlichem Verhalten (Auf-dem-Rücken-Liegen, Lecken) weiter. Als das nicht hilft, droht er defensiv (Nasenrückenrunzeln, Zähneblecken).

**4** Scheinbar urplötzlich und für den Nachbarn unverständlich, richtet sich Benno auf, droht mit entblößten Zähnen, nach oben gezogenen Lefzen und gekräuselter Nase und knurrt ihn grollend an. Spätestens jetzt sollte sich dieser zurückziehen. Wenn er dennoch versucht, den Hund zu streicheln, könnte der höchst geängstigte Hund die Nerven verlieren und in die Hand beißen.

keln. Der Körper ist zusammengezogen. Mit gesträubtem Fell, eingeknickten Vorderbeinen und unter dem Bauch eingeklemmtem Schwanz sind sie unnatürlich verspannt und bereit, bei nächster Gelegenheit zu fliehen. Verlassen sie den »Ort des Grauens«, lassen sie häufig deutliche Spuren vom Angstschweiß ihrer Pfoten zurück.

## Die Ursachen der Angst

● Über den Einfluss der Gene ist viel geforscht und kontrovers diskutiert worden. Wissenschaftlich gesichert ist, dass sich die Reizschwelle (→ Seite 245) für ängstlich-aggressives Verhalten über einen züchterischen Einfluss erhöhen bzw. erniedrigen lässt. Demzufolge ist es unsinnig zu behaupten, dass es aggressive »Kampfhunderassen« gibt! Vielmehr existieren in jeder Rasse bestimmte Zuchtlinien mit erniedrigter Reizschwelle und Toleranz gegenüber Stress. Diese Tiere werden unter Umständen dann schneller und öfter Angst- und Aggressionsverhalten zeigen als Artgenossen einer anderen Zuchtlinie.
● Mangel an Erfahrungen und Kontakten mit der Umwelt ist die weitaus häufigste Ursache für die Entstehung von Ängsten. Alles was der Hund nicht in früher Welpenphase stress- und angstfrei kennenlernen konnte, wird später Ängste und Aggressionen auslösen.
● Negative oder positive Erfahrungen können in bestimmten Situationen in der Bewältigungsstrategie ebenfalls zu bevorzugtem ängstlichem Meideverhalten oder Aggressionen führen.
● Die Besitzer spielen natürlich häufig eine entscheidende Rolle, denn sie verstärken bewusst oder unbewusst die Ängste oder Aggressionen ihrer Schützlinge durch ihr »Engagement«. So belohnen sie zum Beispiel die Angst durch beruhigendes Streicheln oder Trösten.
● Handicaps wie organische Störungen und Krankheiten mit Schmerzen, Taubheit oder Sehstörungen lösen ebenfalls Angstverhalten aus.

## Die Bewältigungsstrategien für Angst und Stress

Welche der folgenden Strategien Hunde wann anwenden, hängt von der jeweiligen Situation, von den ererbten Verhaltensweisen, vom momentanen körperlichen und geistigen Zustand und von den Vorerfahrungen ab. Früher ließen sich vier Hauptstrategien unterscheiden: Flucht – Erstarren – Flirten – Kampf. Heute reicht diese Einteilung der Konfliktbewältigungsstrategien nicht mehr aus und muss wie folgt präzisiert werden: Deeskalationsverhalten (Flucht-, Meide- und Übersprungverhalten sowie passive Demut) – Beschwichtigungsverhalten (aktives prosoziales Bindungsverhalten und Spielverhalten) – Droh- und Angriffsverhalten (→ Seite 90). Dabei setzt sich der Betreffende zumeist aktiv mit dem jeweiligen Stressor auseinander und versucht diesen zu kontrollieren oder zu manipulieren. Lediglich bei der Taktik des Meideverhaltens und der passiven Demut ist der Geängstigte oft zu passivem Stillhalten genötigt, wobei er mit seiner Inaktivität den Stress vermindern möchte, ohne die Möglichkeit der aktiven Kontrolle über das Geschehen zu besitzen. Wie eine solche Angstsituation aus Sicht des Hundes ablaufen kann, sehen Sie auf Seite 98.
Quintessenz: Wir erziehen uns »Angstbeißer« selbst, indem diese lernen, dass nur Droh- und Angriffsverhalten erfolgreich sind.

# Aggressives Verhalten – Fluch oder Segen

Bei der Sorge um das eigene Überleben folgen die Tiere in der Regel einer extrem rationalen Kosten-Nutzen-Rechnung, um mit möglichst geringem Risiko den Bedarf an all den lebensnotwendigen Ressourcen wie eigene körperliche Unversehrtheit, Territorium, Futter, Lagerplätze zu erwerben und ggf. zu verteidigen. Hunde, die

## SO MACHT'S DER WOLF

Meister der Gebärdensprache: In ritualisierten Kämpfen werden körperliche und mentale Überlegenheit demonstriert, während der momentan Schwächere und Unterlegene beschwichtigende Gestik und Mimik zeigt. Natürlich können einige der intrasexuellen (→ Glossar, Seite 243) Auseinandersetzungen auch sehr drastisch verlaufen, besonders in Zeiten von Strukturveränderungen in der Gruppe. In der Regel gewährleisten aber die Beziehungen der einzelnen Tiere durch klare »Absprachen« untereinander das Leben in der Gemeinschaft. Fremde Wölfe oder andere Beutegreifer, die eine Bedrohung oder eine Konkurrenz um Jagdgebiete, Territorien für Welpenaufzucht oder Futter darstellen, sind eine potenzielle Bedrohung, die man eliminiert oder vor der man sich zurückzieht.

über viele Ressourcen verfügen, besitzen ein hohes RHP (→ Seite 245), jedoch keineswegs einen »hohen Rang« innerhalb einer Sozialgemeinschaft. Wie viel Energie und Kraft sie aufwenden, um an diese Ressourcen zu gelangen, hängt sowohl von der momentanen Dringlichkeit als auch Verfügbarkeit ab. Gibt es genug strategisch günstige Lagerplätze und Futter in Hülle und Fülle, brauchen sie nicht darum zu streiten. Aggressives Verhalten ist angeboren und normal, wobei ernste Verletzungen unbedingt vermieden werden. War keine der Konfliktbewältigungsstrategien erfolgreich, kann es zum Kampf kommen. So ist also Aggression keinesfalls als »dominante« Handlung zu werten, sondern stellt oft eher eine Notlösung dar. Zu wirklichen Kämpfen kommt es nur, wenn beide Kontrahenten, gleichermaßen potent und stark, gewinnen wollen oder eine friedliche Lösung über ein kultiviertes Streitgespräch nicht möglich ist.

### Ursachen der Aggression

Ängste sind die Hauptursache für Aggressionen. Daneben können auch der Erwerb und die Verteidigung von Ressourcen wie Futter, Lagerplätze, Spielzeug oder Territorien, eine erlittene Frustration, Erkrankungen, die mit Schmerzen verbunden sind, oder situative Schmerz- oder Schreckerlebnisse häufig aggressives Verhalten auslösen. Aber auch im Spiel oder zur Verteidigung der Welpen werden Aggressionen gezeigt. Ob ein drohender Konflikt wirklich eine Eskalation zur Folge hat oder auch friedlich gelöst werden kann, hängt von den früheren und momentanen Erfahrungen, von der Veranlagung und natürlich vom körperlichen Zustand ab.

**Aggressive Kommunikationsformen:** Bei Aggressionen zwischen Artgenossen ist zu unterscheiden, ob sie sich als Gruppenmitglieder um wichtige Ressourcen streiten oder sich nur zufällig auf der Hundewiese begegnen und über gezeigtes Drohverhalten Mängel in der Sozialisation und Kommunikation offenbaren. Aber auch Menschen können sowohl als Gruppenmitglieder (Konkurrenz um Ressourcen) als auch in Gestalt des fremden Besuchers auf eigenem Territorium (Territorialaggression) oder als harmloser Spaziergänger in der Öffentlichkeit (mangelhafte Sozialisation/Angstaggression) Opfer werden. Ob normal oder nicht – weder in der Öffentlichkeit noch zu Hause sind derartige Hunde beliebt.

# Was Hündchen nicht lernt,
## lernt Hund nur schwer

Lernen ist aktiv, endet nie und findet immer statt, auch in Zeiten, in denen es gar nicht unbedingt erwünscht ist! Dabei werden sämtliche Informationen aus der Umwelt zunächst über die Sinnesorgane aufgenommen und insbesondere im Gehirn gespeichert und verarbeitet, um bei nächster Gelegenheit abgerufen zu werden. Was Tiere denken und fühlen, können wir zum großen Teil nur ahnen. Dass Hunde lernen, sehen wir, wenn sie ihr Verhalten an die sich wandelnde Umwelt sinnvoll anpassen bzw. verändern.

## Was bedeutet Lernen?

Lernen dient immer der Optimierung des eigenen Zustands. Es erlaubt Hunden, angeborenes Wissen mit gemachter Erfahrung zu verbinden. Die gelernten Erfahrungen werden im Gehirn als Kurz- und Langzeitgedächtnis gespeichert. Das ermöglicht ihnen, sich zu einem späteren Zeitpunkt daran zu erinnern.

### Wie Hunde lernen

Hunde lernen am Erfolg und Misserfolg ihres Handelns (→ Seite 105). Während sie aufmerksam ihre Umgebung beobachten und wahrnehmen, erkennen sie allmählich bestimmte Regelmäßigkeiten. Sie stellen Assoziationen her, indem sie mindestens zwei Ereignisse als Ursache und Wirkung miteinander verknüpfen. Über unzählige Wiederholungen werden diese Ereigniskombinationen fest im Gehirn verankert. Führt dann bereits ein Element davon zu einer beobachtbaren Verhaltensreaktion, spricht man von Konditionierung (→ Seite 102). Allerdings vergessen Hunde die gemachten Assoziationen schnell wieder, wenn diese nicht entsprechend häufig wiederholt werden. Dies kann positiv oder negativ sein – je nachdem, ob es sich um ein erwünschtes oder unerwünschtes Verhalten handelt.

Erfolgreich lernen kann nur derjenige, welcher sich in einem entspannten sozialen Umfeld befindet, in dem eine Atmosphäre herrscht, die zum Lernen anregt und belohnt. Auch Hunde lernen am liebsten spielerisch. Angst und negativer Stress führen hingegen nicht nur zu momentanen, sondern ebenso zu lang anhaltenden Gedächtnis- und Lernschwierigkeiten. Das Lern-

> Hunde lernen nicht für ihre Besitzer, sondern für ihre ureigensten Interessen.

vermögen wird natürlich auch zu gewissen Anteilen vererbt, was nicht bedeutet, dass es sich nicht weiterentwickeln kann. Mit idealen Trainingsmethoden nach den Prinzipien der modernen Lerntheorie (→ Seite 245) und unter absolutem Verzicht auf Distress-Strafen können Lernergebnisse optimiert und stabilisiert werden. Entscheidend für die spätere Entwicklung beim Hund sind die sensiblen (»prägungsartigen«) Phasen in der Welpenzeit, in denen regelrecht strukturelle Veränderungen im Gehirn stattfinden (→ Seite 102). Diese Erfahrungen in den ersten Lebenswochen, positive wie negative, gelten als Leitfaden fürs Leben. Niemals wird Lernen und das Kennenler-

## WEITERE LERNFORMEN

○ Lernen durch Nachahmen: Der Welpe imitiert ohne Anleitung das Verhalten der Eltern oder Geschwister in deren Anwesenheit. Beispiele sind Nachlaufreaktionen und das Nachahmen von Bewegungen, Geräuschen und Aktionen.

○ Lernen durch Beobachten von Sozialpartnern in Vorbildfunktion: Die Hunde schauen sich Verhaltensweisen vom Besitzer (etwa das Klavierspielen, → Seite 72) oder vom Artgenossen (wie Mülleimer ausräumen) ab. Beim sozialen Lernen unter Anleitung geben die Elterntiere aktiv Tipps zur Optimierung bestimmter Verhaltensweisen wie Jagdmethodik.

○ »Prägungsartiges Lernen«: Innerhalb der sensiblen Welpenphase wurden bestimmte Erlebnisse irreversibel eingeprägt, weil das Einteilen in »Gut und Böse«, »Gefährlich oder Ungefährlich«, »Bekannt bzw. Unbekannt« bleibende Eindrücke hinterlässt. Hier werden also bezüglich des Verhaltens die Weichen für die Zukunft gestellt.

○ Einsichtiges Lernen: Hierbei kombinieren die Hunde bestimmte Aktionen bzw. Handlungen, um ein Ziel zu erreichen, ohne vorher den Weg dahin lernen zu können. Sie erfassen neue und vorher noch nie geübte Situationen und besitzen die Fähigkeit zur Einsicht in die Notwendigkeit, sich darüber Gedanken zu machen, wie sie an ein Ziel gelangen.

nen der Umwelt leichter und einprägsamer sein als in den ersten 16 Lebenswochen – der Welpenneugier sei Dank! Dabei müssen die Hunde selbst die Erfahrungen machen, was gut für sie ist und ihnen ein Überleben sichert. Die Ratschläge der Elterntiere allein helfen nicht.

### Klassische Konditionierung – Alles-oder-nichts-Prinzip

Neben den in der Checkliste links aufgeführten Formen des Lernens ist Ihnen vielleicht noch eine weitere aus der Schulzeit bekannt, nämlich im Zusammenhang mit dem »Pawlowschen Reflex«. Der russische Physiologe Pawlow erkannte den Zusammenhang zwischen dem Speichelfluss eines Hundes und dargebotenem Futter. Verständlicherweise läuft den meisten Vierbeinern das Wasser im Maul zusammen, kaum dass sie ein tolles Stück Wurst erblicken. So weit ein ganz normaler bedingter Reflex (→ Seite 240), der angeboren und zum Überleben wichtig ist und den der Hund auch nicht steuern kann. Jetzt könnten Sie wie Pawlow ein tickendes Metronom oder auch einen anderen neutralen Gegenstand, etwa einen Ball, bei jeder Fütterung neben der Schale platzieren. Nach einigen Wiederholungen genügt es, auf das Darbieten von Futter zu verzichten. Allein das Metronom oder der Ball neben der Futterschale lässt den Speichel Ihrer »Zottelschnauze« laufen. Wie kommt das? Nun, Ihr Vierbeiner hat Assoziationen (Verknüpfungen) hergestellt und gelernt, dass der Ball, ein vorher neutraler Reiz, etwas mit der bald bevorstehenden Fütterung zu tun haben muss. Deshalb fließt der Speichel auch schon ohne Futter. Auffallend ist dabei, dass das Gelernte schnell gelöscht wird, wenn der Originalreiz »Futter« längere Zeit fehlt. Ganz vergessen hat der Hund den Zusammenhang jedoch nicht, denn sobald Sie ihm ein paar Mal Ball und Futter anbieten, läuft der Speichel wieder, wenn nur der Ball daliegt.

**Etablierung von Angstverhalten:** Dies ist ein eher unschönes Beispiel der klassischen Konditionierung. Wie Sie auf Seite 98 lesen konnten, wird ein Hund zum »Angstbeißer«, wenn er lernt, dass er mit den beschwichtigenden und deeskalierenden Bewältigungsstrategien (→ Seite 90) keinen Erfolg hat. Das heißt, er wird nicht nur einen bestimmten Angstauslöser durch gezielte Attacken zu vertreiben versuchen, sondern die Taktik »Angriff ist die beste Verteidigung« möglicherweise auch auf ähnliche Artgenossen oder Menschen ausweiten.

**Angst vor der Angst:** Schlimmstenfalls kann sich dieses assoziative Lernen bei Angstproblemen zur Phobophobie als »Angst vor der Angst« ausweiten. So können alle Arten von Schaukelbewegungen bei Tier und Mensch gleichermaßen zu Übelkeit und Erbrechen führen. Hat ein Hund im schaukelnden Auto diese Erfahrung einige Male machen müssen, wird allein das Auto zum negativen Stimulus. Der Hund hat in der Folge bereits Angst, wenn er das Fahrzeug nur erblickt, und verweigert das Mitfahren, noch ehe die Schaukelbewegungen für ihn einsetzen. Das Heimtückische an diesem Lernverhalten ist die Neigung zur Generalisation. Ein Hund, der Angst vor dem Fahren im »eigenen« Auto hat, springt häufig auch nicht mehr in andere Fahrzeuge hinein!

## Instrumentelle Konditionierung – Kosten-Nutzen-Rechnung

Der Name verrät es bereits. Mithilfe von Instrumenten, also Werkzeugen oder Verstärkern, kann die Wahrscheinlichkeit, dass ein Verhalten bei einem bestimmten Reiz auftritt, erhöht oder verringert werden. Drei Dinge werden miteinander in Beziehung gesetzt: Der Hund assoziiert wenigstens ein Signal mit der daraus resultierenden Verhaltensreaktion und der Verstärkung.

**Beispiel »Sitz«:** Sie nutzen diese Form des Lernens täglich bei Ihrem Schützling, und zwar beim simplen Kommando »Sitz«. Um ein solches Kommando perfekt aufzubauen, stellen Sie sich zunächst vor Ihren noch kleinen und unwissenden Welpen, halten ein Stück Wurst in der Hand und führen es so lange über den Kopf des »Hundeschülers«, bis sich dieser mit staunenden Augen hinsetzt (Lockphase – zunächst mit voller, aufbauend später mit leerer Hand) und geben ihm dafür ein Leckerli. Wiederholen Sie dies so

> ## MOTIVATION – EHER ANTRIEB STATT TRIEB
>
> Motivation kann man als einen Zustand der Bereitschaft zum Handeln bezeichnen, um zunächst lebensnotwendige Bedürfnisse (Nahrung) zu decken, Schäden (Feinde) zu vermeiden sowie die Fortpflanzung zu gewährleisten. Dieser Antrieb ermöglicht, nicht allein nur auf angeborene Triebe zurückgreifen zu müssen, um die grundsätzlichsten Dinge wie Feindvermeidung und Nahrungssuche zu sichern. Motiviert am Leben teilnehmen und lernen kann jedoch nur, wer neugierig bleibt und sich nur von wirklich existenziellen Ängsten davon abhalten lässt!

lange, bis sich Ihr Hund von allein hinsetzt in Erwartung eines Leckerlis. Er hat begriffen, dass sich das Hinsetzen lohnt, weil unmittelbar nach dem Sich-Hinsetzen immer etwas äußerst Positives folgt, nämlich eine Leckerei, die nicht alltäglich ist. Dann ist es Zeit für den nächsten Trainingsschritt – der Einführung des Sichtsignals. Kurz bevor der Kleine sich wiederum anschickt, seinen Po auf den Boden zu drücken, wird der erhobene Zeigefinger präsentiert. Dieses Signal hat der Welpe spätestens dann als Sitzsignal verstanden, wenn er nach einigen Wiederholungen zwischen Gesicht und Hand des Trainers alternierend hin- und herschaut. Wenn er sich nicht mehr setzt, ohne dass der Zeigefinger erscheint, ist es wiederum Zeit für die Einführung des Hörsignals »Sitz«, indem wiederum kurz vor dem erhobenen Zeigefinger das Wort »Sitz« gesagt wird. Der Ablauf »Sitz« plus 0,5 Sekunden später erhobener Zeigefinger plus Bestätigen des Erfolgs durch Leckerlis wird dann einige Male wiederholend geübt, bis man zur Phase 2 des Trainings übergehen kann – der Überprüfung des Gelernten. Dies alles klingt kompliziert – ist es aber nicht! Gute Trainer brauchen dafür 20 bis 30 Minuten! Hat der Hund diese Assoziation begriffen, folgt die Phase 2: Sie können nun versuchen, den Hund allein auf das Kommando »Sitz« plus erhobener Zeigefinger absitzen zu lassen. Setzt er sich folgerichtig, bekommt er wiederum eine Belohnung. Schnell wird er begreifen, dass ein neues Spiel (Sitz) den Hundealltag fortan bereichert. Üben müssen Sie dann in vielen verschiedenen Umgebungen, damit sich der Welpe nicht nur daheim, sondern auch überall draußen auf Kommando setzen kann.

Fazit: Das zukünftige Verhalten orientiert sich demnach daran, welche Erfahrungen der Hund damit bei entsprechendem Signal gemacht hat. Er hat also die Wahl zwischen dem Zeigen und dem Verweigern des Verhaltens, wobei er natürlich

## DER HUNDEBLICK – HILFERUF NACH DEM MENSCHEN

**1** Der Ball ist beim Spielen für den Vierbeiner unerreichbar unter den Schrank gerollt. Eine Zeit lang versucht er selbst noch, mit der Pfote an sein Spielzeug zu kommen.

**2** Gelingt ihm dies nicht, setzt er etwas für das Tierreich Einzigartiges ein: Er ruft seinen Menschen um Hilfe. Dazu schaut er seinen Besitzer an, läuft zu ihm oder versucht es mit der beim Menschen effektivsten Kommunikationsform – dem Bellen. Auch schauen Hunde öfter zwischen dem Problem (Ball unter Schrank) und ihrem Besitzer alternierend hin und her – ein Blick mit Aufforderungscharakter: »Bitte hilf mir!« Und der Besitzer hilft. Was die »Zottelschnauze nach erfolgtem Bücken und Hervorholen des Balls natürlich wiederum gelernt hat, ist ebenso klar. Welche Anpassungsleistung unserer cleveren »Zottelschnauzen«!

ganz rational eine interne »Kosten-Nutzen-Rechnung« aufstellt und Konsequenzen zieht. Dabei kommt den Verstärkern (Belohnung) eine besondere Rolle zu: Sie müssen unmittelbar (maximal eine Sekunde) nach dem gezeigten Verhalten mit entsprechender Konsequenz (immer) und mit hinreichender Intensität erfolgen.

## Wenn die instrumentelle Konditionierung nicht klappen will

Zumeist liegt das daran, dass die Besitzer gleich mit Phase 2 beginnen. Sie stellen sich vor den Hund und verlangen von ihm das »Sitz«, ohne es vorher konditioniert, also mit einem Signal verknüpft zu haben. Der Hund schaut seinen Besitzer erwartungsvoll an, versteht jedoch kein Deutsch. Der Besitzer versucht nun nach unzähligen »Sitz«-Ansprachen, den immer noch stehenden Hund zum Lernen zu überreden. Dazu streichelt er ihn, belohnt ihn also. Für den Hund bedeutet das Wort »Sitz« eine Belohnung für das, was er gerade macht – das Stehen. Manche Besitzer drücken dann ihre scheinbar begriffsstutzige »Zottelschnauze« mit der Hand ins Sitz. Sie wissen sicher bereits, was das bedeutet: Der Hund verknüpft das Sich-Setzen mit der Berührung der Hand und wird sich später kaum ohne diese »Unterstützung« hinsetzen.

## Lernen am Erfolg und Misserfolg

Diese Lernerfahrung ganz anderer Art »dürfen« viele Hunde im Alltag machen, ohne dass der Mensch sich dessen bewusst wird. Hunde betteln für ihr Leben gern um Futter, besonders um Leckereien, die sich üblicherweise auf dem Teller von Frauchen oder Herrchen und nicht in der Hundeschale befinden.

Die Besitzer essen am Tisch (Reiz), und prompt fängt »Bello« an zu betteln. Sind die Paare konsequent und sich in der Hundeerziehung einig,

## FORMEN DER INTELLIGENZ

○ Soziale Intelligenz: Sie ist bei Hunden sehr hoch entwickelt. Schon längst sind nicht mehr nur vorrangig Artgenossen, sondern immer häufiger die Menschen die Hauptsozialpartner für die Hunde. Bei Problemlösungen fordern Hunde die Hilfe des Sozialpartners Mensch ein (→ Fotos links).

○ Sprachliche Intelligenz: Hunde verlassen sich im Umgang mit dem Menschen nicht mehr auf die Körpersprache, die hauptsächliche Form der Kommunikation unter Wölfen. Stattdessen bevorzugen sie die Lautäußerung als mögliches Verständigungsmittel mit den Zweibeinern, da sie gelernt haben, dass Menschen vornehmlich sprechen.

○ Bewegungsintelligenz: Von klein auf lernen Hunde entsprechend ihrer anatomisch-physiologischen Gegebenheiten (Körperbau, Länge der Beine, Organgröße und Funktionalität) ihren Körper in Bewegung kennen, um so auf abgespeicherte Informationen (wie Höhe dieser Mauer oder Breite des Grabens kann ich überspringen) bei Bedarf schnell zurückgreifen zu können.

○ Räumliche Intelligenz: Hunde können bestimmte Örtlichkeiten als bekannt oder fremd erkennen. Erfolgt ein Zweitbesuch in der ehemals unbekannten Umgebung, orientieren sie sich oft dermaßen sicher, als wären sie zu Hause.

## SO MACHT'S DER WOLF

Wolfswelpen und Jungtiere verbleiben viel länger im Familienverband – manche lebenslang. Sie lernen rasch arteigenes Sozialverhalten, Jagd- und Spielverhalten ausschließlich in der wölfischen Familie. Da Hunde im späteren Leben meist im Sozialverband »menschliche Familie« mit den Eigenheiten einer fremden Art zurechtkommen müssen und die Welt des Menschen kennenlernen sollten, werden sie relativ frühzeitig vom Elternpaar getrennt. So kommen die meisten Welpen im Alter von etwa acht Wochen in ihre neue Familie.

**Lernen nur gegen Bezahlung:** Wölfe lernen eher schlecht, wenn das zu Lernende für sie keinen direkten Sinn und Nutzen hat. Versucht der Mensch, Wölfen in Gefangenschaft hündische Kommandos beizubringen, gelingt dies zwar, aber nur, wenn die Wölfe nach jeder gestellten Aufgabe immer eine (Futter-)Belohnung erhalten. Vergisst der Trainer das Futter als »Bezahlung«, verweigern die Wölfe die Arbeit, oder sie suchen erwartungsvoll am Trainer nach dem Futter.

**Lernformen:** Wölfe zeigen die gleichen Lernformen wie der Hund, jedoch ohne vom Menschen durch Beobachtung zu lernen. Auftretende Probleme lösen sie ähnlich wie Katzen unabhängig vom Menschen lieber selbst.

ignorieren sie den Bettler (→ Info, Seite 198) und geben ihm nichts. Der Hund begreift am Misserfolg seines Handelns: »Ich krieg ja eh nichts«, und wird sich auf sein Lager zurückziehen. Im anderen Fall wird einer der Besitzer irgendwann schwach, und nach Tagen der konsequenten Verweigerung erhält Bello (»ausnahmsweise«) einen Wurstzipfel. In diesem Fall wird der Hund ausreichend motiviert sein, viele Wochen und Monate in einer Art Sitzblockade den Tisch zu bewachen. Denn er hat gelernt, dass er zwar nicht immer etwas bekommt, aber doch ab und an (= intermittierende positive Verstärkung).

Doch warum betteln die meisten Hunde am Tisch, auch wenn dieses konsequent von den Besitzern ignoriert wurde? Was wir nicht bedenken, ist unsere »Unsauberkeit« beim Essen. Wir krümeln, kleckern und verlieren Speisereste ungewollt vom Teller – das vom Hund »gefundene Fressen« ist Belohnung pur! Das tagelange Warten hat sich gelohnt!

# Intelligenz und Lernbereitschaft

Intelligenz wird bei Mensch und Tier gleichermaßen als eine Fähigkeit definiert, aus Erfahrungen zu lernen (Lernen am Erfolg und Misserfolg), bestimmte (gleiche oder sich ähnelnde) Situationen zu analysieren und mögliche Folgen der eigenen Handlung abschätzen zu können, um die individuelle Fitness (Hauptziel = körperliche Unversehrtheit) zu wahren und zu erhöhen.

## Intelligenz oder Instinkt – erworbene oder angeborene Fähigkeiten

Im Tierreich kann man neben den instinktiven (angeborenen) Verhaltensweisen erlernte Strategien zur Optimierung des eigenen Lebens vielfältig antreffen, und dies nicht nur bei allgemein als intelligent geltenden Arten wie Hunden, Katzen, Affen oder Delfinen. Auch Vögel und Insekten zeigen bestimmte Überlebensstrategien. Tiere

können einerseits auf Erlerntes zurückgreifen, sie sind jedoch darüber hinaus auch mehr oder weniger befähigt, selbstständig neue Aufgaben zu bewältigen. Dabei hängt die Fähigkeit zu komplexem und kognitivem (der Erkenntnis dienendem Verhalten) Handeln maßgeblich davon ab, ob die Haltung artgemäß ohne Einschränkungen der individuellen Fitness ist. Das heißt, die Tiere müssen angstfrei leben können, denn Angst behindert das Lernen und blockiert Handlungen.

## Können Tiere logisch denken?

Als kognitives Verhalten wird ein Verhalten bezeichnet, das der Erkenntnisgewinnung dient. Demnach zeigt ein Tier eine kognitive Leistung, wenn es sich durch Lernen, Denken, Werkzeuggebrauch, Erkundungs-, Neugier-, Spiel- und Problemlösungsverhalten sowie durch die Entwicklung von individuellem Bewusstsein mit der Umwelt auseinandersetzt. Vernunft kann dabei als das Erkennen von kausalen Zusammenhängen, als Grundlage für das Handeln definiert werden. Kognition beschreibt demnach die Fähigkeit eines Tieres oder Menschen, Erkenntnisse über all das zu gewinnen, was aus der Umwelt wahrgenommen (Aufnahme von Informationen), verarbeitet (Denken), gespeichert (Wissen) und modifiziert angewendet (Intelligenz) wird.
Natürlich gibt es Unterschiede zwischen Tieren und Menschen! So können Hunde zwar nachvollziehen, wenn ein Objekt sichtbar den Ort wechselt, aber nicht, wenn dies für das Tier unsichtbar geschieht. Hunde suchen den Ort auf, an dem sie das Spielzeug oder die Futterschale zuletzt gesehen haben. Sie sind ebenso in der Lage, Zahlen bzw. Mengen zu unterscheiden. Bei ausreichend großer Differenz und kleiner Menge ziehen sie zielsicher die Schale mit vier Futterstücken dem Napf mit nur einem vor. Ihr kausales Verständnis ist jedoch beschränkt, das heißt, sie können sich die Ursache nicht erklären.

Auffallend ist, dass die Zusammenarbeit zwischen Hund und Mensch in der Art einzigartig ist. So folgen sie häufig allein der Zeigebewegung unserer Hand. Fühlen sich unsere »Zottelschnauzen« mit den täglichen Aufgaben überfordert, erfolgt relativ schnell ein »Hilferuf« nach ihren Menschen, egal, ob sie sich hinter einem Absperrgitter verlaufen haben und das Schlupfloch im Zaun nicht mehr finden oder ob sie den geliebten Ball unter dem Schrank mit der Pfote nicht erreichen können (→ Fotos, Seite 104). Katzen suchen keine Hilfe vom Menschen, sondern probieren es lieber selbst aus. Die Intelligenz unserer Hunde ist durchaus nicht naturgegeben, sondern sie wird überwiegend durch die Aufzucht- und Haltungsbedingungen in der Sozialisationsphase während der ersten 16 Lebenswochen im positiven wie im negativen Sinn nachhaltig beeinflusst.

Dieser Hund signalisiert: »Ich bin motiviert und bereit, die Welt kennenzulernen.«

# Testen Sie das Wohlbefinden **Ihres Hundes**

Sicherlich fällt es uns Menschen schwer einzuschätzen, ob sich Hunde in unserer Welt wohlfühlen. Geht es einem Hund gut, wenn er sich zum Beispiel streckt? Oder dient das Strecken in jenem Moment eher dazu, Stress abzubauen, damit sich der Vierbeiner wieder wohlfühlen kann?

## BASICS – GRUNDBEDINGUNGEN FÜR WOHLBEFINDEN

- ◯ Der Hund ist körperlich unversehrt, gesund und frei von Schmerzen, Leiden und Schäden (→ Seite 17–18).

- ◯ Der Hund nimmt entsprechend seiner Rasse und Lebensweise Futter und Wasser auf (→ Seite 32–37).

- ◯ Der Hund hat ausreichend Gelegenheit, Kot und Harn abzusetzen (→ Seite 38).

- ◯ Der Hund zeigt normales Markierverhalten (→ Seite 39).

- ◯ Der Hund zeigt artgerechtes Fortbewegungsverhalten (→ Seite 61–64).

- ◯ Der Hund zeigt normales Schlaf- und Ruheverhalten (→ Seite 42–44).

- ◯ Der Hund lebt innerhalb von Sozialverbänden (»Familie«) und nicht in Isolation, etwa Zwingerhaltung (→ Seite 77, 207, 215).

- ◯ Der Hund kommuniziert täglich mehrfach mit Artgenossen und Menschen (→ Seite 78–91).

Egal! Auch wir wissen oft nicht, was uns Wohlbehagen bereitet, was uns glücklich macht. Vielleicht ist es gar nicht so abwegig, wenn man unterstellt, dass diejenigen am ehesten Glück und Wohl empfinden, die sich in ihrer Welt an das jeweilige Chaos und den allgegenwärtigen Stress anpassen können, ohne übermäßig leiden zu müssen. Und das gilt sowohl für Menschen als auch Hunde. Wer Stress abbauen bzw. vermeiden kann, ist fit für die Bewältigung kleinerer und größerer »Katastrophen«.

Nachfolgend liste ich die Grundbedingungen – die Basics – auf, die erfüllt sein müssen, damit die lebensnotwendigen Bedürfnisse des Hundes gedeckt und Schäden vermieden werden. Nur wenn alle Basics auf Ihren Hund zutreffen, Sie also alle acht Punkte der Checkliste links ankreuzen können, macht es Sinn, den weiterführenden Test nebenan durchzuführen.

Die Tabelle auf der rechten Seite soll Ihnen helfen, den Grad des Wohlbefindens Ihres Lieblings anhand eines Punktesystems einschätzen zu können. Dafür finden Sie in der linken Spalte aus sechs Verhaltensbereichen alle diejenigen Verhaltensweisen, die beim Hund entweder direkt Wohlbefinden anzeigen oder die dem Hund ermöglichen, über das jeweils gezeigte Verhalten bis zu einem gewissen Grad zu Wohlbefinden gelangen zu können.

Beobachten Sie nun Ihren Hund genau. Zeigt er die genannten Verhaltensweisen? Schätzen Sie, am besten zusammen mit allen Familienmitgliedern, wie oft er sie zeigt. In den rechten Spalten können Sie ankreuzen, ob er das Verhalten »sehr oft« bis »fast nie« zeigt. Summieren Sie dann die Zahlenwerte 4 bis 0 der angekreuzten Kästchen, die in der Zeile »Sehr oft« bis »Fast nie« stehen. Die Auswertung finden Sie im Anschluss!

## WOHLFÜHLELEMENTE

| Verhaltensweisen, die eindeutige Indikatoren für Wohlbefinden sind | Sehr oft (4) | Oft (3) | Ab und an (2) | Sel-ten (1) | Fast nie (0) |
|---|---|---|---|---|---|
| **Komfortverhalten (spezielle Körperpflege):** | | | | | |
| Der Hund wälzt sich am Boden. | | | | | |
| **Spielverhalten:** | | | | | |
| Der Hund spielt mit sich (sog. Solitärspiele wie Objekt-, Futtersuch-, Jagdspiele am Objekt). | | | | | |
| Der Hund spielt allgemein mit Menschen (Sozialspiele mit Menschen). | | | | | |
| Der Hund spielt mit Artgenossen (Sozialspiele mit Artgenossen) | | | | | |
| **Schlaf- und Ruheverhalten:** | | | | | |
| Der Hund zeigt einen ungestörten Schlaf-Wach-Rhythmus mit Tiefschlafphasen und daran anschließenden Träumen. | | | | | |
| **Lernverhalten/Intelligenz:** | | | | | |
| Der Hund lernt durch Erfolg und Misserfolg, Konditionierung (Kommandos, → Seite 102) und Beobachtung (Futtererwerb, -suche, -verstecke), Erwerb von Kenntnissen und Erkenntnissen (→ Seite 101–107). | | | | | |
| **Punktzahl** | | | | | |

| Verhaltensweisen, die sowohl Wohlbefinden anzeigen können als auch dem Stressabbau dienen und dadurch zu Wohlbefinden führen | Sehr oft (3)[1] | Oft (4)[1] | Ab und an (2) | Sel-ten (1) | Fast nie (0) |
|---|---|---|---|---|---|
| **Komfortverhalten (spezielles Entspannungsverhalten):** | | | | | |
| Der Hund streckt sich, räkelt sich. | | | | | |
| Der Hund schüttelt sich. | | | | | |
| **Erkundungs- und Orientierungsverhalten:** | | | | | |
| Der Hund sucht neue Umgebungsreize (etwa Neues im Territorium, die Umgebung in einem Café oder in der Tierarztpraxis) auf und erkundet sie. | | | | | |
| **Punktzahl** | | | | | |

**Auswertung:**

36 – 28 Punkte:  Ihr Hund fühlt sich pudelwohl (= grüner Bereich).

27 – 19 Punkte:  Ihr Hund fühlt sich wohl (= gelber Bereich).

18 – 10 Punkte:  Ihr Hund könnte sich wohler fühlen (= roter Bereich).

9 – 0 Punkte:  Achtung: Das Wohlbefinden Ihres Hundes ist gestört ⚠.

**Wichtiger Hinweis zum Test:**

Sollten Sie nur einmal ein Kreuzchen bei »Fast nie« gemacht haben, so zeigt dies bereits, dass das Wohlbefinden Ihres Hundes gestört ist, selbst wenn Sie insgesamt eine hohe Punktzahl erreicht haben.

[1] Während bei den eindeutigen Markern für Wohlbefinden eine 4 die höchste Stufe des Wohlbefindens anzeigt, verhält sich dies bei den Verhaltensweisen, die sowohl Wohlbefinden anzeigen können als auch dem Stressabbau dienen und dadurch zu Wohlbefinden führen, eher anders. Die Höchstpunktzahl 4 weist hier auf eine hohe Intensität des gezeigten Verhaltens hin, um einen möglicherweise vorangegangenen Stress zu kompensieren.

# Unerwünschtes Hundeverhalten

**Kapitel 3** WELCHES VERHALTEN BEI HUNDEN IST
UNERWÜNSCHT ODER GAR GESTÖRT? UND WAS
KANN DER BESITZER DAGEGEN UNTERNEHMEN?

# Mein Hund ist aber anders

**DIE MEISTEN VERHALTENSWEISEN** beim Hund, die als Problem gesehen und als störend empfunden werden, gehören zum normalen Verhaltensrepertoire eines Hundes oder sind umgerichtetes Normalverhalten. Diese Tatsache ignorieren viele Hundebesitzer, oder sie wissen es schlechthin nicht. Zu echten Verhaltensstörungen zählen hingegen oft krankhafte Veränderungen und psychische Störungen, die nur durch den Einsatz von Psychopharmaka therapeutisch zu beeinflussen sind. Auch führen chronisch-krankhafte Verhaltensänderungen das Tier in eine Art »Handlungs-Sackgasse«. Es kommt zum Verlust von Wohlbefinden (→ Tabelle, Seite 23). Zeigen die Hunde ein sie entstressendes Alternativverhalten, werden sie leider oft vom Besitzer daran gehindert, weil es wiederum stört. Nicht weniger gefährlich ist es, wenn sich der Besitzer an das gestörte Verhalten des Hundes gewöhnt, ohne das Tier aus dem Zustand des Leidens zu befreien.

# Ernährungsverhalten – Fressmarotten
## und notorische Jäger

Wie war das noch einmal mit dem Jagdverhalten beim Hund? Richtig, Jagen ist normal, selbstbelohnend und gehört als Grundlage für den Nahrungserwerb zu einer der wichtigsten Verhaltensweisen. Hunde sind Jagdraubtiere, die jedoch in der Familie immer weniger Nahrung erjagen müssen und dürfen. Dennoch ist das Jagen bei bestimmten Rassen und Linien in den Genen tief verwurzelt, wobei sich das natürliche Beutespektrum zumeist auf Wildtiere erstreckt.

Also, liebe Jäger, auch nicht jagdlich geführte »Zottelschnauzen« haben ein angeborenes Bedürfnis (Appetenzverhalten, → Seite 240) zu jagen. Weshalb also Tiere, die ein Normalverhalten zeigen, abschießen, nur weil sie wie der Wolf »Nahrungskonkurrenten« für die Jäger darstellen? Demnach ist das Jagen von Tieren, die zum natürlichen Beutespektrum gehören, einerseits normal, andererseits in manchen gesellschaftlichen Kreisen unerwünscht. Zum Problemverhalten würde es werden, wenn Hasen und Rehe dermaßen durch jagende Hunde dezimiert würden, dass sie vom Aussterben bedroht wären.

## Umgerichtetes Jagdverhalten

Das umgerichtete Jagdverhalten gegenüber Artgenossen, das sogenannte Mobbing, und sich bewegender Menschen ist beim Hund problematisch und gefährlich und eine echte Verhaltensstörung 12. Das Endziel des Jagens ist das Töten, wobei die Distanz zur Beute schnell und ohne Kommunikation verringert wird. Der jagende Hund zeigt also gegenüber der Beute keineswegs, wie öfter behauptet, ein Aggressionsverhalten (»Beuteaggression«), weil dieses über zahlreiche Kommunikationsformen auf eine Vergrößerung der Distanz zum Gegner abzielt.

### Mobbing – Jagd auf Artgenossen

Beim umgerichteten Jagdverhalten gegenüber Artgenossen lösen zumeist kleine und ängstlichunsichere Tiere, die sehr schnell die Flucht ergreifen, regelrechte Hetzattacken einzelner oder mehrerer Hunde aus. Die »Opfer« brechen die

Bricht das »Opfer« (rechter Hund) die Kommunikation ab, wird die Meute zum »Mobbing« verleitet.

Spielerisches Verfolgen von sich bewegenden Menschen wird häufig nicht als potenziell gefährliches Jagdverhalten erkannt und deshalb verharmlost.

Unterhaltung mit dem Artgenossen während des Erstkontaktes vorschnell ab, noch bevor das Gespräch vom anderen für beendet erklärt wurde. Sie entfernen sich durch schnelle Flucht, anstatt sich in Zeitlupe davonzustehlen. Die anschließende Verfolgung verläuft ohne Kommunikation, das Opfer wird gejagt, wobei es oft schwer verletzt oder gar getötet wird. Begünstigend für die Entwicklung zum »Jäger« einerseits und »Jagdopfer« andererseits wirken hierbei Fehler durch die jeweiligen Besitzer. So wirkt ein belustigendes Zuschauen bzw. Tolerieren des Jagens auf Artgenossen (etwa in unstrukturierten »Welpenspielgruppen« ohne Aufsicht) ebenso verstärkend wie ein frühzeitiger Abbruch jeglicher Kommunikation – »Mobber« und Mobbingopfer werden nicht als solche geboren, sondern vom Menschen dazu gemacht! Ohne hinreichende Möglichkeiten ungestörter Verständigung ist die Gefahr des »Mobbings« generell größer! Der einzig legitime und notwendige Abbruch (kommentarloses Anleinen und Wegführen des jagenden Hundes) einer Kommunikation unter Hunden ist indes ein beginnendes Jagen gegenüber dem Sozialpartner!

## Katzen als Jagdopfer

Katzen nehmen als potenzielle Beute der »Zottelschnauzen« eine Sonderstellung ein. Betrachtet man Mimik, Gestik und Körpersprache beider Tierarten, so sind Missverständnisse in der Kommunikation vorprogrammiert, denn beim Hund bedeutet zum Beispiel die erhobene Pfote Beschwichtigung, die Katze droht damit! Hunde jagen Katzen, sobald diese schnelle Fluchtbewegungen zeigen, bleiben jedoch häufig auch völlig verdutzt stehen, wenn die Samtpfote plötzlich zur Gegenaggression übergeht. Natürlich gibt es Sieger auf beiden Seiten, jedoch kann im schlimmsten Fall der Hund die Katze töten.

Zum Glück ist die traditionelle Feindschaft zwischen Hund und Katze bei der Haltung beider Tierarten im selben Haushalt oft durch ein Miteinander-vertraut-Machen in der Welpenphase so weit zu überwinden, dass die hauseigene Katze vom Hund akzeptiert wird.

## Der Mensch als Jagdopfer

Eines der ersten Symptome kann ein spielerisches Verfolgen von sich bewegenden Menschen sein. Dies wird meist vom Besitzer zu spät erkannt oder verharmlost. Jogger, Radfahrer, Skater, stolpernde und fallende Menschen, hinter Bällen herlaufende Kinder oder Menschen auf Rutschen oder Schlitten werden plötzlich für den jagenden Hund interessant. Allesamt bewegen sie sich aus seiner Sicht nicht mehr wie »normale« Menschen, sondern sie suggerieren ihm durch ihr scheinbar ängstliches und unsicheres Davonrennen ein extremes Meideverhalten. Und damit werden sie als Beute gejagt.

Aber auch andere Elemente der Jagdhandlungskette (→ Seite 34), wie Fixieren, Anschleichen, Umkreisen, Anspringen, geducktes Gehen und Lauern, sind Vorboten einer bevorstehenden Verfolgung – die Hunde hüten. Was im Welpen- und Junghundealter lustig begann, wird nun zuneh-

mend gefährlich. Nicht nur die Angst der gejagten Opfer, sondern auch Stürze und sonstige Unfälle mit Verletzungen beim Menschen sind bald an der Tagesordnung.

Nun fragt man sich, liebe Leser, weshalb einige Hunde den Menschen als Sozialpartner einerseits akzeptieren und andererseits als »Beute« jagen? Können wir uns also nicht auf ein angeborenes und natürliches Beuteschema des Hundes verlassen? Trotz aller Veranlagung muss das Beutespektrum durch individuelle Erfahrung (Erfolg/Misserfolg) und eine umfangreiche Sozialisation in der frühen Phase erlernt und gefestigt werden! Fatal ist es, wenn besonders Kinder später nicht als kleine Menschen dem Hund vertraut sind, sondern als zappelnde Beute fehlerkannt werden.

**Schutzdienstarbeit** (→ auch Info rechts): Ein Hund mit abgebrochener und unprofessioneller Schutzdienst-Ausbildung, aber auch einer, der ausgebildet wurde und dann als Familienhund übernommen wird, kann zu einer großen Gefahr für die Öffentlichkeit werden, weil er auch in Arme von Passanten ohne Schutzärmel beißt! Diese Hunde fallen meist nicht durch eine gesteigerte Aggression auf, sondern verfügen oft über einen guten Grundgehorsam und eine hohe Impulskontrolle (→ Seite 242), sind also scheinbar harmlos …

**Jagdhunde »in Arbeit«:** Sie konnten sich bereits frühzeitig mit ihrem natürlichen Beuteschema, Wild, vertraut machen. Sie lernen sowohl die jagdauslösenden Reize als auch die natürlichen Handlungsfolgen bei der Jagd kennen. Sie jagen »in geordneten Bahnen« und erkennen bei hinreichender Sozialisation mit Kindern trotz jagdauslösender überoptimaler Auslösereize (→ Seite 246) ein fallendes und schreiendes Kind als kleinen Menschen und zeigen kein weiteres Beutefangverhalten mit Verletzungen oder gar Tötung.

**Hunde mit Jagderfahrung:** Hunde, die sich frühzeitig ein Beutespektrum, bestehend aus Hasc, Reh oder Maus, erarbeiten konnten, aber nicht

gewerbsmäßig genutzte Jagdbegleiter sind, werden diese Tiere auch in Zukunft jagen. Dabei soll der Entwicklungszeit bis zum neunten Lebensmonat eine besondere Bedeutung zukommen (→ Seite 210). Hunde, die bis dato keines der Tiere getötet haben, werden auch später eher »sportlich« und nicht um des Tötens willen jagen. Garantien hierfür, liebe Leser, gibt es natürlich keine! Und selbst wenn es Meister Lampe erwi-

## SCHUTZDIENST  INFO

Die Schutzdienstarbeit spielt leider immer noch eine unrühmliche Rolle, denn sie stellt eine gefährliche Dressur des Hundes auf ein etabliertes Jagen nach dem flüchtenden Menschen dar. Dabei wird ein Schutzärmel (»Beißarm«) als »Beute« angeboten, den der Hund auf ein Hörsignal hin packen soll. Die »Armattrappe« wird dem jagenden Hund überlassen, und er erhält ein Lob vom Ausbilder. Später kann ein schnelles Flüchten eines Menschen sofortiges Jagdverhalten auch ohne Kommandos auslösen.

schen sollte, ist ein toter Hase weit weniger tragisch als ein verletztes oder gar getötetes Kind! Günstiger ist es, das natürliche Beutespektrum seines Vierbeiners zu kennen, als mit einer »Blackbox« zusammenleben zu müssen, die irgendwann wahllos alles und jeden jagt.

**Unerfahrene und spielerisch jagende Hunde:** Hunde, die irgendwann im Lauf ihres Lebens Menschen anfallen oder gar töten, sind meist monate- und jahrelang unauffällig, bis sie sich eines Tages urplötzlich zu erinnern scheinen: »Ich bin doch ein Jagdraubtier.« Sie stammen meist aus Zwinger-, Anbinde- oder sonstiger isolierter Haltung und haben weder eine ausreichende Sozialisation mit Menschen noch ein erlerntes natürliches Beuteschema. Sie sind schlichtweg überfordert, reagieren mit Losreißen von der Leine oder ähnlichen Befreiungsaktionen und stürzen sich auf das nächstbeste Lebewesen, das sich nach Beutemanier bewegt. So kann der Besitzer selbst umgerichtetes Jagdverhalten verursachen, wenn er seinen Junghund nicht dessen natürliches Beuteschema kennenlernen lässt.

**Hütehunde:** Sie neigen angeborenerweise dazu, Herdentiere zu hüten (→ Seite 219). Nicht artgemäß gehalten, laufen sie Gefahr, sich immer neue belebte und unbelebte Auslöser für ein Hüten zu suchen. Da jedoch weder Autos noch Bälle oder Menschen entsprechend dem sonstigen Hüteobjekt »Schaf« reagieren, suchen sie immer wieder verzweifelt nach neuen »Hütedingen«. Sie entwickeln Ersatzhandlungen am falschen Objekt ohne Sinn und Ziel, das heißt ein stereotypes Verhalten ▲1, indem sie in einer bestimmten Teilhandlung (Fixieren und Anschleichen ohne Nachlaufen und Treiben) eines sonst komplex gezeigten Hüteverhaltens »stecken bleiben« – mit selbstbelohnender Suchttendenz. Oft rennen Hütehunde ohne Arbeit hinter territorialen Grenzen wie Zäunen oder im Zwinger zunächst hinter jedem vorbeifahrenden Fahrrad her. Wenig später zeigen sie dieses Verhalten auch ohne diese Auslöser, weil sie bemerken, dass sie damit Stress abbauen können. Suchtverhalten und Stereotypien entstehen, die Tiere »können nicht mehr anders!« Manche gehen auch dazu über, Passanten nicht nur zu verfolgen, sondern gezielt zu attackieren und nach deren Fersen zu schnappen, besonders wenn ihnen ansonsten nur unbelebte Objekte zum Hüten zur Verfügung stehen.

**Apportieren von Bällen:** Hat der Besitzer seinem Vierbeiner kein Stopp-Signal wie »Warte« beigebracht, ist das häufig als alternatives Jagdspiel gepriesene Apportieren nichts anderes als ein Hinterherhetzen und ein trainiertes Beutefangverhalten ohne Kontrolle. Gefährlich wird es für diejenigen Kinder, die spielend zeitgleich hinter dem Ball herlaufen! Im Moment des »Hinterherjag-Spiels« sind diese Hunde meist nicht ansprechbar oder anderweitig zu motivieren. Aus Spiel kann schnell tödlicher Ernst werden, wobei der Spielpartner Hund zum Täter, der Mensch zur »Beute« wird. Dieses umgerichtete Jagen ist demnach als ein gestörtes Verhalten ▲12 zu interpretieren, da weder Mensch noch Artgenosse zum natürlichen Beuterepertoire des »Jägers auf vier Pfoten« gehören.

## Stereotypien, Zwangs- und Leerlaufhandlungen

Dass Hunde Insekten verteiben und nach ihnen schnappen, ist normal. Wenn jedoch gar keine Fliege vorhanden ist, ein imaginärer Schatten gejagt oder ein Gegenstand minutenlang fixiert wird, der eigentlich nicht jagdbar, nicht von Bedeutung oder schlichtweg nicht vorhanden ist, dann scheinen unsere Vierbeiner zu spinnen. Sie sind weder ansprechbar noch von ihrer Tätigkeit abzubringen. Sie scheinen dabei zweifellos Lust zu empfinden. »Glückshormone« werden im Gehirn ausgeschüttet, die jedoch zu immer weiterem und gesteigertem Sinnlosverhalten anheizen. Die Hunde verhalten sich »wie auf Droge«, jagen nach den verschiedensten Phantomen, schlucken Luft ab oder fressen ungeeignete Dinge.

### Beispiele für Stereotypien ▲1

**Aufnahme unverdaulicher Gegenstände:** Hunde fressen Erde, Steine, Papier, Gummiteile oder Ähnliches, weil ihnen langweilig ist, sie gestresst sind, die Haltungsbedingungen durch Reizarmut ungeeignet sind oder weil sie Aufmerksamkeit vom Besitzer erreichen wollen. Eher selten nehmen die Tiere unverdauliche Dinge zu sich, um

bestehende Mängel im Futter auszugleichen. Eine Sonderform davon ist das Fressen von Kot (Koprophagie). Dieses Verhalten kann sowohl bei Rüden als auch bei Hündinnen als normal gelten, wenn sie die Exkremente ihrer Welpen fressen. Ein Viertel aller Hunde zeigt dieses Verhalten aber auch im sonstigen Alltag, wobei es die Form eines Verhaltens ohne Sinn annehmen kann ⚠. Nahezu jeder Besitzer wird prompt reagieren, wenn sein Schützling genüsslich einen Kothaufen in sich hineinschlingt – und damit das Hundeverhalten bestätigen. Also doch ein Verhalten mit Erfolg, da die vorher empfundene mangelnde Zuwendung durch den Menschen erfolgreich beendet wird!

**Umherschleppen von Futter:** Es handelt sich hierbei, wie bereits auf Seite 36 beschrieben, um normales Verhalten, der Hund möchte ein Futterdepot anlegen oder den Fressplatz wechseln. In der Wohnung wird dieses Verhalten von vielen Besitzern als störend empfunden, insbesondere dann, wenn der Vierbeiner Nassfutter über die Teppiche verteilt. Problematisch kann es für den Hund werden, wenn er verzweifelte Grabungsversuche auf dem Teppichboden als Leerlaufhandlungen ⚠ vollführt. Um dies zu verhindern, ist das Anbieten einer »Hundesandkiste« oft hilfreich, in der der Hund Futter vergraben kann (→ Foto, Seite 123).

**Zerstörungswut:** Das Zerstören von Post oder anderen Dingen im Haushalt kann ein umgerichtetes Jagdverhalten darstellen (Packen und Totschütteln, → Jagdhandlungskette, Seite 34). Damit versuchen die Hunde insbesondere Langeweile abzubauen. Meist werden diese Verhaltensweisen zu spät vom Besitzer als krankhaft und abnormal erkannt. Besonders schlecht ist es, wenn er das Verhalten noch ungewollt verstärkt, indem er seinem Vierbeiner entweder gut zuredet oder ihn verbal straft. Beide Aktionen tragen zur weiteren Etablierung des stereotypen Suchtverhaltens bei.

## Wie Stereotypien entstehen

Natürlich zeigt nicht jeder Hund, der die Post zerstört, Futter umherschleppt oder Kot frisst, stereotypes Verhalten. Meist versucht er, darüber Stress abzubauen oder die Aufmerksamkeit des Besitzers zu erlangen. Räumt der Hund den Papierkorb unmittelbar nach der Fütterung aus, so scheint er ein »nachträgliches Futtersuchverhalten« zu zeigen, da ihm der Nahrungserwerb über einen vom Besitzer hingestellten und gefüllten Futternapf zu einfach gemacht wurde. Gefährlich wird es dann, wenn die Tiere oft stundenlang diese sinnlosen Verhaltensweisen durchführen und nur noch durch starke äußere Reize oder überhaupt nicht mehr davon abzubringen sind. Dann kann nur eine Verhaltenstherapie den »irren« Hund aus dem Teufelskreis der Stereo-

Hütehunde können Bälle verfolgen und treiben, aber die natürliche Reaktion des Hüteobjektes bzw. -subjektes fehlt – Stereotypien sind oft die Folge.

Mülleimer sind als Futterquelle äußerst beliebt – darin lässt sich herrlich nach Fressbarem stöbern. Bei Erfolg wird er beim nächsten Spaziergang erneut inspiziert.

typie befreien (→ Seite 123). Andernfalls besteht die Gefahr, dass der Hund in so ein schweres Stadium der Stereotypie verfällt, dass ihm auch unter Einsatz von Medikamenten nicht mehr herauszuhelfen ist. Diese Hunde sind nicht mehr lebensfähig, beschäftigen sich ausschließlich mit ihrem »Tick« **1** , fressen und schlafen nicht mehr, reagieren aggressiv **10** auf die Unterbrechungsversuche der Besitzer und müssen letztlich eingeschläfert werden, weil sie erheblich leiden und das Leiden nicht mehr zu beheben ist.

## Probleme rund ums Fressen

### Futter erbetteln

Das Betteln nach Futter beim Sozialpartner ist eigentlich normales Verhalten, bereits die Welpen zeigen es erfolgreich der Mutterhündin gegen-über (»Milchtritt«). In der »Familie« angekommen, versuchen die kleinen Racker ebenso unbeschwert an Futter zu gelangen und haben auch prompt Erfolg. Wer kann schon »Nein« sagen, wenn der Kleine, später der erwachsene Hund, einen dermaßen »treu« mit großen Augen anschaut und mit erhobener Pfote oder typischem Schnauzenstoßen mit und ohne Winselgesang nach Futter oder Speisen bettelt? Also geben wir nach, und »Bello« bekommt »ausnahmsweise« ein Stück Wurst oder ein Leckerli. Unser schlauer Hund lernt, dass Betteln nach Futter Erfolg hat, und wird es wieder tun, zumal ihm zusätzlich zum Futter die ungeteilte Aufmerksamkeit des Besitzers sicher ist – und dies alles ohne Gegenleistung, tolles Hundeleben! Die Ausnahmen werden zur Regel.

Lästig wird dieses Verhalten spätestens dann, wenn der Hund nun ständig neben dem Tisch seine Strategie weiterverfolgt und auch den Gästen förmlich jeden Bissen vom Teller abzählt.

### Futter stehlen

Oft machen wir es den Hunden leicht, Futter zu klauen, weil wir verschiedene Köstlichkeiten unbeobachtet lassen oder den Zugang zu Mülleimern oder Futtersäcken nicht versperren. Verlassen wir die gedeckte Tafel, so ist dies eine Einladung nach dem Motto: »Bitte bediene dich!« Der Effekt der Selbstbelohnung kommt hinzu, denn die erfolgreichen »Futterräuber« wissen nach wenigen Streifzügen genau, wo sie etwas Fressbares finden. Erwischen wir den Übeltäter auf frischer Tat und vereiteln weiteren Diebstahl, hat der Hund dennoch eines erreicht – eine ungeteilte Aufmerksamkeit von uns. Das Stehlen von Futter bzw. Essen birgt jedoch auch die Gefahr von Vergiftung, Magenverstimmung oder die Aufnahme gefährlicher Fremdkörper. So kann aus dem normalen Neugierverhalten ein Problemverhalten für Hund und Halter werden.

## Futterverweigerung (Anorexie)

Zunächst scheint es absurd, dass Tiere, die nicht klinisch krank sind, Nahrung verweigern. Dennoch gibt es Gründe, weshalb besonders stark emotional reagierende »Zottelschnauzen« plötzlich ihr Futter nicht mehr fressen.

**Veränderungen im Sozialverband:** Dazu zählen zum Beispiel ein Weggang oder gar der Tod eines Familienmitglieds oder auch der eigene Wechsel in einen neuen Familienverband. Der Stress für das Tier kann dermaßen negativ sein, dass es jegliches Interesse an Nahrung verliert. Auch bei bestehender Trennungsangst lassen die betroffenen Vierbeiner die vollen Futterschalen und die leckersten Kauknochen in Abwesenheit der Besitzer unberührt liegen, bis endlich die Familie wieder beisammen ist. Bei dieser Art von abnormem Verhalten leiden die Tiere 🔴8.

**Aufmerksamkeit auf sich lenken:** Ein anderes Phänomen in diesem Zusammenhang ist ein Verweigern von Futter, um die Aufmerksamkeit des Besitzers zu erlangen. Wir Hundebesitzer sind sofort beunruhigt, sobald der Hund weniger frisst. Hat der Tierarzt keine Erkrankung gefunden, versuchen wir die Tiere zum Fressen zu animieren, doch »Bello« will nicht fressen. Warum? Zu irgendeinem Zeitpunkt hatte Bello einfach weniger Appetit, verweigerte das Futter und stand so im Mittelpunkt des Familienlebens. Immer wieder wurden ihm Köstlichkeiten aufgedrängt, die er zunehmend angewidert ablehnte, notfalls auch durch Anknurren der Futterlieferanten. Die Tiere werden untergewichtig, schwach und von uns Menschen unbewusst und ungewollt in eine Art Magersucht getrieben. Was harmlos als Manipulationsspiel begann, wird dem Hund zunehmend zum Verhängnis – er leidet 🔴4.

## Verteidigen von Futter

Unbestritten ist Futter bzw. der Erhalt desselben neben der eigenen körperlichen Unversehrtheit eine der wichtigsten Ressourcen im Leben eines Tieres. Und dass es mitunter zu Streit kommen kann, zumal bei gefühlter oder tatsächlich auftretender Ressourcenknappheit, erscheint logisch. Demnach ist dieses Verhalten zunächst als völlig normal anzusehen.

Um Streitigkeiten zu vermeiden, galt früher bzw. bisher die Annahme, dass innerhalb eines »Rudels« Hunde deshalb eine Futterrangordnung mit ihren jeweiligen Sozialpartnern, Mensch wie Hund, aufbauen, in der festgelegt wird, wer wann welche Futterstücke verzehren darf. »Ranghohe Mitglieder« des »Rudels« würden demnach in der Regel das Privileg genießen, so die Theorie, sämtliche Nahrungsmittel zu verwalten. Sie galten als diejenigen, die nicht nur als Erste fressen durften, sondern die auch festlegten, wer wie viel vom »Kuchen« abbekommt oder eben auch nicht. Hunde wären, um in den Genuss der vorrangigen Zugangsrechte für Ressourcen, wie unter anderem Futter, zu gelangen, permanent vom Wunsch geleitet, ihre Besitzer zu dominieren und zu kontrollieren. Das Streben nach Ranghöhe galt neben dem RHP (→ Seite 245) als der »Lebensmotor« schlechthin. Nach dieser sogenannten »Dominanztheorie« musste ergo der Mensch als der Sozialpartner seines Vierbeiners bemüht sein, seinerseits den Hund zu dominieren, was schließlich leider viel zu häufig in den konfrontativen Weg der Auseinandersetzung mit dem jeweiligen »renitenten« Vierbeiner und der Rechtfertigung von physischer Strafanwendung oder zumindest in der Androhung derselben mündete – nach dem Motto: »Dir werde ich zeigen, wer hier der Boss im Hause ist, nötigenfalls mit Gewalt!« Heute wissen wir, alles verhält sich ganz anders (→ Seite167ff.)!

**Fehlende Rahmenbedingungen – inkonsequentes und nicht vorhersehbares Besitzeragieren:** Potenzielle Krisen können dann auftreten, wenn der Besitzer selbst mit seinem Schützling plötzlich und unfreiwillig um das Futter konkurriert, wobei sich die Situationen häufig ähneln. So kann ein Versuch, danebengefallene Futterbrocken wieder in den Napf zu legen bzw. die umgefallene Futterschale wieder aufzustellen, oder das einfache Vorbeilaufen dicht am Fressnapf oder am Kauknochen, während der Hund frisst, dazu führen, dass die sonst so liebenswürdige »Zottelschnauze« grollend den Besitzer anknurrt. Die Botschaft ist eindeutig: »Finger weg von meinem Fressen!« Der Vierbeiner, der sonst vollkommen unauffällig im Alltag sein kann, gibt deutlich zu verstehen, wie wichtig ihm diese Ressource ist. Mitunter ist er sogar bereit, sie notfalls kämpferisch zu verteidigen. Wer also die durchaus ernst gemeinten Warnungen ignoriert, läuft schlichtweg Gefahr, gebissen zu werden. Nun kann man sich leicht vorstellen, dass dies nicht sonderlich zu einer Harmonisierung in der Hund-Mensch-Beziehung beiträgt, wenn man als Besitzer derartig »angepöbelt« wird.

**Zweierlei Reaktionen sind üblich:**
- Der Besitzer beschimpft seinen Hund, was jedoch ebenso wenig zu einem Abstellen der Futteraggression führt wie etwa der Versuch einer Machtdemonstration per physischer Gewalt. Wenn Sie so reagieren, besteht die Gefahr, als Besitzer vom eigenen Hund ernsthaft verletzt zu werden, wenn es zu einem forcierten Streitgespräch und damit zur Eskalation von Gewalt und Gegengewalt kommt.
- Der Besitzer arrangiert sich mit seinem »Angestellten«, indem er, selbst stark harmoniebedürftig, die »Zottelschnauze« ungestört weiter fressen lässt (was in der momentanen Situation durchaus richtig und notwendig ist), sich aber mit Worten, wie: »Bello, ist doch gut, ich will dir doch gar nicht dein Futter wegnehmen« beschwichtigend zurückzieht und daraufhin jede nur mögliche Konfrontation rund ums Futter vermeidet, indem er seinem Schützling Futter weiterhin ohne Gegenleistung und eingeführte ritualisierte Regeln anbietet.

Wiederholen Sie diese beiden Taktiken mehrmals, wird sich das futterverteidigende Verhalten höchstwahrscheinlich verstärken. Ihre »Zottelschnauze« hat mit Erfolg gelernt und wird künftig die jeweilige Strategie zur Verteidigung von Napf und Knochen wiederholt nutzen. Fatal an diesem »Lernen-am-Erfolg-und-Misserfolg-Prinzip«: Es wird gelernt, dass der Kampf um das Futter die letzte, aber erfolgversprechende Lösung des Problems ist, da alle anderen nicht-konfrontativen Strategien nicht wirksam waren. So wird deutlich, dass Aggression keinesfalls als »dominante« Handlung zu werten ist, sondern oft eher eine Notlösung darstellt.

**Die Harmonie wieder herstellen:** Bemühen Sie sich doch bitte, ein echter, verlässlicher Sozialpartner zu sein, der sich der Verantwortung gegenüber seinem Hund bewusst ist nach dem Motto: »Sich richtig gut kennen und sich gegenseitig aufeinander verlassen können, ist die beste Gewähr, um innerfamiliäre Krisen zu vermeiden!« Ein souveräner, in seinen Handlungen und Reaktionen vorhersehbar und konsequent agierender Besitzer wird relativ problemlos seinen Hund durch den Alltag führen können. Dabei sind eine strikte und konsequente Verwaltung der Ressource »Futter« sowie sogenannte learn-to-earn-Programme (»Lernen zu verdienen«) gut dafür geeignet, den Hund zu motivieren, nach dem Leistungsprinzip mit dem Besitzer zu interagieren. Als besonders wichtiges, unverzichtbares Management hat sich dieses Vorgehen des Futter-Erarbeiten-Lassens insbesondere dann herausgestellt, wenn es bereits zu Aggressionen zwischen Hund und Besitzer gekommen ist. Ein Aufstellen von Regeln muss jedoch nicht nur dann erfolgen, wenn ein Streit um eine Ressource bereits Probleme bereitet. Auch vorausschauend kann und sollte man Regeln klar und deutlich in den Bereichen des Miteinanders festlegen, wo es potenzielle Interessenskonflikte in der jeweiligen Familie geben könnte. Das Einführen von Faustregeln ist

immer dann wichtig, um etwas ganz Konkretes, wie etwa den Zugang zum Futter, zu regulieren und hat nichts mit den pauschalen »Hausordnungsregeln« nach dem Dominanzkonzept zu tun. So können nicht eindeutig geregelte Zugänge zur Ressource »Futter« und die Abläufe bei der Futtergabe zum Beispiel bei abruptem Futterentzug per Wegnahme ohne vorheriges Training dazu führen, dass eine Aggression gegenüber dem Besitzer erfolgt, da der Hund lernen musste: »Wenn sich Frauchen der Futterschale nähert, verschwindet mein Futter, das ist doof …«
Hunde können sich selbst kein Futter kaufen. Sie sind vom Menschen mehr oder weniger abhängig. Zweifellos hoffen die meisten »Zottelschnauzen«, dass ihre Besitzer ihnen die lebenswichtigen Ressourcen schenken, ohne dass sie eine Gegenleistung dafür verlangen. Andererseits arbeiten sie liebend gern nach dem Leistungsprinzip.
So können die Interaktionen zwischen Hund und Besitzer rund ums Thema »Futter« besser kontrolliert werden, aber eben nicht als »Dominanzreduzierung«, sondern vielmehr zur Verbesserung der Abstimmung über Einhaltung aufgestellter Faustregeln. Dabei sollten die Regeln sowohl in Form von positiven (Lernen am Erfolg = leistungsgerechte Bezahlung bei erwünschtem Verhalten) als auch von negativen (Lernen am Misserfolg = Futterentzug und kurzfristige soziale Isolation bei unerwünschtem Verhalten) Konsequenzen spürbar sein.
Gönnen wir insbesondere den Futterverteidigern also eine leistungsgerechte Bezahlung, indem wir ihnen Futter nur dann gewähren, wenn sie vorher irgendeine Leistung oder ein Kommando erfolgreich gezeigt haben. Arbeitsfaule, streitlustige oder unwillige Vierbeiner werden weder bedroht noch gemaßregelt oder überredet, sondern ignoriert, und logischerweise erhalten sie keinen Lohn! Hunger und Verlassenheitsgefühl über die soziale Isolation sind Strafe und Motivation zugleich, sich wieder in das Familienleben zu

integrieren. Sobald die Hunde um Arbeit ersuchen und gewünschtes Verhalten zeigen, bekommen sie wieder einen Job. So einfach kann das Arbeitsleben auch in der Hundewelt sein!

## So können Sie vorbeugen …

### … bei umgerichtetem oder übersteigertem Jagdverhalten:

● **Kauf:** Vor dem Kauf einen Anti-Jagd-Test mit dem Welpen/Hund mittels Schleppleine/Leine in wildreicher Gegend mit verschiedenen Beutetieren ist wenig sinnvoll, weil nicht hinreichend aussagefähig! Achten Sie bei der Auswahl des Hundes auf die Rasse bzw. Linie – viele moderne und »modische« Hunderassen sind Jagd- bzw. Hütehunde; die Elterntiere sollten keine passionierten »Jäger« sein.

Futterverteidigen hat viele Gesichter – vom grollenden Knurren bis zur offenen Aggression mit Beißen.

## INFO: APPORTIEREN RICHTIG LERNEN

Dazu schult man den Hund auf ein bestimmtes Spielobjekt, etwa einen Dummy oder Kong. Die Übung besteht aus sechs Einzelelementen: Beziehung zum Bringsel herstellen, den Gegenstand mit der Schnauze aufnehmen, halten, über längere Zeit tragen, auf ein Signal zum Besitzer bringen und auf »Aus« ausgeben. Jedes Element muss zunächst für sich korrekt aufgebaut und mehrfach geübt werden. Wenn der Hund alle Elemente beherrscht, werden sie kombiniert.

• **Sozialisation:** Der Welpe sollte frühzeitig, hinreichend und folgerichtig mit Sozialpartnern (Mensch und Artgenossen) sozialisiert werden. Er sollte an natürliche Beutetiere als »Quasi-Sozialpartner« wie Heimtiere gewöhnt werden – ein schwieriges Unterfangen – oder mit dem natürlichen Beuteschema vertraut gemacht werden.

• **Richtige Beschäftigung:** Sie sollte intensiv körperlich und geistig sein.

• **Motivierende Grundgehorsamsübungen:** »Sitz«, »Platz« oder Aufmerksamkeitssignal

• **Unbewusste Bestätigung vermeiden:** Kein amüsiertes Zuschauen, Ablenken, Distress-Strafen.

• **Unkontrolliertes Jagen vermeiden:** Lassen Sie den Hund weder Bälle noch Stöckchen apportieren, wenn Sie ihm kein Stoppsignal wie »Warte« beigebracht haben (→ Info, Seite 236).

• **Schleppleinen- und Radiustraining,** um den Einflussbereich bzw. den Aktionsradius des Hundes auf Signal kontrollieren zu können.

• **Einführung ritualisierter Jagdspiele:** Damit lässt sich das Jagen in »erlaubter« Form kanalisieren; ein Beispiel ist die Schulung auf ein bestimmtes Spielobjekt, etwa einen Dummy oder Kong. Achten Sie bitte auf den korrekten Aufbau der Übung »Apportieren« (→ Info links).

• **Veranlagungsgemäße Nutzung:** Viele Hunderassen und -linien werden seit Generationen zum Beispiel für die Jagd oder zum Hüten gezüchtet, sie haben also die Veranlagung dafür. Um Stereotypien oder die Jagd auf Sozialpartner zu vermeiden, müssen die Tiere gemäß ihrer Veranlagung genutzt werden.

• **Jagderfahrung wird übermittelt:** Haben Sie bereits einen Hund mit Jagderfahrung, wollen aber nicht, dass der neu gekaufte Hund jagt, dürfen Sie nicht beide zusammen jagen lassen (getrennt Gassi gehen oder immer ein Hund an der Leine).

• **Keine positive Jagderfahrung:** Je weniger positive Jagderfahrung ein Hund besonders bis zum neunten Lebensmonat macht, desto geringer ist später generell seine Jagdleidenschaft.

### ... bei Stereotypien, Zwangs- und Leerlaufhandlungen:

• Artgerechte Haltung und ausreichend Kontakt mit Umweltreizen ermöglichen

• Vermeiden von Distress und Distress-Strafe

• Artgerechte Einbindung ins Sozialleben

• Artgerechte Fütterung

• Futtererarbeitung und Futtersuchspiele: Sie verhindern unter anderem Langeweile und Unterbeschäftigung im Zusammenhang mit der Nahrungsaufnahme (→ Foto, Seite 123).

### ... bei Futterbetteln, Futterstehlen:

• Geben Sie dem bettelnden Hund niemals eine Futterbelohnung!

• Geben Sie ihm keine Essensreste, lassen Sie Mülleimer nicht offen stehen; stattdessen erhält der Hund Kauknochen oder Ähnliches.

• Der Hund muss sich sein Futter erarbeiten (Futterbelohnung nach erfolgreicher Kommandoausführung, wenn er gerade nicht bettelt).

### ... bei Futterverweigerung:

• Beschäftigen Sie den Hund artgemäß geistig und körperlich.

- Bedarfsgerechte Ernährung (geeignetes Futter und Menge – Herstellerangaben beachten)
- Verzicht auf geregelte Mahlzeiten und permanent angebotenes Futter

**... bei Futterverteidigung:**

Vom Welpenalter an sollten Sie dem Hund den Napf während des Fressens immer mindestens einmal täglich kommentarlos wegnehmen. Danach muss der Hund die Kommandos »Sitz« und »Warte« ausführen, während Sie den Napf vor ihm in einiger Entfernung abgestellt haben. Nach einer gewissen Zeit, die Sie allmählich steigern sollten, lösen Sie die Futterunterbrechung mit dem Signal »Friss« auf, und der Hund darf an den Napf. Dadurch begreift bereits der Welpe die Unterbrechung des Fressvorgangs als lohnendes Futterspiel und nicht als Strafmaßnahme. Er wird sich künftig nie gegen eine Unterbrechung der Fütterung wehren.

## Therapie – was können Sie tun ...

**... bei umgerichtetem Jagdverhalten?**

- **Gefahrenmanagement:** Ihr Hund muss angeleint sein bzw. einen Maulkorb tragen, wenn er Menschen und Artgenossen jagt – Achtung, Lebensgefahr!
- **Verzicht auf Distress-Strafe:** Der Einsatz von Elektroschocks ist gesetzlich verboten!
- **Abbruchsignal trainieren:** Kann zu Beginn des Jagens die Jagdhandlungskette früh abbrechen.
- **»Raus da«:** Hund mittels Signal aus dem Unterholz auf befestigte Wege leiten.
- **Verbesserung der Kontrollfähigkeit:** Üben Sie mit dem Hund den Rückruf (→ Info, Seite 154).
- **Einzeltraining:** Dadurch vermeiden Sie die gesteigerte Jagdmotivation in der Meute.
- **Entspannungsübungen:** Dadurch senken Sie den allgemeinen Erregungspegel.
- **Kontrollierter freier Auslauf:** Solange Ihr Hund Artgenossen bzw. Menschen jagt, darf er nur in Gelände ohne Jagdobjekte frei laufen.

- **Spezielle Therapie:** Training in bestimmten Alltagssituationen, etwa an der langen Leine; Lob des Hundes, wenn er den Besitzer anschaut, sobald ein Artgenosse oder Mensch auftaucht; den Hund unter Kontrolle halten über die Signale »Fuß« und »Down« in Kombination mit der Verlangsamung der eigenen Schritte; Erarbeitung alternativer Jagdspiele als Antijagdtraining: So tragen zum Beispiel viele Hunde gern etwas im Fang, dies kann als Belohnung für ein erwünschtes Verhalten (nicht hetzen) eingesetzt werden, das heißt, der Hund bekommt den geliebten Ball oder Dummy, wenn er »Beute« sieht, aber nicht losrennt.

**Achtung:** Therapien erfordern viel Arbeit unter fachkundiger Anleitung und sind bei unklarer Prognose oft langwierig!

**... bei Stereotypien, Zwangs- und Leerlaufhandlungen?**

- **Konsultation eines Tierverhaltenstherapeuten:** Verhaltenstherapie ist oft nur in Kombination mit Psychopharmakagabe erfolgreich.

Viele Hunde graben gern nach Futter – also stecken Sie doch einfach einen Knochen in die Sandkiste, und die Suche beginnt.

- **Ungewollte Bestätigung vermeiden:** Ignorieren Sie das Verhalten richtig (→ Info, Seite 198).
- **Einbau von Entspannungsübungen**
- **Indirektes Unterbrechen des Zwangsverhaltens:** Gehen Sie sofort weg und belohnen Sie ein erwünschtes Alternativverhalten.

### ... bei Futterbetteln?

- **Nicht strafen:** Der Hund würde es nicht verstehen, dass er jetzt für ein Verhalten bestraft wird, für welches er bisher belohnt wurde!
- **Konsequentes Ignorieren:** Alle Familienmitglieder und Gäste müssen den Hund ignorieren (→ Info, Seite 198), sobald er um Futter bettelt.
- **Die Belagerung verhindern:** Verbannen Sie den Hund aus der Küche und vom Esstisch; so vermeiden Sie auch ein unbeabsichtigtes Belohnen durch versehentlich herunterfallende Essensreste!

### ... bei Futterstehlen?

- **Management durch die Besitzer:** Wegräumen von Speisen, Zugang zu Futter verhindern; auf dem Spaziergang kommentarloses Anleinen und Wegführen des Hundes vom Müll.
- **Keine Distress-Strafen:** Wenn Sie bei der Rückkehr in die Wohnung das jeweilige Malheur entdecken, dürfen Sie nicht strafen! Der Hund kann keinen Zusammenhang zwischen der Maßregelung und der »Aktion Mülleimer« herstellen, da zu viel Zeit vergangen ist! Wenn er sich Ihnen geduckt oder gar nicht nähert, so ist dies ein Anzeichen von Angst und kein »schlechtes Gewissen«, wie oft behauptet wird (→ Info, Seite 126)!
- **Kommando »Aus«:** Der Hund soll einen aufgenommenen Gegenstand auf Befehl sofort fallen lassen (→ Seite 162). Beachten Sie bitte beim Trainieren, dass Sie niemals dem Hund nachlaufen, um ihm etwas abnehmen zu wollen! Dadurch erreichen Sie nur, dass er auf diese »Beute« fixiert wird, und dann gibt er sie erst recht nicht mehr her!

### ... bei Futterverweigerung?

- Ignorieren von beginnender Futterverweigerung bzw. unlustigem Fressen

- Kein Zureden, kein Hinterhertragen des Futters, kein Streicheln und Sonstiges; das wirkt alles verstärkend! Alles, was der Hund nicht innerhalb von fünf Minuten gefressen hat, wird weggeräumt.
- Generelles Arbeiten für Futter nach dem Motto »Nichts im Leben ist umsonst«
- Generelle Verknappung der Futtermenge
- Einen Tag pro Woche mit Nulldiät einführen
- Keine Leckereien zwischendurch
- Selbstbelohnungsaktionen, wie Stehlen von Grillwürstchen vom Partygrill, verhindern

### ... bei Futterverteidigung?

- Nachdem der Hund durch einen Verhaltensexperten auf dessen Frustrationstoleranz hin überprüft wurde, erfolgt das weitere Training ausschließlich per Handfütterung, wobei bei niedriger Frustrationstoleranz dringend ein Maulkorb empfohlen wird! Reagiert er aggressiv, so deeskalieren Sie die Situation durch Rückzug und kurze soziale Isolation (Ignorieren des Hundes), brechen die Übung ab und wiederholen diese am nächsten Tag.
- **Futter erarbeiten lassen:** Futterschale und Kauknochen verschwinden für mindestens vier bis sechs Wochen. In dieser Zeit muss sich der Hund sein Futter erarbeiten (auch die anderen Ressourcen), indem er Kommandos richtig befolgt.
- **Übungsbeispiel:** »Sitz« und Freigabe des Futterstücks nach dem Signal »Friss« (bei gleichzeitigem Öffnen der geschlossenen Hand); als nächsten Schritt Fütterung aus dem in der Hand gehaltenen Napf per Handfütterung mit Kommandos; als weiteren Schritt Fütterung aus dem in der Hand gehaltenen Napf ohne Handfütterung mit Kommandos; als letzten Schritt Fütterung aus dem Napf, wobei Sie diesen auf dem Boden festhalten, mit Kommandos.
- Lebenslang Fütterung aus dem Napf mit Unterbrechung »Sitz« und »Warte« sowie Kauknochengabe unter wenigstens einmaliger Anwendung des Kommandos »Aus«.

# Markierverhalten – »Nestbeschmutzer« und Dauermarkierer

Hunde halten ihre Reviere gern sauber. Bereits in der frühen Welpenphase bemühen sich die kleinen Racker, durch immer ausgedehntere Ausflüge zunehmend ihr Welpennest und später ihr Heim bzw. Kernterritorium nicht zu verunreinigen.

## Wie Unsauberkeitsprobleme entstehen

In den folgenden Wochen lernt der Welpe, seinen Harn- und Kotabsatz mit dem Untergrund zu verknüpfen (→ Info, Seite 210). Dieser Ort wird dann zu einem sogenannten bedingten Reiz (→ Seite 240), der bei entsprechender Füllung von Blase und Darm wiederum die Entleerung auslöst. Fehlen diese ankonditionierten Auslösereize (etwa Gras), wird der Hund im späteren Leben sein Bedürfnis stets so lange anhalten, bis er es nicht mehr aushält und sich an Ort und Stelle löst. Dies ist nicht nur die entscheidende Grundlage des Sauberkeitstrainings, sondern hat für jeden Hundebesitzer den Vorteil, dass sein Hund die pflanzlichen Untergründe und nicht die Gehwegplatten in der Öffentlichkeit bevorzugt. Wenn Sie, liebe Leser, Ihren Schützling dann noch fein loben, ihn regelmäßig, anfangs alle zwei Stunden (auch nachts), Gassi führen und ein geschehenes Malheur kommentarlos entfernen, wird Ihr Welpe nahezu problemfrei »sauber« werden.

### Mangel und Verlust der Stubenreinheit

Dennoch müssen Hundebesitzer immer wieder feststellen, dass ihre Hunde entweder nie oder nicht vollständig die Sauberkeit erlernen konnten oder dass sie im Alter nicht mehr stubenrein sind. Die möglichen Ursachen hierfür sind sehr vielschichtig, wobei die Schuld an der Misere niemals den Hunden zugeordnet werden kann!

**Fehlkonditionierung:** Immerhin zehn Prozent aller »Zottelschnauzen« werden von klein auf nie richtig und verlässlich sauber, weil sie von unwissenden Züchtern und Besitzern regelrecht auf den Ort der Wohnung, in Verbindung mit angebotenen Zeitungen, fehlkonditioniert wurden.

Von klein auf haben Hunde das Bestreben, ihr Zuhause und den »Toilettenort« zu trennen.

## HAT DER HUND EIN SCHLECHTES GEWISSEN?

Viele Hundehalter interpretieren den »schuldbewussten« Blick ihres Hundes, wenn sie ein Ungemach entdeckt haben, als »schlechtes Gewissen«. Doch Hunde kennen dies nicht im Zusammenhang mit gezeigtem Verhalten. Vielmehr wollen sie mit dem besagten Blick den Besitzer beschwichtigen, um den bevorstehenden Stress zu vermeiden. Denn an der Reaktion erkennen sie bereits, dass ein Donnerwetter folgt. Meist haben sie dies in der Vergangenheit schon erlebt.

**Distress-Strafen:** Unverständlich, aber immer noch bittere Realität ist die Strafanwendung bei Unsauberkeit. Da wird dröhnend mit lautstarker Stimme gepoltert, in die Hände geklatscht, mit der Zeitung geschlagen, der Welpe mit seiner Nase in die Pfütze gedrückt oder gar im Nackenfell geschüttelt. All das Gezeter bedingt eine zusätzliche Verstärkung der allgemeinen Stresssituation, ein Blockieren des Ausscheidungsverhaltens und ein möglicherweise empfindlich gestörtes Vertrauensverhältnis zwischen Besitzer und Hund. Betrachtet man zunächst den Hund, so lernt dieser keinesfalls das, was der Mensch in diesem Moment erwartet. Seine Lernerfahrungen lauten: »Menschliche Hände sind unberechenbar und gefährlich«, »Der Teppich als Ort war keine gute Idee« und »Das nächste Mal lasse ich mich nicht erwischen, sondern ich warte, bis ich allein bin.« Im Übrigen sollte man einen Hund niemals für ein natürliches Bedürfnis bestrafen, nur weil man als Besitzer wieder einmal zu spät nach draußen ging! Auch sind die Schließmuskeln von Darm und Blase bei Welpen noch nicht voll funktions-

fähig, und auch das »Melden« will gelernt sein. Hunde sind übrigens auch frei von »schlechtem Gewissen« oder »Schuldbewusstsein« im Zusammenhang mit gezeigtem Verhalten (→ Info, links). So assoziieren sie bei »Sauberkeitsunfällen« im Haus die Rückkehr des Besitzers mit der Wahrscheinlichkeit einer Bestrafung, da dies auch in der Vergangenheit so war. Auch resultiert häufig die gezeigte Angst **8** des Vierbeiners aus der Art und Weise, wie der Mensch zurückkehrt. Nichts ahnend stehen wir nach dem Öffnen der Tür in einer Urinpfütze und erstarren zumindest in der Bewegung. Zusätzlich verziehen wir das Gesicht. Eigentlich müssten wir gar nicht schimpfen, denn unsere Körpersprache sagt alles. Unseren sensiblen »Zottelschnauzen«, die ihre vor Stunden abgesetzte Pfütze längst vergessen hatten, signalisiert all dies »Gefahr in Verzug«. Weitere Ursachen für Unsauberkeit finden Sie in der Checkliste auf Seite 128.

## Problematik der Unsauberkeit

Typisch dafür ist ihr komplexes Wesen. Sehr häufig beeinflussen sich organische Erkrankungen und Verhaltensprobleme wechselseitig. Es entstehen sogenannte »Teufelskreisläufe«, aus denen die Tiere nur durch eine gut funktionierende Zusammenarbeit zwischen Tierbesitzer, Tierarzt und Verhaltenstherapeut herausfinden können.

**Beispiel Blasenentzündung:** So kann unter Umständen eine banale Blasenentzündung zu organisch bedingter Unsauberkeit innerhalb des Hauses führen, wobei der Hund einerseits lernt, dass auch der Teppich ein geeigneter Ort des Urinabsatzes sein kann (er hat Erfolg und wird es wiederholen). Andererseits wird er durch den Besitzer auf sein angerichtetes Malheur strafend hingewiesen, sodass er in Folge nur in dessen Abwesenheit Urin absetzt und sich sein Geschäft bei Anwesenheit von »Herrchen« verkneift. Letzteres verstärkt wiederum das entzündliche Ge-

schehen, die Blase kann harnpflichtige Stoffe nicht schnell genug ausscheiden, und die Blasenentzündung verschlimmert sich.

**Beispiel älterer Hund:** Insbesondere älteren und dementen Hunden scheint der Verlust der Stubenreinheit sehr unangenehm zu sein. Sie werden, ähnlich wie Welpen, wieder zu »Pflegefällen«, die plötzlich Urin innerhalb der Wohnung absetzen und so scheinbar die Hemmung verlieren, ihr Revier (Kernterritorium) nicht zu beschmutzen. Dies tritt besonders bei denjenigen Hunden auf, die in der Vergangenheit bereits häufiger unsauber waren und wo der Besitzer bisher nicht konsequent auf ein normales Sauberkeitstraining achtete.

### Erregungs- bzw. Unterwürfigkeitsurinieren

Darunter versteht man das Harnträufeln gegenüber dem Besitzer oder Besuchern. Viele Welpen,

Eindeutige Botschaft: »Wer hier drüberpinkelt, bekommt Ärger.« Vor allem kleinere Hunde lösen sich aus Angst nicht dort, sondern warten, bis sie zu Hause sind.

aber auch einige erwachsene Hunde zeigen dieses Verhalten in verschiedenen Situationen. Die Ursachen sind vielschichtig und können Ausdruck von Angst oder Freude sein. Dieses Verhalten kann vermindert werden, indem man den Hund nur indirekt bzw. nicht begrüßt.

Klassische Distress-Strafen verstärken das Urinieren, da insbesondere das ängstliche Tier noch deutlichere Zeichen der Angst zeigen muss, um den Menschen zu beschwichtigen und Krisen vorzubeugen – ein Teufelskreislauf beginnt. Andererseits dient das Urinieren dem Stressabbau.

## Markieren innerhalb des eigenen oder fremden Territoriums

Für viele Besitzer ist es mehr als peinlich, bei Bekannten zu Besuch zu sein oder sich mit Freunden im Café zu treffen und sehen und erklären zu müssen, weshalb der eigene Hund gerade sein Bein gehoben hat. Oftmals reagiert man mit Schimpfen oder Wegjagen und vermeidet immer mehr, den Hund in die Öffentlichkeit mitzunehmen. Weitaus beschämender ist es, wenn man aus diesem Grund überhaupt nicht mehr eingeladen wird.

Der Hund unterscheidet wenig zwischen drinnen und draußen, eigenem oder fremdem Territorium. Wenn im fremden Revier ebenfalls ein Hund lebt, kommt es häufiger zum Markieren, denn die Hunde verständigen sich über Geruchsbotschaften (→ Seite 40). Besucht man mit seinem markierenden Hund jedoch häufiger dieses Revier, kann es zu einer Erweiterung des eigenen Territoriums kommen. Der Hund versteht die fremde Wohnung mehr und mehr als seine erweiterte »Homezone« (→ Seite 242) – er überträgt seine Stubenreinheit auch auf dieses Revier und unterlässt allmählich sein Markieren. Dies hält jedoch nur so lange an, wie kein anderer Hund im erweiterten Revier auf Besuch war.

## Warum markieren Hunde innerhalb eines Territoriums?

Insbesondere unkastrierte Rüden (seltener Hündinnen) drücken über ein Urinmarkieren von überwiegend senkrechten, markant vorstehenden Ecken oder Flächen (Zimmerpflanzen, Stuhlbeine, Wände, Türrahmen u.a.) ihr Selbstbewusstsein aus (→ Seite 39). Zu beobachten ist dabei häufig, dass einige der Tiere so hoch wie möglich markieren, um so die »Leser« der Nachrichten zu beeindrucken. Aber auch unsichere und ängstliche Hunde fühlen sich mitunter durch das Setzen der Urinmarken sozial sicherer und kommunizieren mit ihren Sozialpartnern, ohne direkt mit ihnen in Kontakt treten zu müssen.

Hunde markieren dort häufiger, wo andere Hunde sind oder waren. Das gilt sowohl für zu Hause als auch für fremde Territorien, wie etwa die Tierarztpraxis. Aber auch ein Hund auf der Straße, den der Vierbeiner durchs Fenster beobachtet hat, kann Ursache sein. Besonders häufig markieren Hunde, wenn sie stark erregt sind, bei Distress-Strafen, bei Angst und Stress (Urinabsatz dient dann dem Stressabbau bzw. der Angstbewältigung), bei latenter Unsauberkeit und bei einem gestörten Hund-Besitzer-Verhältnis.

Ein klassischer Auslösereiz für Markierverhalten des unkastrierten Rüden ist die Anwesenheit einer läufigen Hündin in der Nachbarschaft (→ Seite 74). Besprüht der Hund die Beine des Besitzers selbst mit Urin, so ist dies keineswegs ranganmaßend oder besitzanzeigend gemeint nach dem Motto: »Du gehörst mir.« Dieses Subjektmarkieren wird in Situationen von gesteigerter Erregung, bei Stress, als Übersprunghandlung oder zur Stärkung des Gemeinschaftsgefühls bzw. als eine Art Rückversicherung, selbst noch zur Familie dazugehörig zu sein. Bei fremden Personen passiert dies mitunter als eine Art Verwechslung mit einem Baum, indem sich gerade im Verlauf von Hundebegegnungen die Beine des anderen Hundebesitzers als einzige Möglichkeit

### HÄUFIGE GRÜNDE FÜR UNSAUBERKEIT

Neben dem Fehlmanagement der Besitzer (→ Seite 126) können dies sein:

○ **Aufmerksamkeit des Besitzers:** Dies erreicht wohl jede unsaubere »Zottelschnauze« mit diesem Verhalten.

○ **Ängste und Phobien:** Aus Trennungsangst, Geräuschangst, Angst vor Personen, Artgenossen oder Strafen kann es zu einem Kontrollverlust des Schließmuskels und zu spontaner Kot- oder Urinabgabe als Notanpassung kommen.

○ **Überlastete Territorien:** Nutzen wir aus Bequemlichkeit stets dieselben »Gassiwege«, kann es sein, dass diese bereits größere und stärkere Artgenossen markiert haben. Kleinere Hunde lösen sich dann nicht dort aus Angst.

○ **Organische Ursachen** (Blasenentzündung, Verletzungen, Missbildungen oder Schließmuskelschwäche kastrierter Hündinnen): Sie können vorliegen, wenn der schlafende Hund plötzlich kleinere Mengen an Kot und Urin unbewusst absetzt und selbst optimales Sauberkeitstraining nicht erfolgreich ist.

○ **Lange Zeiträume,** in denen der Hund keine Möglichkeit hatte, sich zu lösen, etwa weil er zu lang eingesperrt war, ein vorangegangener Aufenthalt im Tierheim (Zwingerhaltung) oder auch zu kurze und zu selten stattfindende Gassigänge.

für ein demonstratives Markieren gegenüber dem Artgenossen anbieten.

## So können Sie vorbeugen ...

### ... bei Unsauberkeitsproblemen:

- Achten Sie auf hinreichendes, frühzeitiges und erfolgreiches Sauberkeitstraining.
- Führen Sie regelmäßige Gassizeiten ein und lassen Sie dem Hund genügend Zeit zum Lösen.
- Meiden Sie überlastete Territorien.
- **Unterwürfigkeitsurinieren:** Vermeiden Sie Drohgesten, stärken Sie das Selbstvertrauen des Hundes durch Erziehung mit positiver Verstärkung (Lob).
- **Erregungsurinieren:** Senken Sie allgemein das Erregungsniveau, indem Sie auf verbale Begrüßung und Streicheln verzichten.

### ... bei unerwünschtem Markierverhalten:

- Achten Sie auf hinreichendes, frühzeitiges und erfolgreiches Sauberkeitstraining.
- Geben Sie dem Hund vor dem Besuch ausreichend Gelegenheit zum Urinabsatz.
- Beschäftigen Sie ihn gegen Langeweile.

## Therapie – was können Sie tun ...

### ... bei Unsauberkeitsproblemen?

- **Grundsätze des Sauberkeitstrainings:** Sie lauten: keine Strafanwendung, ein bereits geschehenes Malheur wird kommentarlos entfernt! Alle Gerüche werden mit Essig und Zitronensäure, danach mit medizinischem Alkohol entfernt, um Markierungseffekte zu verhindern. Auf keinen Fall dürfen Deodorantien und ammoniakhaltige Reinigungsmittel verwendet werden. Der Aktionskreis des Hundes innerhalb der Wohnung wird eingeschränkt (Zimmerkäfig, Laufgitter). Bringen Sie den Hund alle zwei Stunden, nach dem Fressen und Saufen, beim Erwachen, bei Unruhe, nach dem Spiel, beim Bodenschnüffeln an den angewöhnten Ort mit erwünschtem Un-

tergrund (Gras, Erde), loben Sie ihn nach erfolgreichem »Toilettengang« überschwänglich.
- **Erregungs- und Unterwürfigkeitsurinieren:** Den Hund nie bestrafen. Außerdem sollten Sie den Hund nur indirekt begrüßen, indem Sie sich hinhocken und den Blick abwenden oder bereits vor dem Türöffnen in die Hocke gehen und dann den Hund heranlaufen lassen; wenn der Hund hochspringt, ignorieren Sie ihn (→ Info, Seite 198). Wenn nichts passiert, loben Sie ihn! Bauen Sie ein Bringspiel auf, lassen Sie ihn etwa Socken apportieren (→ Info, Seite 122). Fordern Sie nach dem Türöffnen ein Bringspiel oder »Sitz«, das Sie mit einem Leckerli belohnen, und bringen Sie dann den Hund sofort zum gewünschten Löseort. Loben oder belohnen Sie ihn bei erfolgreicher Ausscheidung.

### ... bei unerwünschtem Markierverhalten?

- Den Hund nicht strafen! Wenn nichts hilft, suchen Sie Rat bei einem Tierarzt und Tierverhaltenstherapeuten (GTVMT). Nur dieser kann dann u.a. entscheiden, ob es sich um ein seltenes rein hormonell bedingtes Urinmarkieren handelt, welches sich u.U. in Ausnahmefällen mittels einer hormonellen (»chemischen«) Kastration beheben lässt (→ Seite 166).
- Leinen Sie den Hund auch innerhalb von Gebäuden an.
- Behalten Sie die Kontrolle über den Hund, indem er angeleint neben Ihnen auf seiner eigenen mitgebrachten Decke (eigenes Territorium) liegt.
- Entfernen Sie Markierungen kommentarlos.
- Platzieren Sie Futterschale, Hundekorb oder Schlafdecke an der Markierungsstelle, denn diese Gegenstände werden meist nicht markiert.
- **Aufbau eines alternativen Verhaltens:** Lassen Sie den Hund »Sitz« oder »Platz« im Moment des Schnüffelns machen, noch bevor er das Bein hebt. Belohnen Sie ihn anschließend.
- Rufen Sie den Hund sofort zu sich, sobald er intensiv am Boden, an entsprechenden Gegenständen oder an Personen schnüffelt.

# Schlaf- und Ruheverhalten – wenn Hunde nicht zur Ruhe kommen

Unsere »Zottelschnauzen« schlafen länger und häufiger als wir Menschen. Ihr Schlaf- und Ruhebedürfnis ist dabei natürlich individuell verschieden und hängt unter anderem vom Alter, Gesundheitszustand, Einsatz sowie von der Arbeits- und Lebensweise ab. Viele Besitzer sehen die Gefahr der Unterbeschäftigung und die Entstehung von Langeweile bei ihren Schützlingen. Diese allseits vermutete Gefahr einer geistigen und körperlichen Unterforderung treibt viele besorgte Hundebesitzer in Hundeschulen und Hundesportvereine. Das schlechte Gewissen, ihren Vier-

> Selbst unsere Vierbeiner werden heutzutage mit immer mehr und neuen Events konfrontiert!

beiner berufsbedingt stundenlang am Tag allein lassen zu müssen, treibt immer mehr Besitzer zu einer besonderen Form der Hundebetreuung – der »Hundekindertagesstätte«! Gegen diese Idee wäre an sich nichts einzuwenden, wären nicht oft elementare Grundbedürfnisse der Vierbeiner in Gefahr. Weshalb nur müssen sie täglich mehrere Stunden dauerbespaßt werden?

## Mangel an Ruhe und Entspannung

Ohne entspannende Pausen reagieren die Hunde nach Rückkehr von solchen Betreuungen in die Familie erschöpft, gereizt oder übererregt. Schlaf-

entzug bedeutet Qual und stellt einen Verstoß gegen den Tierschutz dar! Der tägliche Bedarf an Schlaf und Ruhe bei Hunden beträgt 16 bis 20 Stunden. So ist es also keinesfalls notwendig, seinen Hund überall mitzunehmen oder ständig betreuen zu lassen, es sei denn, er leidet unter Trennungsangst. Das Zusammenleben von Hunden und arbeitenden bzw. schulpflichtigen Familienmitgliedern kann harmonieren, wenn der Hund nicht permanent mehr als vier bis sechs Stunden allein bleiben muss.

## Aufmerksamkeitsdefizit-Hyperaktivitätsstörung (ADHS) beim Hund

Wird die normale Schlafrhythmik ständig behindert oder werden Hunde in ihrem artgemäßen Bedürfnis nach Ruhe und Entspannung gestört, kann der Vierbeiner seinen natürlichen Bedarf an Regeneration auf Dauer nicht mehr sicherstellen. Bei längerem Schlafdefizit kommt es zum Zustand des Leidens **2** .
Die Tiere sind zunächst nervös, hektisch, unruhig und leicht erregbar. Sie scheinen den ganzen Tag über unter Hochspannung zu leben. Sie zeigen während der üblichen Wachzeiten keinerlei entspanntes Abliegen oder Ruhen und reagieren auf kleinste Veränderungen sofort. An neue Situationen können sie sich nur schwer gewöhnen, körperliche Einengung ertragen sie kaum. Plötzliche Stimmungsschwankungen mit »Aggressionen aus heiterem Himmel« gegenüber den Besitzern und häufigen Frustrationsreaktionen wie Zerstören von Gegenständen lassen erkennen, wie schwierig es für sie ist, ihr Temperament zu kontrollieren

(Impulskontrollproblem, → Seite 242). Auch bei alltäglichen Abläufen und Kommandos wie dem Apportieren von Gegenständen hat der Hund Schwierigkeiten, sich auf die jeweilige Situation zu konzentrieren ⚠. »Mein Hund ist scheinbar zu blöd dafür …« ❾, so lautet häufig das Urteil der betroffenen Besitzer. Normale und bisher gut abrufbare Kommandos werden nur halbherzig und unvollständig ausgeführt. Dennoch scheinen die Hunde dringend vielen wichtigen Dingen nachgehen zu müssen. Während normal aktive Hunde durchaus temperamentvoll die Umwelt zielgerichtet erkunden, gelingt dies den kranken »Hyperaktivlingen« nicht mehr. Von einem puren Bewegungsluxus ergriffen, laufen sie spielerisch ohne Sinn bzw. um des Laufens willen. Dass dieses Verhalten so manchen Hundebesitzer an den Rand eines Nervenzusammenbruchs führen kann, ist verständlich. In seiner Not greift er dann häufig zu den Mitteln der Distress-Strafe, wobei er tragisch erfolglos bleibt. Durch den strafbedingten zusätzlichen Stress wird die Erregungslage nur noch gesteigert, während die Konzentrationsfähigkeit logischerweise weiter sinkt. Darüber ärgert sich wiederum der Besitzer – und schon befinden sich Mensch und Hund in einem Teufelskreis von Hyperaktivität – Strafe – Hyperaktivität … Auch gesundheitliche Folgen wie eine chronische Reizung der Magenschleimhaut, bei Hund wie Besitzer, bleiben nicht aus.

## Wann leidet der Hund unter einer ADHS-Erkrankung (Hyperkinese)?

Zunächst möchte ich erwähnen, dass es auffallend viele Parallelen zur ADHS-Erkrankung bei uns gibt. Ähnlich wie beim Menschen liegt der ADHS des Hundes eine hohe erbliche Komponente zugrunde. Auch ist bekannt, dass sich das Verhalten des Besitzers, der möglicherweise selbst hyperaktiv oder ein diagnostizierter ADHS'ler ist, maßgeblich auf seinen Schützling auswirken

kann. Nun ist es zunächst wichtig herauszufinden, ob der nervöse Vierbeiner tatsächlich eine ADHS-Erkrankung, also eine Verhaltensstörung ⚠, hat oder ob eine anderweitige organische Stoffwechselerkrankung oder eine simple Hyperaktivität (unerwünschtes Problemverhalten) vorliegt. Diesen speziellen Test kann nur der Tierarzt und Tierverhaltenstherapeut mithilfe bestimmter Substanzen durchführen. Sie, liebe Leser, könnten allerdings bereits auf eine ADHS-Erkrankung ⚠ als Verhaltensstörung schließen, wenn Ihre »Zottelschnauze« überhaupt keine Ruhephasen einlegt, sondern permanent einen temperamentvollen Aktionismus, anhaltende motorische Unruhe und überdies keinerlei zielgerichtetes Verhalten mehr zeigt. Dann besteht die Gefahr des Übergangs zu stereotypem Verhalten ❶.

**Ein anspringender Hund will Kontakt aufnehmen, zum Spiel auffordern, oder er ist aggressiv gelaunt.**

## ANZEICHEN FÜR ADHS BZW. HYPERAKTIVITÄT

**Zeigt der Hund folgende Verhaltensweisen, leidet er u.U. unter ADHS:**

○ Anfangs sind die Hunde nervös, hektisch, unruhig und leicht erregbar.

○ Während der üblichen Wachzeiten legen sie sich nicht entspannt ab oder ruhen zwischendurch; auf kleinste Veränderungen wie Geräusche im Treppenhaus oder ein Flugzeug reagieren sie sofort.

○ Sie zeigen plötzliche Stimmungsschwankungen, wobei »Aggressionen aus heiterem Himmel« und häufige Frustrationsreaktionen miteinander abwechseln.

○ Sie können sich an neue Situationen nur schwer gewöhnen und ertragen eine körperliche Einengung kaum.

○ Sie haben auch bei alltäglichen Abläufen und Kommandos zunehmend Schwierigkeiten, sich auf die jeweilige Situation zu konzentrieren.

○ Normale und bisher gut abrufbare Kommandos führen diese Hunde nur halbherzig und unvollständig aus.

○ Im Gegensatz zu normal aktiven Hunden, die durchaus temperamentvoll die Umwelt erkunden können, scheinen Hunde mit ADHS von einem puren Bewegungsluxus ergriffen zu sein. Sie laufen um des Laufens willen.

## Ursachen für die Überaktivität

Was aber lässt unsere Hunde zum »Zappelphilipp auf vier Pfoten« werden? Die Ursachen dieser gesamten Problematik sind generell vielschichtig.

● So scheinen insbesondere Vertreter von bestimmten Arbeitsrassen bzw. -linien, wie Dobermann, Malinois, Labrador oder Deutscher Schäferhund, aber auch Pudel und Welsh Corgi, häufiger als andere Rassen betroffen zu sein. Die Tiere leiden unter einem sogenannten Belohnungsdefizitsyndrom, das heißt, sie empfinden die alltäglichen Sozialkontakte zum Besitzer als nicht mehr ausreichend. Sie wollen immer häufiger und länger gestreichelt und beachtet werden und fordern dies auch ein. Besonders betroffen sind jene armen Kreaturen, die häufig Einsamkeit und Isolation von der Familie ertragen bzw. erleiden müssen (Zwinger-, Anbindehaltung). Damit steigert sich der allgemeine Aktions- und Erregungslevel immer mehr, worauf die »Zottelschnauzen« teilweise exzessives aufmerksamkeitserheischendes Verhalten (AEV) zeigen, das sich in unruhigem Umherlaufen, Anbellen der menschlichen Familienmitglieder und Ähnlichem äußert. Dieses Verhalten nervt den Besitzer erneut, worauf er seinen Hund wiederum wegsperrt – ein neuer Teufelskreis hat begonnen.

● Auch ist einigen Hundebesitzern nicht bewusst, dass viele erwachsene Vierbeiner zeitlebens extrem hyperaktiv sein können. Schuld daran ist sicher auch der Besitzer selbst, indem er die Hyperaktivität unbewusst belohnt und bestätigt. Hat der aufgeregte Vierbeiner nach unzähligen Versuchen über permanentes »Pföteln«, Bellen oder Anstupsen bzw. Anspringen endlich erreicht, dass Herrchen doch weiterspielt oder erneut mit ihm Gassi geht, hat er eine Strategie gelernt, seine Ziele durchzusetzen! Selbst wenn der Halter »hart« bleibt und den Forderungen der »Zottelschnauze« nicht nachgibt, bittet er oftmals durch beschwichtigendes Streicheln und gutes Zureden, wie: »Ich kann jetzt

Einige Hunde leiden unter einem Belohnungsdefizit-syndrom und fordern pfötelnd immer mehr Aufmerksamkeit, Streicheleinheiten oder Spiele ein.

nicht mit dir weiterspielen, denn ich muss zur Arbeit« um Verständnis und bestätigt somit die Hyperaktivität.

● Auch Situationen, in denen Konflikte, Stress und Frustration auftreten, sind Wegbereiter für hyperaktiv gestörte Hunde. So sind unsere Vierbeiner oft hoch motiviert, Kontakte zu Artgenossen oder zu Menschen herzustellen, werden jedoch durch Barrieren wie Fenster oder die Leine daran gehindert.

● Ein weiterer Grund für die Nervosität und Übererregbarkeit von »Zottelschnauzen« ist, dass sie oftmals falsch trainiert und regelrecht zu »Nervenbündeln« verzogen werden, indem sie in der Arbeit ohne entsprechende Auslastung »hochgefahren« werden. Die im Hundetraining sonst übliche und häufig erfolgreiche intermittierende oder variable Belohnung, bei der die Hunde für bereits gelernte Kommandos, etwa

»Sitz«, nicht jedes Mal bei erfolgreichem Ausführen, sondern nur alle zwei bis zehn Wiederholungen ein Lob erhalten, führt bei aktiven wie hyperaktiven Tieren zu einer übersteigerten Arbeitsbereitschaft.

Sie sehen, liebe Leser, das Problem der Hyperaktivität und Hyperkinese bei Hunden ist ein weites Feld. Seien Sie jedoch beruhigt, dass ein sehr aktives Verhalten junger und älterer Tiere in der heutigen lebhaften Zeit nur selten krankhaft gestört, sondern vielmehr normal ist.

## Jaulen und Bellen im Auto

Dies ist ein klassisches Beispiel für Nervosität und Übererregung beim Hund. Unsere »Zottelschnauzen« wollen immer dabei sein und freuen sich auch, wenn sie im Auto mitgenommen werden. Einige Hunde jaulen und bellen mitunter aus Nervosität, Aufgeregtheit oder Vorfreude, weil sie die Autofahrt mit dem bevorstehenden Waldspaziergang in Verbindung gebracht haben. Gegen freudige Erregung ist ja prinzipiell nichts einzuwenden, aber wehe unseren Ohren, wenn der Vierbeiner mit zunehmender Dauer der Fahrt immer intensiver das Ziel herbeiheult. Manche steigern sich in einen derartigen »Singsang« hinein, dass man sein eigenes Wort nicht mehr versteht. Der gestresste Besitzer versucht nun verzweifelt und erfolglos, dieses »Hunderadio« durch verbale Schmähungen oder Wurfattacken auszustellen. Mancher Quälgeist wird auf den Beifahrersitz verbracht, oder ein Familienmitglied kümmert sich um ihn. Alles umsonst. Das geht so weit, dass der Hund bereits schreit, wenn er das Auto nur zu Gesicht bekommt. Am Ziel endlich angekommen, schießt der »Fellkobold« einem schon entgegen, kaum hat man die Tür oder den Kofferraum geöffnet. Hunde, die generell als hyperaktiv und nervös gelten, neigen natürlich besonders zu derartigem Verhalten. Nun ist guter Rat teuer! Jeder Hundebesitzer möchte seinem Vierbeiner ja Auslauf im Grünen gewähren – aber bitte nicht mit dieser Lärmbelästigung!

## So stellen Sie das Gejaule ab

● Lassen Sie Ihren Hund nie ohne Kommando aus dem Auto springen. Das heißt, bringen Sie ihm »Sitz und Warte« bei! Der Hund muss sich ruhig verhalten und darf nicht aufgeregt oder auffordernd bellen! Sollte er bellen oder nicht auf Ihre Kommandos reagieren, bleibt die Tür des Autos so lange geschlossen, bis er sich beruhigt hat! Dann erst geben Sie das Kommando »Und Komm«. Mit »Hier« rufen Sie den Vierbeiner nochmals heran, lassen ihn absitzen, belohnen ihn dafür mit einem Leckerli und gewähren ihm erst dann den Freilauf mit »Und Lauf«.

● Nehmen Sie Ihren Vierbeiner in Zukunft überall mit, ob zu Einkäufen oder kleineren Erledigungen, und fahren Sie häufig ohne Gassigang wieder nach Hause. Dadurch wird der Hund verwirrt, denn er kann sich nicht mehr darauf verlassen, dass auf das Einsteigen ins Auto wirklich ein toller Spaziergang folgt.

● Schaffen Sie einen Platz im Auto (Box im Kofferraum, mit Anschnallgurt auf Rückbank bei getönten oder verdunkelten Scheiben), von dem aus Ihr Hund die Außenwelt nicht sehen und aufgeregt beobachten kann!

● Brechen Sie die Fahrt sofort ab und parken Sie am Straßenrand, sobald Ihr Hund anfängt zu jaulen. Seien Sie konsequent und fahren Sie erst weiter, wenn er sich ruhig verhält! Vermeiden Sie, mit ihm zu reden, zu schimpfen oder ihm Befehle zu geben, solange er bellt! Durch Ihre Reaktion fühlt er sich in seinem Tun bestätigt!

● Allmählich wird er begreifen, dass die Fahrt erst fortgesetzt wird, wenn er still auf seinem Platz liegt. Ein Beifahrer kann während der Fahrt den Hund per Leckerlis belohnen, wenn dieser gerade keinen Laut von sich gibt.

## Altersbedingte oder stereotype Erkrankungen

Ein gestörter Schlaf-Wach-Rhythmus mit nächtlicher Unruhe und vermehrtem Schlaf am Tag ⚠2 sowie veränderte oder verkürzte Schlafzeiten können auf altersbedingte (Demenz) oder stereotype Erkrankungen hinweisen ⚠1. Auch das Leergraben auf dem Teppich ⚠1 kann zu einer stereotypen Handlung werden, wenn Sie der »Zottelschnauze« weder Decken (drinnen) noch Sand (draußen) als Grabematerial bereitstellen. Hunde graben sich gern eine Kuhle und kreiseln darin, bevor sie sich hinlegen. Hindern wir sie am Graben auf dem Teppich durch Schimpfen, kann dies auch zu zerstörerischem Verhalten führen. Die Motivation des Grabens wird auf andere Dinge, wie Schuhe, Post oder Kleidung, umgelenkt. Der Hund bewahrt sich selbst vor der stereotypen »Macke« durch erfolgloses Graben und findet einen Ausweg im Zerstören von anderen Haushaltsdingen. Eine gelungene Stressbewältigung durch die clevere »Zottelschnauze«, wäre da nicht schon wieder der strafende Blick des Besitzers und die leider folgende Maßregelung für dieses unerwünschte Verhalten des Vierbeiners.

## So können Sie vorbeugen ...

### ... bei Hyperaktivität:

● Ausreichende und allumfassende Sozialisation des Welpen und Gewöhnung an die Umwelt (→ Seite 214)

● **Konzentrationsübungen**, etwa zeitverzögerte Leckerligabe: Sie belohnen ein ausgeführtes Kommando nicht sofort, sondern legen eine Pause von wenigen Sekunden ein. Die Pause dehnen Sie allmählich auf einige Minuten aus.

● Ausreichende psychische und physische Ausarbeitung des Hundes über Spaziergänge, Part-

**INFO**

## GEFAHR DES INKONSE-QUENTEN IGNORIERENS

Um ein Verhalten über ein konsequentes Ignorieren zu löschen, also niemals wiederkehren zu lassen, müssten wir Menschen tatsächlich auf das Verhalten hundertprozentig nicht und niemals reagieren. Da dies nahezu unmöglich ist und Menschen immer nach einer gewissen Zeit des strikten Nichtbeachtens des Verhaltens doch wieder irgendwelche Reaktionen auf selbiges zeigen, führt dieses inkonsequente Ignorieren zur Aufrechterhaltung und Etablierung auf höherer Ebene nach dem Motto: »Ich muss dieses Verhalten nur immer wieder zeigen, irgendwann reagiert mein Halter doch.« So wird eine Löschung immer unwahrscheinlicher. Um dennoch eine verminderte Häufigkeit und Intensität des unerwünschten Verhaltens zu erreichen, ist es wichtig, unmittelbar im Anschluss an das Ignorieren sofort ein erwünschtes Alternativverhalten zu belohnen – in Kombination wirkt Lernen am Misserfolg und Erfolg oft Wunder!

nerschaftsspiele mit Cool-down-Phasen (→ Seite 240), Kommandoübungen, Fördern von selbstständigem Arbeiten (Futtersuch- und -erarbeitungsprogramme, Intelligenztests etc.)
● Vermeiden von Sozialisolation (→ Seite 246)
● Entspannungsübungen wie Massagen
● Gewährleistung von Ruhe- und Entspannungszeiten
● Bereitstellen eines (mobilen) Schlafplatzes; so kann die Hundedecke als »Entspannungsinsel« überall mitgenommen werden.

### ... bei Demenz und stereotypen Erkrankungen:

● Da Hunde in 24-stündiger latenter Alarmbereitschaft sind, sollten Sie durch Ihr deeskalierendes Verhalten für Ruhe- und Entspannung sorgen, indem Sie den Hund ignorieren (→ Info, Seite 198), sich langsam um den Schlafplatz bewegen, einen Bogen um den Hund schlagen.
● Bereitstellen eines einzigen Schlafplatzes zu ebener Erde mit Grabematerialien (Decken)
● Privates »Dog-Sitting« oder Betreuung des Hundes in Kleinstgruppen, in denen Ruhe- und Schlafperioden, Gassizeiten gewährleistet sind und deren Trainingsmethoden Sie kennen
● Hunde möglichst nicht lang allein lassen!

## Therapie – was können Sie tun ...

### ... bei Hyperaktivität?

● Keine Distress-Strafen, sie führen nur zur Steigerung der Erregung und dadurch zur Eskalation.
● Ignorieren (→ Info, Seite 198) Sie nervöses und aufgeregtes sowie aufmerksamkeitsheischendes Verhalten (Abschwächen von unerwünschtem Verhalten durch Lernen am Misserfolg), belohnen Sie gleichzeitig entspanntes und ruhiges Verhalten; dadurch zwingen Sie den Hund zur Ruhe, indem Sie ihn nur noch dann beachten, wenn er auf seinem Platz entspannt liegt und ruht. Das verbale Lob im Moment des Abliegens verstärkt das erwünschte Verhalten durch Lernen am Erfolg.
● Sie sollten ruhig und abgeklärt reagieren.
● Strukturieren Sie das Training gut: leicht zu bewältigende Aufgaben, kleine Ziele, kurze Übungszeiten (maximal drei- bis fünfmal ein bis drei Minuten pro Tag), langsames Absenken des Erregungslevels beim Training durch »Cool-down-Phasen« (→ Seite 240)
● Häufige Belohnung, nicht nur ab und an
● Führen Sie klare Rituale ein, indem Sie den Tag in »Arbeitszeit« und »Freizeit« einteilen.

- Bieten Sie eine ausgewogene Kombination aus Hilfestellung (Kommandos, Zeichen, Körperhaltung) und selbstständigem Arbeiten und Denken (Anregung der Intelligenz).
- Sämtliche Interaktionen und Spiele beginnen mit »Sitz und Warte«, gespielt wird, wenn Sie den Hund mit »Und Lauf« freigeben; den Abstand zwischen »Sitz und Warte« und dem Auflösungshörzeichen dehnen Sie allmählich aus.
- Konzentrationsübungen (zeitverzögerte Leckerligabe, → Seite 134)
- Keine Belohnung über Spielzeug (Dummy, Ball), wenn der Hund gern spielt; nur so bestätigen Sie die hohe Erregungslage nicht.
- Motivation beim Training durch besonders leckeres Futter
- Schieben Sie über den Tag verteilt immer mal wieder Trainingseinheiten ein, damit die Zeiten ohne Aufmerksamkeit nicht zu lang werden.
- Ignorieren in Verbindung mit einem Signal
- Beseitigung der Quellen für Stress, Frustration und Konflikte, indem Sie die Ängste des Hundes therapieren lassen

- Konsultation eines Tierverhaltenstherapeuten: Durchführen einer speziellen Verhaltenstherapie, Frustrationstoleranztestung, Arzneimittelgabe (Psychopharmaka), um überhaupt eine Lernfähigkeit zu erreichen

### ... bei Demenz und stereotypen Erkrankungen?

- Zeigt der Hund Schlafstörungen und stereotypes Verhalten, sollten Sie einen Tierverhaltenstherapeuten konsultieren.
- Trainieren Sie spezielle Entspannungsübungen: Streicheln Sie den Hund behutsam, wenn er entspannt auf seinem Platz liegt (abends, nach einer Gassirunde). Mit der Zeit entspannt der Hund schon allein durch das Streicheln weiter und verknüpft das ruhige seitliche Liegen auf dem Schlafplatz mit dem angenehmen Streicheln. Aufbauend können Sie ein Wort-Signal (»Müüüüde«) einführen, indem Sie dieses in ruhigem tiefem Tonfall kurz vor der kompletten Entspannung aussprechen. Bei täglichem Training können Sie schon bald Ihren Hund zur Schlafenszeit mit »Müüüüde« erfolgreich ins Hundebett schicken!

Hütehunde wie Border Collies oder Australian Shepherds werden leicht zu »Opfern« einer Hyperaktivitätsstörung oder Stereotypie, wenn sie keine entsprechende Arbeit (Schafe hüten) leisten können oder dürfen.

# Komfortverhalten: Dauerlecker
## und »Duftspezialisten«

Hunde putzen, lecken und kratzen sich ihr Fell und scheinen sich dabei pudelwohl zu fühlen. Weshalb also sollte eine umsichtige Körperpflege zum Problemfall führen? Kaum vorstellbar, dass unsere »Zottelschnauzen« Fehler bei der eigenen Hygiene machen können!

Sicher ist ein mangelhaftes Interesse an eigener Körperpflege häufig ein Indiz für Unwohlsein oder gar Krankheit. Das Fell der Vierbeiner ist dann meist stumpf und glanzlos, struppig und allgemein sehr ungepflegt. Es verkrustet zu Platten, und nicht selten treten in der Folge Reizungen und Entzündungen der Haut auf ⚠3.

## Übertriebene Fellpflege

Aber auch scheinbar übertriebene Reinlichkeit kann schädlich sein, und zwar derart dramatisch, dass sich aus dem normalen Körperpflegeverhalten mit »Wellnesstendenz« eine echte Verhaltensstörung und psychische Erkrankung als eine Stereotypie ⚠ oder »Macke« entwickelt.

### Lecken, Saugen und Kratzen des Fells

Zunächst fällt den Besitzern am Verhalten ihrer Tiere meist wenig auf. Die Vierbeiner lecken, nuckeln und saugen an allen erreichbaren Körperregionen und dehnen diese »Putzaktionen« zeitlich immer mehr aus. Sie scheinen ganz versunken in ihrem Tun. Werden sie durch den Besitzer, der selbst schon nervös vom ständigen Geschlapper und Gesauge geworden ist, durch Festhalten oder Ansprechen unterbrochen, so belecken sie die menschliche Hand oder erreichbare Gegenstände, wie Decken und Tücher. Die Hunde scheinen ein nicht ausreichend gestilltes Saugbedürfnis zu besitzen. Und in der Tat sind sie meist zu früh von der Mutter getrennt von Hand aufgezogen worden. Die ersten Leckattacken sind jedoch nicht vor Erreichen der Pubertät zu beobachten.

**Flankennuckeln:** Insbesondere Dobermänner neigen dazu, ihre Flanken derart zu bearbeiten, dass sich die beim Nuckeln durchnässte Haut entzündet und offene, tiefe Wunden zurückbleiben. Dieses Flankennuckeln erscheint dem Besitzer wie ein Kannibalismus des Tieres gegen den eigenen Körper.

**Pfotenlecken:** Ähnlich extreme Ausmaße kann das knabbernde und leckende Bearbeiten der Pfoten annehmen. Dabei entstehen nicht nur Haarverlust und Hautentzündung, sondern mit der Zeit entwickeln sich offene und infizierte Wunden, das typische Bild der Pfotenhautentzündung (Akrale Leckdermatitis).

### Ursachen der übertriebenen Fellpflege

Weshalb aber fügen sich die Hunde wie unter Zwang immer weitere tiefe und schmerzende Wunden zu? Sie scheinen richtig süchtig nach immer weiterem zerstörerischem Lecken, Nagen und Putzen zu sein.

**Stress:** Sowohl auf unsere Vierbeiner als auch auf uns Menschen stürmen jeden Tag unzählige Eindrücke und Signale ein, und nicht alles wird wirklich frei von negativem Stress empfunden. Eben jenen Distress (→ Seite 22) zu vermeiden oder sich entsprechend mit den Situationen zu

## HÄUFIGE URSACHEN FÜR STEREOTYPIEN

- Keine artgerechte Einbindung in die Familie: zu viel oder zu wenig an Beachtung, fehlende »Hausordnung«

- Falscher Trainingsansatz: Stress, Strafe, Strafandrohung oder Überforderung

- Fehlende/unzureichende Frustrationstoleranz (→ Seite 242)

- Inkonsequenter, uneinheitlicher, launischer Umgang mit dem Hund

- Langeweile: Zwingerhaltung, Reizarmut, geistige, körperliche Unterbeschäftigung

- Rückzug und Entspannung unmöglich

- Verlust/Hinzukommen eines tierischen oder menschlichen Familienmitglieds

arrangieren bzw. daran anzupassen, ist die hohe Kunst des schadfreien Überlebens in unserer heutigen Welt. Dabei spielt natürlich zunächst eine entscheidende Rolle, wie es um die individuelle Stressanfälligkeit und das allgemeine Erregungslevel beim jeweiligen Tier oder Menschen bestellt ist. Stimmen das soziale Umfeld, der Gesundheitszustand und die artgerechte Ernährung und werden den Hunden überdies angemessene Beschäftigungsmöglichkeiten geboten, so neigen sie weniger zu stereotypen Verhaltensabweichungen. Hatten sie ferner ein gutes Elternhaus (→ Züchter, Seite 216) und wurden sie bereits frühzeitig mit vielen Alltagsreizen konfrontiert, so konnten sie in der Regel lernen, den

Alltagsstress ohne bedenkliche Nebenwirkungen zu bewältigen. Hingegen sind Hunde, denen eine artgerechte Eingliederung in die Familie durch Zwinger- oder sonstige Isolationshaltung verwehrt wurde und die mit ungünstigen Trainingsmethoden (Strafe) erzogen wurden, häufig nicht in der Lage, stressfrei auf die normalen Alltagskatastrophen zu reagieren.

**Langeweile und unangemessene Beschäftigung:** Auch sie sind klassische Wegbereiter für zwanghaft-gestörtes Verhalten. In bestimmten häufig wiederkehrenden Stress- und Konfliktsituationen weicht der Hund auf ein beliebiges Alternativverhalten aus, das eigentlich der Situation so gar nicht entspricht. Erleidet der Hund beispielsweise Stress und Langeweile durch das Wegsperren im Zwinger, versucht er zunächst den Anschluss an die Familie herbeizuheulen oder auszubrechen, um zur Familie zu gelangen. Zwangsläufig erfolglos, steigert sich seine Erregung ins Unermessliche. Aus lauter Verzweiflung benagt er sich irgendwann wie zufällig die Pfoten. Dabei bemerkt er, dass dieses Lecken und Benagen zwar weder die Zwingertür öffnet noch die Familie zum Kaffeetrinken in den Hundekäfig holt, dass aber sein Stresspegel sinkt.

## Auswirkungen des Leckens

Er lernt fatalerweise, dass er über dieses gleichförmige, eigentlich sinnfreie und erfolglose Handeln eine Ersatzbefriedigung erfährt. Das Pfotennagen gibt ihm zunehmend das Gefühl von Sicherheit und Geborgenheit, selbst wenn nicht nur die Haare weggeleckt, sondern bereits tiefe Wunden entstanden sind. Das Gehirn spielt ihm einen regelrechten Streich und entsendet »Glückshormone« (Endorphine) in die Blutbahn, die süchtig machen. Der Vierbeiner wird zum »Stressbewältigungsjunkie«. Im weiteren Verlauf tritt dieses Suchtverhalten als Stereotypie selbst dann auf, wenn der

eigentliche Distressor nicht vorhanden ist und sich »Bello« im Kreis seiner Lieben befindet. Der mittlerweile besorgte Besitzer hat die Wunden an den Pfoten bemerkt, und Hund wie Mensch sind inzwischen Dauergäste beim Haustierarzt. Dieser behandelt die Wunde und gibt die Anweisung, dass sich der Hund auf keinen Fall weitere Verletzungen per Lecken und Nagen zufügen soll. Also versucht der Besitzer, durch verbales Strafen, gutes Zureden (»Bello, nicht lecken …«) oder durch Pfotenverbände bzw. Festhalten des Kopfes oder Anlegen einer Halskrause bzw. eines Maulkorbs der Stereotypie zu Leibe zu rücken. Die Aufmerksamkeit, die der Hund nun plötzlich erhält, beeinflusst sein Verhalten zusätzlich, indem sie es verstärkt. Der Hund lernt, dass Lecken und Kratzen scheinbar auch für Herrchen oder Frauchen von Bedeutung sind. Also leckt er kräftig weiter. Schafft man es tatsächlich, den Hund durch mechanische Hilfsmittel vom zwanghaften Zerstören seiner Haut abzuhalten, bleiben dennoch der Stress sowie das Bestreben (und die Sucht), diesen abzubauen – und der Hund sucht sich möglicherweise andere Kanäle zum »Dampfablassen«. So werden nicht selten die Besitzer bzw. deren auf den Pfoten liegende Hände weiter geleckt. Auch können die betroffenen Tiere mit anderen stereotypen Verhaltensweisen aus dem Bereich des Bewegungsverhaltens reagieren, wie Kreiseln (→ Seite 160) oder Manegebewegung **1** (→ Seite 152), oder sie werden aggressiv **10**.

## Macke oder noch keine Macke?

Einige Leser schauen jetzt vielleicht besorgt auf ihre »Zottelschnauze« und fragen sich, ob bei ihr bereits eine derartige »Macke« vorliegt, und wenn ja, wie schwerwiegend die Störung ist.

**Stadium 1:** Ihr Schützling befindet sich erst im Anfangsstadium der Erkrankung, wenn sich das Belecken und Kratzen spontan unterbrechen lässt, die Sequenzen des Leckens nur kurz andau-

ern, die Schlafzeit verkürzt, aber der Schlafrhythmus erhalten ist.

**Stadium 2:** Kennzeichend ist, dass sich das zwanghafte Verhalten nur durch stärkere äußere Reize unterbrechen lässt, die Intervalle des Leckens länger andauern und dass das Tier weder großes Interesse an sozialen Kontakten und an Erkundungen in der Umgebung zeigt und auch sonst weniger lernbegeistert ist. Doch selbst dann besteht bei umgehender Hilfe durch einen Tierarzt und Tierverhaltenstherapeuten häufig noch die berechtigte Hoffnung, dass dem Tier aus dem Teufelskreis der Sucht geholfen werden kann.

**Endstadium:** Sollte der Hund die meiste Zeit des Tages und der Nacht weder schlafen noch fressen oder sonstige Dinge des normalen Hundealltags erleben wollen und sich ohne Erfolg versprechende Unterbrechung ausschließlich mit der Sucht

Das Wälzen in Aas oder Kot ist normales und nur für uns Menschen unerwünschtes Verhalten.

beschäftigen, ist er am Ende. Dann kommt jede Hilfe zu spät!

Wer nun glaubt, dass mit dem Öffnen der Zwingertür, einer artgemäßen Beschäftigung und dem Verzicht auf Strafanwendung die »Macke« behoben ist, der irrt gewaltig! Besonders bei solchen drastischen Verhaltensstörungen, wie es Stereotypien sind, die sogar zum Tod des Tieres führen können, ist eine Verhaltenstherapie sehr aufwendig. Selbst unter Einsatz von Psychopharmaka ist sie oft nicht immer erfolgreich. Deshalb ist Vorbeugen natürlich besser als Heilen!

## So können Sie vorbeugen

- Generell keine Strafanwendung!
- Vermeidung von Sozialisation (→ Seite 246)
- Integration in die Familie
- Ausreichende und allumfassende Sozialisation des Welpen und Gewöhnung an die Umwelt
- Artgemäße und angemessene Beschäftigung (physische und psychische Ausarbeitung)
- Entspannungsübungen wie »Müüüüde« (→ Seite 136) oder Massagen

## Therapie – was können Sie tun?

- Konsultation des Haustierarztes zur allgemeinen klinischen Untersuchung
- Spezielle Verhaltenstherapie bei einem Tierverhaltenstherapeuten in Verbindung mit der Gabe von Psychopharmaka, um überhaupt eine Lernfähigkeit zu erreichen
- **Nuckeln an der Decke:** In leichten Fällen (Stadium 1), wie beim Nuckeln an der Decke, dieses evtl. als mögliche Stressbewältigungsstrategie bestehen lassen und die Stressoren minimieren; nach einer gewissen Zeit beurteilt der Therapeut, ob die Stereotypie (Nuckeln an Decke) noch besteht.
- **Ausschalten von Stressoren:** Vermeiden von Zwinger, Isolation, Langeweile, eingeschränkter

Bewegungsfreiheit durch Anbindehaltung, von häufigen Konflikten im Rudel, Strafe, launischem und inkonsequentem Umgang
- **Lebensumfeld korrigieren und optimieren:** artgerechte Erziehung, Haltung, Ernährung, Bewegung, Verkürzung der Phasen des Alleinbleibens
- **Umgangsformen mit dem Hund korrigieren:** Vermeiden von Unterbeschäftigung, Bedrohungsgesten durch Körpersprache und falsches Bestätigen durch Aufmerksamkeit im Moment des stereotypen Verhaltens
- **Einsatz von Deeskalationsgesten:** sich klein machen, gähnen, einen Bogen um den Hund schlagen, um dem Hund den Stress zu nehmen
- Aufbau eines guten Hund-Mensch-Teams
- **Verhaltenstherapeutische Maßnahmen:** Entspannungstechniken, Aufbau eines mit der Stereotypie unvereinbaren Alternativverhaltens, wie den Hund etwas im Maul tragen (verhindert Lecken) oder apportieren lassen
- Medikamentöse Begleittherapie

# Wälzen in Aas oder Kot

»Igitt, pfui Teufel, du kleines Ferkel …« – und trotz aller Schmähungen hat sich unsere »Zottelschnauze« voller Lust erneut in irgendeinem nicht zu identifizierenden Unrat gewälzt. Sonst so reinlich, und dann diese Schweinerei!

## Warum Hunde ab und an zu Schweinehunden werden

Weshalb betreiben Hunde so viel Aufwand für die eigene Körperpflege, wenn sie sich kurze Zeit darauf am Boden in Aas oder Kot wälzen und so nicht nur ihre »Frisuren« in Unordnung bringen, sondern für unser menschliches Geruchsempfinden fürchterlich zu stinken anfangen? Dass ein Wälzen des Vierbeiners am Boden normales, erwünschtes Verhalten und überdies ein Garant für bestehendes Wohlempfinden ist, haben Sie be-

reits auf Seite 48 kennengelernt. Warum aber duften sie sich mit Gestank regelrecht ein? Ob tierische oder (besonders »lecker«!) menschliche Exkremente, halb verweste Maulwürfe oder Müll – die Palette der ekligen Stinkbomben scheint für unsere Hunde unerschöpflich. Dabei gilt, je älter und stärker verwest, umso geeigneter.

Erstes Anzeichen der bevorstehenden Geruchsimprägnierung ist ein intensives Schnüffeln an Kot oder Aas. Nachfolgend reibt sich der Vierbeiner mit abgewandtem und seitlich auf die »Duftprobe« gepresstem Gesicht den »Stoff« gleich einer Körperemulsion in Ohren, Nacken und Schulterbereich ein. Dabei steht er zunächst noch mit abgeknickten Vorderläufen in halb stehender Vorderkörpertiefstellung. Dann wird die Seite gewechselt, um die »Bodylotion« gleichmäßig zu verteilen. Natürlich muss zwischendurch immer einmal am Duftstoff gerochen werden. Schließlich wälzt sich der Hund im Maulwurf oder Kothaufen ausgiebig, wobei manche dieses Ritual mehrfach hintereinander durchführen können. Ein Rufen und Brüllen ignorieren sie, denn während des berauschenden Duftbads sind sie der Welt entrückt.

Aber haben wir Verständnis für das »Laster« unserer Hunde? Nein! Als »Dreckhunde« bezeichnen wir sie und schrubben sie zu Hause zuerst gründlich mit Seife und Wasser. Dabei sollten Sie, liebe Hundebesitzer, bei der nächsten Putzattacke

## LECKEN, SAUGEN, KRATZEN DES FELLS UND DIE FOLGEN

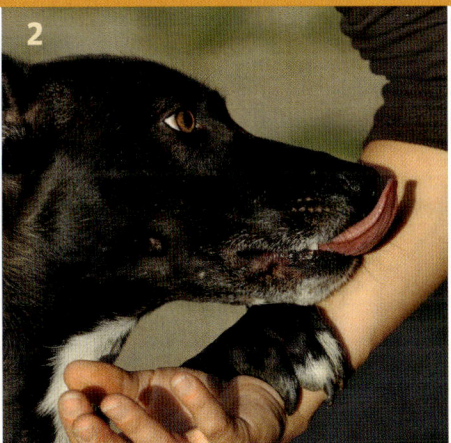
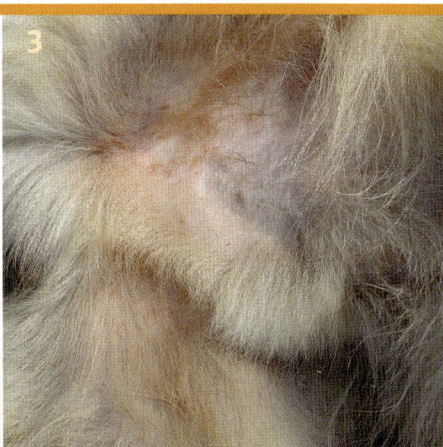

**1** Anfangs lecken, saugen und nuckeln die Hunde immer häufiger und länger an leicht erreichbaren Körperregionen, wie Pfoten, Flanken und Bauch, das Fell nass. Sie scheinen in ihre körperbezogene Reinlichkeit ganz versunken zu sein.

**2** Zunehmend empfindet der Besitzer das Gesauge und Geschlapper seiner »Zottelschnauze« als störend. Er versucht, das Verhalten durch Ansprechen des Hundes und Festhalten zu unterbrechen

– mit dem Erfolg, dass die Hunde die menschliche Hand weiterlecken.

**3** Dieses stereotype Suchtverhalten entwickelt sich nicht selten zu einem Kannibalismus gegen den eigenen Körper. Dabei kann der Ausprägungsgrad der Schäden vom bloßen Haarverlust über eine Hautentzündung (mit Rötung und Schwellung) bis hin zu offenen und infizierten Wunden reichen.

Nach dem Wälzen in einer »Stinkbombe« wurde dieser Hund mehrfach zu einem Reinigungsbad im See genötigt. Sehr glücklich darüber scheint er nicht zu sein.

Ihre »Lieblinge« einmal beobachten: Sie lassen das Bad wohl oder übel über sich ergehen, doch ein glücklicher Hund sieht anders aus!

**Ursachen aus wissenschaftlicher Sicht:** Die Fachwelt streitet noch über die Ursachen dieser Einparfümierung »Eau de Aas«. So wird angenommen, dass Hunde ihren eigenen Körpergeruch durch Wälzen in toten Beutetieren überdecken, um auf der Jagd erfolgreicher zu sein. Die zu jagende Beute wird geruchlich verwirrt, indem sie im Jäger einen vermeintlichen Artgenossen riecht. Eine weitere Theorie geht davon aus, dass die Hunde damit ihren Familienmitgliedern gefundene Nahrung anzeigen wollen. Das Wahrscheinlichste ist aber bei unseren »Haushunden« die Funktion als geruchliches Kommunikationsmittel unter Artgenossen, nach dem Motto: »Kommt her und riecht an mir!« So finden sich auch meine Hunde immer dann besonders interessant, wenn einer von ihnen »Parfüm« aufgelegt hat. Der Duftende, so scheint es mir, hat dann zumindest für die Zeit des Spaziergangs eine Botschaft mit Appellfunktion im Fell: »Beachtet mich!« Überdies lernen unsere Lieblinge schnell, dass sie nicht nur sofort von ihren Artgenossen, sondern ebenso von uns ungeteilte Aufmerksamkeit erhalten, sobald sie einen solchen Parfümierungsversuch starten.

## Was wir dagegen tun können

So bliebe für uns angeekelte Hundebesitzer als Management bzw. »therapeutische« Beeinflussung, den zum Himmel stinkenden Vierbeiner zunächst zu waschen und zu säubern. Allerdings sollten Sie auf allzu blumige Düfte in den Shampoos verzichten, da die geschrubbte »Zottelschnauze« dann umso mehr diesen für sie wiederum inakzeptablen synthetischen Duft mit neuerlichem Gestankwälzen beantworten wird. Natürlich hilft ein Strafen und Beschimpfen des Tieres ebenso wenig wie eine versuchte Ablenkung per Rückruf. Dieses Einduften ist selbstbelohnend! Einzig möglich ist es, den Hund, bevor er sich in der übel riechenden Masse wälzt, noch im Moment der Geruchsprobe anzuleinen, ein Ersatzverhalten von ihm zu verlangen und dieses dermaßen überschwänglich und ausgiebig mit besonderen Leckereien zu belohnen, dass er möglicherweise nach vielen Wiederholungen irgendwann beim Anblick einer »Stinkbombe« sich nicht darin wälzt, sondern freudig und in Erwartung der Sonderleckerchen zu Ihnen läuft.

Wenn Sie sich jetzt voller Optimismus daranmachen wollen, Ihrer »Zottelschnauze« diese Ersatzhandlung beizubringen, um ihr die Lust an der Einparfümierung auf Dauer zu nehmen, möchte ich Sie warnen: Realistisch eingeschätzt, wird es häufig bei einem Versuch bleiben. Der Grund: Das Wälzen in Kot und Aas ist normales und nur für uns unerwünschtes Hundeverhalten!

# Erkundungsverhalten: »Angsthasen« können ihre Welt nicht erkunden

Durch die nachlassenden Sinnesleistungen unserer älterer Vierbeiner nimmt ihr Interesse an der Erkundung der Umwelt naturgemäß ab. Weshalb aber sind bereits einige Junghunde von Depressionen, Antriebslosigkeit, Phlegma **7** und generellem Desinteresse an der Hundewelt **5** gezeichnet? Welche Erlebnisse waren verantwortlich dafür, dass diese »Zottelschnauzen« so gar kein lustvolles Umherstreifen in der Umwelt zeigen? Oder sind vielmehr die von klein auf verpassten Gelegenheiten die Ursachen dafür, dass ihnen im weiteren Verlauf ihres Lebens eine Entdeckung der Welt voller Neugier und weitestgehend frei von Ängsten unmöglich wurde? Restriktive Haltung in Zwingern, ständiges Führen an der Leine oder extrem reizarme Umgebung führen häufig zu einer wachsenden Unsicherheit und Angst **8** – mit der Folge, dass die Hunde ihr Erkundungsverhalten reduzieren oder einstellen **5** . Demgegenüber gibt es die scheinbar »überinteressierten«, die als wahre »Temperamentsbolzen« unter den Hunden die Besitzer durch die Straßen schleifen, indem sie permanent erkundend an der Leine ziehen. Insbesondere die Gruppe der Hütehunde neigt zu übersteigertem Explorationsverhalten und ergeht sich bei geistiger und körperlicher Unterforderung in Ersatz- oder Übersprunghandlungen. So helfen sich diese »Workaholics«, indem sie alternatives Verhalten zeigen, um den Bedarf an Erkundung und Bewegung zu decken. Als Ersatzobjekte für Schafe werden dann Menschen gehütet. Doch weder diese Umorientierung noch starre und stereotype Bewegungsfolgen, wie anhaltendes Hin- und Herlaufen (»Manegebewegung«) oder Krei-

seln **1** im Zwinger oder an sonstigen Grundstücksgrenzen, sind vom Menschen, obgleich verursacht, dann wirklich gewollt!

## Reduziertes Erkundungsverhalten durch Angst

Angst **8** kann sich in vielerlei Weise äußern, etwa in der Angst vor Menschen und Artgenossen oder vor der belebten (andere Tiere) und unbelebten Umwelt (Geräusche, Untergründe, Gegenstände).

### Angst vor Geräuschen

**Fallbeispiel:** »Oskar«, ein zweijähriger Rhodesian-Ridgeback-Rüde, kam erst mit etwa fünf Monaten aus einer »idyllischen Zucht am Waldrand« in das kleinstädtische Haus der Besitzer und war bis auf seine Angst vor Alltagsgeräuschen von Beginn an ein problemloser Begleiter. Um ihm zumindest an den Wochenenden ab und an einen geräusch- und damit stressarmen Spaziergang zu ermöglichen, fuhr die Familie mit »Oskar« in den nahe gelegenen Forst. Während eines der anfänglich recht harmonischen Spaziergänge passierte es, dass der Hund im Unterholz verschwand. Nur der Ruf des Kuckucks war zu hören, sonst Stille. Wenige Augenblicke später kam der Vierbeiner mit angstgeweiteten Augen und eingeklemmter Rute der Familie entgegengerannt und starrte, am ganzen Körper zitternd, in Richtung Wald. Einige Wochen später, die Besitzer hatten die Episode längst vergessen, fuhren sie wiederum in die Nähe des Waldes. Dort angekommen, sprang »Oskar«, sich vorsichtig nach allen Seiten umschauend, aus dem Auto und lief neben Herrchen in Richtung Wald. Da ertönte der Ruf des Kuckucks wie vor einigen Wochen, und der Rüde rannte wie von der Tarantel gestochen blitzschnell zum Auto zurück. Auch dieser Vorfall wurde in der Familie besprochen, man vergaß indes auch diesmal das Geschehene. Während der täglichen Gassigänge war »Oskar« nun noch angespannter, ängstlicher und schaute immer öfter nach Vögeln und in den Himmel. Vogelstimmen, besonders der Ruf des Kuckucks, wurden immer mehr zum Problem, indem der Hund sich strikt weigerte, seinen Weg fortzusetzen. Bei einem erneuten Waldspaziergang mit der ganzen Familie kurze Zeit darauf ließ man, am Ziel angekommen, den Hund von der Leine. Obgleich kein Vogel oder gar Kuckuck zu hören war, fing »Oskar« mit typischem Angstverhalten an und lief voller Panik, den vielstimmigen Rückruf

Hier führt wohl eher der Hund seinen Besitzer Gassi. Das Ziehen an der Leine ist ein normales, oft erlerntes, aber höchst unerwünschtes Verhalten bei Hunden.

ignorierend, in die entgegengesetzte Richtung des Waldes davon. Erst Stunden später brachten Spaziergänger aus dem Nachbardorf den völlig verängstigten Rüden den Besitzern zurück. Dass »Oskar« gegenüber städtischen Alltagsgeräuschen von Beginn an sehr ängstlich reagierte und sich zunehmend vor jeglicher Art von Krach und Knall aufs Entsetzlichste erschreckte, nahmen die Besitzer mehr oder weniger hin. Weshalb aber reagierte er nun auch noch panisch auf Vogelstimmen, wo er doch die Geräusche aus dem Wald im Gegensatz zur urbanen Akustikkulisse noch aus seiner Welpenzeit her angstfrei kannte?

**Lösung des Falls:** »Oskar« hat eine nahezu generalisierte Angst vor jeglicher Art von Geräuschen entwickelt. Hunde wie er können in besonderen Erlebnissituationen leichter auch auf bisher nicht angstmachende Geräusche sensibilisiert werden, als dies bei Artgenossen ohne Ängste der Fall wäre. Auf welchem Weg diese Angstverknüpfung mit dem Ruf des Kuckucks bei »Oskar« erfolgte, konnte nie ermittelt werden. Zumindest ist ein Schreck- oder Schmerzerlebnis des Rüden im Unterholz, das zeitgleich mit dem Ruf des Kuckucks auftrat, als Ursache anzunehmen. Wenn dann die im Zuge der Angst erfolgten übersteigerten Reaktionen vom Tier nicht mehr kontrolliert werden können, leidet er unter einer Phobie als einer übersteigerten und unkontrollierbaren Angst [8]. Der Besitzer beobachtet seine zitternde, speichelnde, hechelnde oder fliehende »Zottelschnauze« voller Sorge, da das Tier nicht nur wachsende Erregung zeigt, sondern nicht mehr ansprechbar in den Zustand der Panik entgleist. »Oskar« hat den Wald mit Angst verknüpft. Dabei war beim wiederholten Spaziergang der Ruf des Kuckucks als angstauslösendes Erlebnis nicht mehr vonnöten, denn für den Hund löst bereits der damit in Verbindung stehende Wald Angst aus. Dieses Verknüpfen von Geräuschängsten und Ängsten vor bestimmten Gegenständen bzw. Örtlichkeiten bedingt eine

Art Angstüberlagerung, bei der dann nicht mehr nur das entsprechende Geräusch (hier der Kuckuck), sondern der damit in Verbindung gebrachte Gegenstand oder Ort (Wald) angstmachend wirkt. In der Folge kann der Hund auch ohne vorhandenes Geräusch die entsprechenden Angstreaktionen wie panikartige Flucht, Zittern oder Verweigerung des Laufens zeigen.

Dies ist auch der Grund, weshalb viele Geräuschängste häufig so schwierig zu therapieren sind. Es entwickelt sich nicht selten ein Teufelskreis der Phobophobie als Angst vor der Angst mit dem Phänomen, dass das Tier bereits vor dem eigentlichen Angstauslöser (wie Vogelstimmen, Feuerwerk, Donner bei Gewitter, Straßen- oder Baulärm) bestimmte Situationen (hier Waldnähe) oder Nebengeräusche wahrnimmt, die das angstauslösende Ereignis bereits ankündigen (Veränderungen des Luftdrucks vor dem Gewitter). Diese Vorboten bewirken ein körperliches Unwohlsein, die Erhöhung der Herzschlagfrequenz und Angst, bevor die eigentlichen Geräusche auftreten.

In diesem Zusammenhang scheint es erklärbar, dass die Hunde auch typische Angstmacher, wie Ballons, Gewitter bzw. Feuerwerke und deren Geräusche, einige Zeit vor den Besitzern bemerken.

## Ursachen der Geräuschangst

Weshalb nun gibt es einerseits Hunde mit höchster Geräuschsensibilität und andere »Zottelschnauzen«, die wiederum dermaßen unerschrocken gegenüber lauten Geräuschen sind, dass ihnen nur ein müdes Augenrollen zu entlocken ist, wenn etwa ein Topfdeckel laut klappernd neben ihnen auf die Bodenfliesen fällt. Normales Fluchtverhalten und Ausweichen wären in diesem Falle natürlich nicht unnormal, aber eine permanente und gesteigerte Schreckhaftigkeit, eine Phobie oder gar Phobophobie sind als gestörtes Verhalten einzuschätzen.

**Mangelnde Souveränität und Selbstsicherheit:** Dies ist eine der klassischen Ursachen von Geräuschängsten gegenüber Umwelteinflüssen. Sie wird ausgelöst durch soziale Unerfahrenheit des Welpen in Bezug auf Geräusche, die er auch mit zunehmendem Alter nicht ausreichend kompensieren konnte. Anfällig dafür sind Welpen von Züchtern, die in ruhiger und idyllischer Lage am Waldrand leben. Fernab jeglicher Alltagsgeräu-

> Geräuschangst lässt sich oft schwer therapieren, weil schnell eine generalisierte Angst entsteht.

sche können die Welpen in ihrer Frühphase kein angstfreies Referenzsystem (→ Seite 245) anlegen, da sie keinerlei Geräuscherlebnisse in den ersten Wochen ihres Lebens hatten und sich somit auch nicht an diese gewöhnen konnten.

**Negative Schreckerlebnisse:** Der Hund entwickelt daraufhin Ängste vor Geräuschen, die der Besitzer auch noch falsch bestätigt. Hierbei liegt ein grundlegendes Missverständnis zwischen Besitzer und Hund vor – wie in vielen ähnlichen Krisenfällen. Der Besitzer begreift die Leidenssituation seines Hundes und will ihm aus menschlicher Sicht über gutes Zureden, Streicheln und Trösten die Angst nehmen. Dabei muss er jedoch tragisch scheitern, denn der Hund wird durch all diese menschliche Hilfe in seiner Angst bestätigt und gestärkt, denn er versteht: »Ich glaube, dass Herrchen auch Angst vor diesem Vogel/Lärm hat, sonst würde er sich ja nicht so aufregen.« Oder aber die Angst ist dermaßen stark, dass die Beschwichtigungsversuche des Besitzers durch den Hund nicht wahrgenommen werden können. In beiden Fällen gibt es keine Erfolge!

**Erbliche oder rassebedingte Neigung:** Diese Ursache für die Entwicklung eines Angstverhaltens wird immer wieder in Hundeforen disku-

145

tiert. Dem zerknirschten Besitzer sei gesagt, dass es durchaus möglich sein kann, dass die Elterntiere seines Hundes eine gewisse Veranlagung für übersteigertes Angstempfinden besaßen, welches dann weitervererbt wurde. Diese Tatsache kann jedoch keinesfalls vordergründige Ursache für späteres Angstverhalten sein. Vielmehr konnte wissenschaftlich bereits mehrfach nachgewiesen werden, dass Welpen aus ängstlichen Elternhäusern bei verhaltensgerechter Erziehung und hinreichenden positiven und angstfreien Erlebnissen mit der belebten und unbelebten Umwelt in der frühen Entwicklungsphase zu normal agierenden, gut sozialisierten und weitestgehend angstfreien Hunden heranwachsen können.

## Silvester – eine spezielle Geräuschkatastrophe für Hunde

Viele besorgte Hundebesitzer eilen wenige Tage vor diesem Ereignis zum Tierarzt mit der Bitte um Beruhigungstabletten für ihr Tier. Und hier beginnt bereits das Drama für unsere Vierbeiner! Einige dieser »Wunderpräparate« führen keineswegs zur Abnahme der Angst beim Hund. Vielmehr bedingen sie durch ihre muskelerschlaffende Wirkung eine eingeschränkte Beweglichkeit, wodurch die Tiere vor den Geräuschen nicht mehr ausweichen können, sondern scheinbar ruhig und erschlafft vor dem Sofa liegen. Die Hunde sind in voller Stärke dem Lärm ausgesetzt, und häufig erkennt der Besitzer gar nicht den

## ANGST VOR DEM UNTERGRUND VERSTÄRKEN DURCH FALSCHE REAKTION

**1** »Bello« sitzt ängstlich und völlig verunsichert zitternd förmlich auf dem Fleck. Er ist nicht ansprechbar und zeigt eine extrem gespannte Körperhaltung, so als wäre er auf einer frisch geteerten Straße festgeklebt. Der Besitzer versucht, seinem Hund aus dieser misslichen Lage herauszuhelfen, indem er ihm nicht nur kulinarische Köstlichkeiten anbietet, sondern ihm auch gut zuredet und ihn streichelt.

**2** Schließlich hebt er »Bello« auf den angstmachenden Untergrund. Dieser weiß nicht mehr, wie er aus der Situation herauskommt. Selbst die Wurst, die ihm »Herrchen« vor die Nase hält, kann ihn nicht dazu bewegen, seinen Standort zu verändern. Versucht der Besitzer nun, den Hund zu überreden, nach dem Motto: »Bello, komm schon, der Fußboden tut dir nichts«, würde er dessen Angst falsch belohnen, sogar verstärken!

hohen Stresspegel des Tieres. Bemerken sie trotzdem den Stress und die Angst des Tieres, so streicheln sie es oder trösten es mit Worten. All diese verzweifelten und hoffnungslosen Versuche, dem Schützling die Angst vor den Geräuschen zu nehmen, führen zum Gegenteil: Der Besitzer »hilft« seinem Hund, die Angst zu etablieren, zu verschlimmern und zu generalisieren, das heißt, die Angst auf andere Geräusche auszuweiten. Also glauben Sie bitte an keine wunderversprechenden »Beruhigungspillen« gegen eine Geräuschangst zu Silvester, sondern üben, üben, üben Sie Wochen vorher mithilfe eines Anti-Angst-Trainingsprogramms mit Ihrem »Angsthasen«.

## Angst vor Untergründen

Zunächst erscheint es uns als absurd und grotesk, wenn unsere gewohnt unternehmungslustigen »Zottelschnauzen« vor bestimmten Untergründen Ängste entwickeln. Sind Hunde doch in erster Linie Lauftiere, die es vom Welpenalter an gewöhnt sind, auf irgendeine Art und Weise Kontakt mit den verschiedensten Bodenbelägen drinnen und draußen zu haben. Dennoch treten immer häufiger Ängste von Hunden vor ganz bestimmten Bodenmaterialien auf. Die Angstreaktionen reichen von einer panikartigen Flucht über ein verzögertes und vorsichtiges Auftreten bis hin zu völligem Erstarren und Verweigern des Weitergehens. Nicht selten treten unangepasste und übermäßige Angstreaktionen sowie die bereits besprochene Phobophobie als Angst vor der Angst bezüglich bestimmter Umgebung und Untergründen auf. Auch gibt es Hunde, die sich vor einer ganz bestimmten Bodenstruktur (etwa Fliesen) ängstigen, ohne generell Scheu vor allgemein glatten Untergründen (wie Parkett, Laminat oder Ähnlichem) zu haben. Andere »Angsthasen« zeigen dagegen anfangs lediglich vor einer bestimmten Bodenstruktur Berührungsängste (etwa Fliesen), generalisieren jedoch im Lauf der

Zeit diese zur Phobie vor sämtlichen glatten Untergründen.

**Steigerung der Angst:** In seltenen Fällen kann jedoch der Hund, insbesondere bei längerem Bestehen der Phobie, auch solche Bodenbeschaffenheiten als Stressor empfinden, die er vorher noch als Alternative zu den angstmachenden Strukturen gewählt hat. So verweigert er schließlich sämtliche Untergründe im Haus und erleidet somit eine generalisierte Angst, die sich auch auf andere Territorien ausweiten kann. Diese gesteigerte Angst führt zu einer erlernten Hilflosigkeit **11**. Ein klassisches Beispiel dafür ist in der Bildfolge links gezeigt. Die geschilderte Reaktion des Besitzers führt nicht nur zur Verstärkung der Angst, sondern der Hund kann fatalerweise auch den Besitzer negativ mit dem Moment der Angst vor dem Boden fehlverknüpfen.

**Ursachen für diese Angstsymptomatik:**

• Wie so häufig bei Ängsten ist es eine mangelnde Souveränität und Selbstsicherheit des Hundes gegenüber Umwelteinflüssen, weil er in früher Welpenphase unzureichend in Bezug auf die Umwelt sozialisiert und habituiert (→ Seite 210) wurde. Auch das Herumtollen und Liegen auf den verschiedensten Untergründen im In- und Outdoorbereich sollte den Hunden in der gesamten Vielfalt bis zur 16. Lebenswoche angstfrei und selbstständig erfahrbar gemacht werden.

• Viel häufiger als die fehlende Souveränität spielen jedoch negative Erfahrungen in der Vergangenheit mit dem entsprechenden Untergrund und den damit verbundenen Räumlichkeiten als Angstursache eine Rolle. Schreck- und schmerzauslösende Begebenheiten führen, besonders in den sensiblen Entwicklungsphasen des Hundes, zur Einschränkung der individuellen Fitness (→ Seite 242) und Unversehrtheit des Körpers sowie nicht selten zu Angst und Phobien **8**. Wieder ist es das unbeabsichtigte Belohnen des Besitzers über versuchte Ablenkung bzw. Beruhigung des Tieres, das dessen Angst verstärkt und etabliert.

## THERAPIE DER KLEINEN SCHRITTE

Um dem Hund die Angst vor angstauslösenden Reizen wie Geräuschen oder glattem Boden zu nehmen, müssen Sie ihn schrittweise damit konfrontieren. Beginnen Sie mit der geringsten Lautstärke bzw. Intensität, bei der der Vierbeiner noch keine Angst zeigt. Steigern Sie die Konfrontation allmählich in Raum (immer kürzerer Abstand), Zeit (immer häufiger und länger andauernd) und Intensität (immer lauter), bis keine Angst mehr auftritt.

Ein klassisches Beispiel ist das schmerzhafte Ausrutschen und Ausgrätschen der Vierbeiner auf den Fliesen des Behandlungs- oder Wartezimmers in der Tierarztpraxis. Der Hund ist bereits durch weitere anwesende Tiere im Wartebereich gestresst. Beim nun eiligen oder plötzlichen Lauf ins Behandlungszimmer rutscht er auf dem glatten Boden aus. Er zeigt daraufhin akustische Schmerzsignale (wie Jaulen oder Wimmern), wobei sein Blick zunächst auf den Boden gerichtet ist. Das herbeieilende Personal hilft dem schmerzleidenden Hund, der Besitzer tröstet, da er Mitleid mit ihm empfindet. Für den Hund wird in diesem Zusammenhang, je nachdem worauf sein Blick in der Schmerzsekunde gerichtet war – der glatte Boden, das Wartezimmer, der Tierarzt bzw. das Praxispersonal oder Herrchen –, zu einer negativen Erfahrung, nach dem Motto: »Der Boden/der Raum/der Tierarzt/ Herrchen haben mir wehgetan.« Bei den nächsten Besuchen in der Tierarztpraxis wird er unter Umständen bereits im Wartezimmer oder vor der Praxis Angst empfinden und sich weigern,

die Räumlichkeiten zu betreten. Aber auch eine generalisierte Phobie vor allen glatten und spiegelnden Untergründen kann dazu führen, dass der Hund in Folge der negativen Erlebnisse auch das Betreten des Parketts zu Hause verweigert.

## Generalisierte Angst

Eine spezielle und für Hund, Besitzer und Therapeuten gleichermaßen heimtückische (weil oft therapieresistente) Form von Angstverhalten ist die generalisierte Angst – die Angst vor allem. Die Hunde zeigen in bestimmten Stresssituationen ein ausgeprägtes, multiples und übermäßiges Angstverhalten vor vielen Dingen der belebten und unbelebten Umwelt, wobei der unmittelbare Auslöser für Angst und Panik nicht selten, trotz umfangreicher Befragung, verborgen bleibt. So können anwesende (Klein-)Kinder, das Auftauchen unbekannter Gegenstände oder fremder Personen (Männer) in der Öffentlichkeit, Windgeräusche und Ähnliches zu regelrechten Panikattacken führen. Typisch für diese Angstzustände kann aber auch sein, dass die Tiere aus dem Zustand der Ruhe heraus, oft eine geraume Zeit nach dem Kontakt mit den vermeintlichen Stressoren, plötzlich panisch fliehen oder erstarrend sich nicht vom Fleck rühren. Auch nach dem Spaziergang zittern sie bei gespannter Körperhaltung, sind nicht ansprechbar und verweigern bereitgestelltes Futter. Treten in diesen Momenten der Panik weitere Reize wie ein Baby, Windgeräusche oder Ähnliches auf, werden diese von den Besitzern fälschlicherweise mit der Angst des Hundes in Zusammenhang gebracht. Dabei liegt die eigentliche Ursache bereits einige Zeit zurück. **Erweiterung der Angst:** Mit der Zeit sind die Tiere generell angespannt und unruhig und scheinen mit der gegebenen Situation überfordert. Werden sie dann kurze Zeit später allein gelassen, treten sehr häufig Trennungsangstsymptome auf. Die Besitzer sind verzweifelt bemüht, das

scheinbar ohne Ursache panisch reagierende Tier zu beruhigen, womit sie die in Panik befindlichen Tiere nicht mehr erreichen können (→ Seite 144).

In diesen Fällen mit unklarer Entstehung und Ursache ist natürlich eine peinlichst genaue Ursachenforschung mit allen Familienangehörigen zwingend notwendig! Das Lernvermögen ängstlicher Tiere ist in jedem Fall beeinträchtigt **9**. Phobisch und panisch reagierende Hunde sind weder fähig, Signale aus der Umwelt aufzunehmen noch diese zu verarbeiten – ihre Lernfähigkeit ist häufig gleich null! Auch deshalb ist oft der Einsatz von Psychopharmaka nicht nur sehr hilfreich, sondern zwingend notwendig.

## So können Sie vorbeugen ...

### ... bei allen Formen von Angst:

● Ausreichende und allumfassende Sozialisation und Gewöhnung an die belebte und unbelebte Umwelt in der Welpenphase (→ Seite 214).
● Psychische und physische Ausarbeitung des Tieres, wie Futtererarbeitung, Geschicklichkeitsspiele oder zwei bis drei Stunden täglich freier Auslauf mit vielen Kontakten zu Artgenossen
● Verzicht auf jegliche Distress-Strafe und Zwang
● Vermeiden von potenziell traumatisierenden Erlebnissen

## Was können Sie tun ...

### ... bei Angst allgemein?

● Vermeiden von angstmachenden Situationen
● Generelle Reduzierung von negativem Stress
● Ignorieren der momentanen Angstreaktion, jedoch muss das Tier nachfolgend aus der angstmachenden Situation genommen werden, um Reizüberflutung (Flooding, → Seite 242) und gcstcigcrte Angst (Sensibilisierung) zu vermeiden (→ Seite 246)

● Belohnen Sie den Hund immer sofort mit Leckerlis, Streicheln, gutem Zureden, Spielen etc., wenn er sich in Stress-Situationen furchtlos und nicht ängstlich verhält, sich mit dem Stressor aktiv auseinandersetzt bzw. diesen ignoriert.
● Sie als Besitzer müssen entspanntes Vorbild sein, um dem Hund zu helfen, selbst zu entspannen. Aktiver Körperkontakt, wie das Hinlegen des Hundes auf die Füße des Besitzers kann dann zugelassen werden!
● Entspannungsübungen
● Konfrontieren Sie den Hund schrittweise mit dem angstauslösenden Reiz (→ Info, Seite 148).

### ... bei generalisierter Angst, Phobien und Phobophobien?

● Spezielle und individuelle Verhaltenstherapie in Verbindung mit Pheromonen (→ Seite 244) und Psychopharmaka

Hunde, die Angst vor allem haben, sind hilflos und handlungsunfähig.

# Fortbewegungsverhalten –
## Leinenzerrer und Streuner

Sowohl im Tierschutzgesetz als auch in der Tierschutz-Hundeverordnung wird ausdrücklich auf die Bedeutung eines »ausreichenden Auslaufs im Freien außerhalb des Grundstücks mit Sozialkontakten« hingewiesen. Als Mindestanforderung an den Freilauf gilt meines Erachtens: zweimal pro Tag insgesamt zwei Stunden.

## Hunde an die Leine – warum?

Egal, ob aus Angst und Unsicherheit oder aufgrund von Vorurteilen infolge erlebter oder nicht erlebter Begebenheiten – es gibt Menschen, die den Kontakt insbesondere mit Hunden nicht wollen. So weit, so gut und akzeptabel. Aber weshalb müssen wir soziale Haustiere in Zwinger wegsperren oder lebenslang an der Leine führen, nur weil viele unserer Mitmenschen den normalen Umgang mit der Natur verlernt und vergessen haben? In Großstädten und Ballungszentren kommt es zu einer gewissen konzentrierten Nutzung begrenzter Freizeitmöglichkeiten, wo eine gegenseitige Rücksichtnahme besonders wichtig ist! Auch kann dann ein zeitweises Anleinen der »Zottelschnauzen« nicht nur für die Menschen, sondern für die Hunde selbst ein Mehr an Sicherheit und Entspannung bedeuten und sie vor einer Überforderung durch Reizüberflutung bewahren.

## Auslauf ohne Leine ist wichtig

**Der Hund ist ein Lauftier!** Deshalb benötigt er täglich mehrfach Auslauf, der abhängig von Alter, Rasse, Gesundheit und Training mit den entsprechenden Pausen stattfinden sollte. Als optimal

gelten dabei zwei bis vier Stunden pro Tag, wobei damit weder der Aufenthalt im Garten noch das ausschließliche Laufen am Fahrrad gemeint ist, sondern vielmehr Bewegung in täglich wechselnder Umgebung.

**Der Hund ist ein Nasentier!** Er braucht deshalb ebenso täglich neue Umgebungsreize (Seh-, Hör- und Geruchserlebnisse) mit wechselnden Angeboten. Hunde sind »saubere« Tiere, die frühzeitig im Leben Aufenthalts- (Haus und Garten) und »Toilettenorte« trennen. Eine regelmäßige Bewegung fördert nicht nur den Kotabsatz, sondern ermöglicht Markierungseffekte und damit eine Unterhaltung zwischen den Hunden auf »Geruchsebene«. Die alleinige Grundstücksnutzung für die Erledigung von »Hundegeschäften« ist kein tiergerechter Ersatz!

**Hunde sind hoch soziale Tiere!** Aus diesem Grund leben sie gern mit ihren Artgenossen und uns Menschen in familiären Sozialverbänden. Unsere Hunde benötigen demnach tägliche Kooperationsmöglichkeiten mit Artgenossen und Menschen.

## Folgen des Leinenzwangs

Sicherlich finden einige Hundebesitzer beim Lesen dieser Zeilen ihre eigenen Vorstellungen von artgemäßer Hundehaltung bestätigt. Aber wir wollen ja auch die Skeptiker der modernen Hundehaltung erreichen. Deshalb möchte ich die Probleme und Gefahren aufzeigen, die aus einem eingeschränkten oder gänzlich verhinderten Freilauf sowohl für die Hunde als auch für die Öffentlichkeit entstehen können. Viele Hundebesit-

zer neigen dazu, das Leben ihrer Hunde komplett zu »managen«. Das heißt, sie bestimmen, mit wem ihre »Zottelschnauzen« Kontakt haben dürfen. Dermaßen kontrollierte Vierbeiner zeigen in der Öffentlichkeit fehlendes Selbstbewusstsein und Unselbstständigkeit, Angst **8**, Unfähigkeit, Krisen zu bewältigen, Frustrationen und Aggressionen **10**. Diese Hunde verlernen sowohl die »Hundesprache« als auch die Fähigkeit, menschliche Reaktionen aggressionsfrei zu verstehen und zu tolerieren.

Natürlich hat die öffentliche Sicherheit oberste Priorität. Danach müssen Besitzer von wirklichen Problemhunden (Aggression **10** und Jagdverhalten **12** gegenüber Menschen) in jedem Fall über ein entsprechendes Management (Maulkorb, Leine) Gefahren vermeiden! Nur eine zusätzliche Verhaltenstherapie kann Tieren, die ein Gefahrenpotenzial für die Öffentlichkeit bedeuten, eventuell zu einem späteren Zeitpunkt einen kontrollierten Freilauf ermöglichen. Weshalb

aber sollen alle übrigen »Zottelschnauzen«, die mehrheitlich friedfertig sind, mit diesen potenziell gefährlichen Hunden gleichgestellt werden? Sind Ängste bereits Grund genug, alle Hunde wegzusperren und anzuleinen? Gewinnt man mit diesen »Vorsichtsmaßnahmen« tatsächlich ein Mehr an öffentlicher Sicherheit?

Obwohl einige Bundesländer immer strengere Gesetze verabschieden, gehören Übergriffe, wie Verletzungen von Kindern durch Hunde, die sich von der Leine losgerissen haben oder aus Zwingern ausgebrochen sind, leider immer noch zum traurigen Alltag. So können Reglementierungen durch generellen Leinenzwang allein keinen Zuwachs an öffentlicher Sicherheit bieten. Wird einem Hund über längere Zeit kein angemessener Freilauf, also nicht nur die freie Nutzung des eigenen Gartens, gewährt, so riskiert der Halter einen frustrierten und eher als andere Hunde auf bestimmte Umweltreize ängstlich-aggressiv **8** **10** reagierenden Vierbeiner. Zudem verstößt er gegen Tierschutzrecht.

## Stereotype Bewegungsformen an Grundstücksgrenzen **1**

Sicher hat jeder schon einmal einen Hund beobachtet, der laut bellend oder stumm am Gartenzaun oder am Zwingergitter aufgeregt hin- und hergelaufen ist. Zumeist bewacht dieser Hund das Territorium, oder er möchte die Aufmerksamkeit seines Besitzers auf sich lenken. Und das erreicht er auch prompt, indem dieser ruft: »Aus, Bello!« Oder es handelt sich schlicht um ein Jagdspiel mit einem vor dem Zaun ebenfalls auf und ab laufenden Artgenossen oder einer Katze. Allen Ereignissen gleich ist die Anwesenheit eines äußeren Reizes oder Signals. Auch wenn Hunde bestimmte Örtlichkeiten neu erkunden, laufen sie oft interessiert schnüffelnd an den territorialen Grenzen entlang.

**Weder der eigene Garten noch Hundesport wie Agility ersetzen den täglichen freien Auslauf mit Kontakten zu den Sozialpartnern Hund und Mensch.**

## PROBLEME ALS FOLGE DES LEINENZWANGS

Permanenter Leinenzwang führt auf Dauer bei vielen Hunden zu erheblichen Verhaltensproblemen. Laufen sie nur an der Leine oder am Fahrrad und halten sie sich nur im Zwinger oder Garten auf, ist ihr Bewegungs- und Erkundungsverhalten eingeschränkt **5**. Sie sind daher nicht nur chronisch unterbeschäftigt, sondern es fehlen ihnen vor allem die wichtigen Sozialkontakte zu Artgenossen und Menschen. Eine besondere Rolle spielt dies in der Welpenentwicklung (→ Seite 210).

## Hin- und Herlaufen als zwanghaftes Verhalten

Wie aber ist dieses Hin- und Herlaufen zu bewerten, wenn die »Zottelschnauze« weder schnüffelnd die Umwelt erkundet noch sich aktiv mit ihr auseinanderzusetzen scheint? Häufig bemüht, wenn auch klassisch zutreffend ist der Vergleich des gestörten Verhaltens von Zwingerhunden mit dem gleichförmigen und länger andauernden auf und ab Wandern von Großkatzen am Käfiggitter in zoologischen Gärten. Mit ähnlich pendelnden Kopfbewegungen laufen auch die Hunde über größere Zeiträume hinweg auf und ab. Allerdings hat die Haltung von Hunden in Zwingern oder ähnlichen Kleinstterritorien durch die stark eingeschränkte Bewegungsmöglichkeit nachhaltigere Folgen, als wenn die Vierbeiner in strukturarmer (Bauhöfe, Betriebsgelände) oder immer gleicher (Gartengrundstück) Umwelt gehalten werden. Sobald Hunden, die längere Zeit kaum das eigene Grundstück verlassen konnten, alternative Gassigänge und integriertes Familienleben im Haus angeboten werden, sind sie relativ

schnell resozialisierbar und lassen von den zwanghaften und stereotypen Bewegungen ab. Dagegen sind zwingergeschädigte Neurotiker oft ohne Psychopharmaka rettungslos verloren. Ob aus Langeweile, Angst oder im Zuge von Konfliktsituationen und negativem, nicht zu bewältigendem Stress – meist sind diese zwanghaften »Manegebewegungen« Stressventil und Versuch zugleich, die Situation in reizarmer, isolierter Umgebung zu kompensieren. Die Tiere können sich durch die Begrenzung nicht angemessen mit der Umwelt vor dem Gitter auseinandersetzen, lernen jedoch, über »Gefängnisjogging« Stress abzubauen. Das Verhalten wird zwanghaft, die Tiere sind süchtig nach immer mehr und länger andauernden »Laufeinheiten ohne Sinn« **1**.

## So können Sie vorbeugen

- Keine Haltung in Zwingern, keine Anbindehaltung, Kleinstterritorien, Isolationshaltung
- Generell Verzicht auf Distress-Strafen bzw. keinen Zwang anwenden
- Integration in die Familie mit »Faustregeln«
- Artgemäße und adäquate Beschäftigungsmöglichkeit (physische und psychische Ausarbeitung) (→ Seite 149)
- Ausreichende und umfassende Sozialisation und Gewöhnung an die Umwelt (→ Seite 214)
- Regelmäßiger Besuch von Freilaufflächen (Freilauf in »erlaubter« Form), deren Größe der Hundeanzahl entsprechen und die mit hinreichend strukturiertem Baum- und Strauchbestand (Sichtschutz, Rückzugs- und Erkundungsmöglichkeiten, Schutz vor Sonne) ausgestattet sein sollten. Wenn nötig, weiter weg fahren!
- Gemeinsame Spaziergänge ohne Leine (auch trotz Gartennutzung!)
- Partnerspiele zwischen Mensch und Hund (etwa »Kunststücke« lernen)
- Trainingseinheiten fürs Gedächtnis, wie Zählspiele, Futtersuchspiele, Gedächtnisübungen

### Therapie – was können Sie tun?

- Konsultieren Sie einen Tierverhaltenstherapeuten. Oft ist eine spezielle Verhaltenstherapie in Verbindung mit Psychopharmaka nötig, um überhaupt eine Lernfähigkeit zu erreichen!
- Ausschalten von Stressoren (keine Zwingerhaltung, Isolation; Vermeiden von häufigen Konflikten in der Familie, Langeweile, eingeschränkter Bewegungsfreiheit durch permanente Leine, Strafe, launischem, inkonsequentem Umgang)
- Umgangsformen mit dem Hund korrigieren (Vermeiden von Unterbeschäftigung, Bedrohungsgesten durch Körpersprache und falsches Bestätigen durch Aufmerksamkeit im Moment des stereotypen Verhaltens, Einsatz von Beschwichtigungsgesten, Aufbau eines guten Mensch-Hund-Teams)
- Verhaltenstherapeutische Maßnahmen (wie Entspannungstechniken, Aufbau eines mit der Stereotypie unvereinbaren Alternativverhaltens)
- Korrigieren und optimieren Sie das Lebensumfeld durch artgerechte Erziehung, Haltung, Ernährung, Bewegung, Verkürzung der Phasen des Alleinbleibens.
- Medikamentöse Begleittherapie

# Hunde, die sich nicht kontrollieren lassen

Schlechtes Funktionieren von Rückruf und Leinenführigkeit sowie das länger andauernde Streunen sorgen für so manche Krise im Hund-Mensch-Team. Die Schuld an der Misere indes liegt eindeutig bei uns Menschen. Wer meint, ein Hund könnte dem sprachlich und körperlich kommunikativen Kauderwelsch eines Zweibeiners entnehmen, was dieser von ihm will, wird ewig scheitern. Jedes Kommando muss auf die richtige Weise (→ Seite 154) mit der entsprechenden Handlung verknüpft und gelernt und viele Tausend Mal wiederholt werden, ehe man

**Zu zweit machen ausgedehnte Streifzüge doppelt Spaß – Streunen kann aber für so manche Krise im Mensch-Hund-Team sorgen!**

von seiner »Zottelschnauze« die Umsetzung derselben verlässlich erwarten kann. Hat er diese erfolgreich gelernt, können Sie immer noch nicht erwarten, dass der Vierbeiner, der gerade an einer für ihn wichtigen Duftspur schnüffelt oder gar mit Artgenossen kommuniziert, sofort auf Ihren Rückruf reagiert. Erkundungsfreudige Hunde, die jagdlich motiviert sind, oder liebestolle Rüden, die gern den Hundedamen nachstellen, nutzen jede sich bietende Gelegenheit, um zu türmen bzw. zu streunen. Dies ist normales Hundeverhalten!

### Den Hund zurückrufen

Um die Gefahr durch Autoverkehr, Jägerschaft und vieles mehr für die »Zottelschnauze« bei ihren potenziellen Streifzügen zu minimieren, ist eine gewisse Kontrollfähigkeit unerlässlich. Ein vorschneller Entschluss, dem Treiben per Kastration ein Ende zu setzen, kann sich als nicht nur unwirksam, sondern geradezu konträr zur allgemeinen Verhaltensentwicklung des Hundes gestalten (→ Seite 165). Wir können es oft nicht

**INFO** ## RÜCKRUF – WIEDERHOLEN IST WICHTIG

Wenn man Fachleuten Glauben schenkt, dann sind bis zu 10.000 erfolgreiche Wiederholungen an den verschiedensten Orten notwendig, um seinen Vierbeiner nicht nur zu Hause ohne Ablenkung, sondern überall sofort abrufen zu können. Zählen Sie doch einmal, wie oft Sie Ihren Hund auf einem Spaziergang zurückrufen, und dann rechnen Sie hoch, wie viel Zeit es braucht, um ein verlässliches Rückrufsignal bei Ihrem Hund aufzubauen.

erwarten, bis unsere Hunde ihre momentane Tätigkeit selbstständig beendet haben. Wir sind sofort gereizt, wenn uns unsere »Zottelschnauze« auch nur einen Augenblick warten lässt. Ignoriert der Hund den Rückruf, bedingt das scheinbar automatisch bei uns das Ansteigen von Puls, Atmung und Stresshormonent. Wir sind stinksauer. Und argwöhnen, dass der »Angestellte auf vier Pfoten« den Aufstand probt. Also holen wir ihn vom Artgenossen oder Mülleimer ab, leinen ihn zähneknirschend an und schwören dem anderen »Leinenende« und uns selbst, dass noch heute der Rückruf bis zum Umfallen trainiert wird. Daheim angekommen, reagiert der Hund plötzlich wieder auf alle Signale. Wollte er provozieren? Zunächst hat der Vierbeiner gelernt, dass der Besitzer beim Spaziergang keine wirklichen Alternativen hat, um ihn zum Zurückkommen zu motivieren. Kuhglockengeläutartiges Wiederholen der immer gleichen Worte »Bello, komm!« nutzen sich ab, und die immer schrillere oder grollendere Lautstärke führt zu Stress und Angst vor dem Besitzer. Auch scheint ein Zurückkommen nicht wirklich wichtig zu sein …

## Rückruf richtig trainieren

Der Rückruf ist, dies wird immer wieder deutlich, eines der wichtigsten Arbeitsmittel im Leben eines Hundebesitzers. Also sollten wir nicht wegen des mangelhaften Trainingszustands verzweifeln, sondern täglich ein Zurückkommen des Hundes auf Kommando üben. Und wie Fachleute herausgefunden haben, ist oftmaliges Wiederholen nötig, bis das Kommando vom Hund richtig abrufbar ist (→ auch Info links). Dabei sollten Sie Ihren Hund nicht erst zurückrufen, wenn es notwendig ist. Besser ist es, den Hund in einem Rückruftraining zu halten und ihn entsprechend zu belohnen, so wird er immer mit einem Ohr bei Ihnen sein.

**Wie übt man richtig?** Zu Beginn des Gassigehens sollte die »Zottelschnauze« auf ein simples »Sitz« eine hinreichende Belohnung (Futter, Spielzeug) erhalten. So ist sie im »Stand-by-Modus« der Arbeitsbereitschaft bereits hoch motiviert. Nach den üblichen »Geschäftswegen« (Kot- und Harnabsatz) wird sich der Hund öfter umschauen, ob Arbeit von ihm verlangt wird. Natürlich nutzen wir jedes Umschauen des Hundes, indem wir uns zunächst selbst in entgegengesetzte Richtung schnell vom Hund ohne Rückruf und ohne sonstige Sichtzeichen wegbewegen. Sobald er bei uns ist, erhält er ein Lob (»Lockphase«, das heißt, das erwünschte Verhalten wird über Bewegungs-(Spiel-)motivation gelockt und per Futter bestätigt, ohne dass ein Signal aufgebaut wird – erste Phase des Kommandotrainings).

Dieses wird nun ausreichend häufig wiederholt, das heißt, es wird »Verhaltensmasse« aufgebaut, um dann nach einigen Wiederholungen ein Sichtzeichen (weit ausholender Arm) zu Beginn des Wegrennens zu präsentieren, sobald Sie sich hundertprozentig sicher sind, dass Ihr Hund hinter Ihnen herlaufen wird. Danach empfiehlt sich die Einführung der Pfeife als kurzes und hochfrequentes Signal (→ Seite 56), indem wiederum kurz vor dem Wegrennen 1. der Pfiff und 2. der

winkende Arm den Hund immer verlässlicher den Rückruf ausführen lassen. Zu Beginn mit Schleppleine gesichert, muss man später immer weniger Hilfen für den Hund anbieten, sodass er auch ohne unser Wegrennen auf den Pfiff und die winkende Armbewegung reagieren wird. Auch ist es immer sinnvoll, seinen Hund im sogenannten Kontrollradius (ca. 15 Meter vom Besitzer) zu halten, da Hunde innerhalb dieser Entfernung generell besser kontrollierbar sind. Doch beachten Sie den Zeitpunkt. Zu Beginn des Trainings macht es wenig Sinn, den Hund abrufen zu wollen, wenn er etwa gerade interessiert an einer Duftspur schnüffelt. Bei noch niedrigem Trainingslevel kann er in solchen Momenten nicht auf Sie hören! Deshalb rufen Sie ihn in diesen Situationen gar nicht erst zu sich. Sie verderben sich nur unnötig das Kommando!

**Üben mit der Pfeife:** Apropos verderben! Sollten Sie bereits hinreichend frustriert und erfolglos sein und das bisher verwendete Rückrufwort mehr geschrien als gesprochen haben, dann ist Hilfe in Form eines neutralen, gesetzten Signals

sehr heilsam – die Pfeife. Unabhängig von Ihrer emotionalen Situation ist ein Pfiff ein immer gleicher, kurzer und hochfrequenter Laut (→ Seite 56), der nicht Ihre miese Laune auf den Vierbeiner überträgt. Dieser war darüber mehr als verunsichert, hatte er doch beim bisherigen Schreimanagement den Ärger in Ihrer Stimme automatisch auf sich bezogen.

**Das Zurückkommen positiv gestalten:** Freuen Sie sich über jedes Zurückkommen Ihres Hundes auf Ihr Kommando, auch wenn er einige Zeit auf sich warten ließ. Schelten Sie das Tier im Moment des Wiederkommens, so lernt es genau das Gegenteil von dem, was Sie wollten. Er verknüpft das Hinlaufen zum Besitzer mit etwas Negativem! Schlendert das sensible »Vierpfotenmodell« dennoch nur zögerlich zu Ihnen zurück oder weicht nur wenige Schritte von Ihnen entfernt ins Gebüsch aus, kontrollieren Sie bitte Ihre Körperhaltung und glätten Sie Ihr Gesicht! Ihre »Zottelschnauze« hat dann meistens Angst vor Ihnen! Haben Sie sich körpersprachlich überhaupt nicht im Griff, so drehen Sie sich einfach

Der Rückruf ist das wichtigste Arbeitsmittel eines jeden Hundebesitzers – und kann lebensrettend für die »Zottelschnauze« sein. Er sollte täglich mehrfach wiederholend geübt und ausgiebig belohnt werden.

um und gehen in die Hocke. Wenn der Hund in größerer Entfernung unschlüssig stehen bleibt und auf den einmalig gesetzten Rückruf nicht reagiert, so helfen Sie Ihrem Hund mit Elementen aus der »Lockphase« (Wegrennen, »Hampelmann«), um ihn auf sich aufmerksam zu machen. Sind Sie im vorgerückten Alter, weniger sportlich interessiert oder darauf bedacht, in der Öffentlichkeit nicht lächerlich zu wirken, dann setzen, knien oder legen Sie sich doch einfach hin – auch diese Körperstellungen sind dann häufig noch ungewöhnlich genug, um den Hund zu sich zurückzuholen.

Wer seinen Hund hingegen abholt, hat nicht nur im Ansehen als Trainer verloren, sondern riskiert Unfälle, indem der Vierbeiner spielerisch vor Ihnen weg ins nächste Auto läuft!

**Stimmliche Notbremse:** Wie aber können wir verhindern, dass unser »Fellliebling« beim Hinterherjagen eines Wildtieres nicht auf die nahe gelegene Bahnlinie oder Schnellstraße läuft? Hier nun werden all jene Tierbesitzer belohnt, die im Alltag ihren Hund nie anbrüllen, sondern mit diesem eher leise, ruhig und freundlich gesprochen haben. In lebensbedrohlichen Situationen aber können und müssen Sie dann verbal »die Sau rauslassen«. Schreien Sie voller Panik den Namen Ihres Hundes überlautstark und verhalten Sie sich wie sonst nie – hysterisch und unkontrolliert. Erschrocken über Ihre heftige Reaktion wird sich Ihr Hund besorgt nach Ihnen umschauen und zurücklaufen. Bewahren Sie sich diese »Notbremse« wie ein Schatzkästchen für die kritischen Situationen im Alltag auf! Glauben Sie mir, auch ich war bereits froh, dass ich auf diese Weise meine Hündin vor einer lebensbedrohlichen Situation bewahren konnte!

## Den Hund korrekt an der Leine führen

Dies ist nicht wichtig, um Wettbewerbe zu gewinnen, sondern um sich vor einem schmerzhaf-ten Ziehen und daraus resultierender Schultergelenksarthrose zu schützen. Auch ist es vielen Hundebesitzern oft mehr als peinlich, wenn nicht sie den Hund, sondern der Vierbeiner den Menschen Gassi führt (→ Foto, Seite 144).

Der Hund scheint zunächst sicherlich nicht zu verstehen, warum er korrekt neben seinem Halter laufen muss. Zudem werden die Tiere genau für das Ziehen in die Leine ungewollt belohnt, indem der Besitzer oft unter »fachkundiger« Anleitung genau in jenem Moment einen kräftigen Ruck am Halsband vollführt und ein knurrendes »Fuuuuß« brüllt, wenn die verunsicherte »Zottelschnauze« gerade in die Leine zieht. Der Hund verknüpft: Beim Schrei »Fuuuß« ziehe ich gerade meinen Besitzer durch die Straße und erhalte einen schmerzhaften Ruck am Hals, was wehtut.« Dabei wäre das richtige An-der-Leine-Laufen so einfach zu lernen: Zunächst entscheiden Sie sich für eine Seite, auf der Ihr angeleinter Hund demnächst neben Ihnen laufen soll (für Rechtshänder ist die linke Seite günstig!). Ein Wechsel zwischen links und rechts für dasselbe Kommando kann der Hund nicht nachvollziehen.

**Phase 1, die Lockphase:** In den ersten Schritt hinein wird dem Hund ein Futterstück vor die Schnauze gehalten und während er an lockerer Leine mitläuft (= erwünschtes Verhalten), erhält er immer wieder Futter (positive Konsequenz). Günstig ist es dabei am Anfang, den Hund an einer natürlichen Barriere (Hauswand, Zaun o. Ä.) entlang laufen zu lassen. Im Weiteren wird der Hund stets dann mit einem Leckerli belohnt, wenn er ohne an der Leine zu ziehen (lockere Leine!) neben Ihnen läuft. Aufbauend darauf werden später Belohnungen nur noch dann gegeben, wenn der Hund besonders nah neben Ihnen (Kopf an Knie bei lockerer Leine = Maximalforderung) läuft. Später ist es möglich, den Hund schrittweise nach 5, 10, 15 … Metern erfolgreicher Leinenführigkeit zu belohnen. Der Hund wird so mehr und mehr in Ihrer Nähe bleiben,

um die ersehnte Beachtung oder gar ein Leckerli zu bekommen. Im Lauf der nächsten Tage können dann auch Slalomläufe durch Blumenkübel oder andere Parcours die Leinenführigkeit immer weiter perfektionieren.

**Phase 2, Einführung Sichtsignal:** Hat der Hund gelernt, dass es sich stets lohnt, links (oder rechts) ganz nah neben dem Besitzer zu laufen, er also quasi schon gut leinenführig ist, wird das Sichtsignal eingeführt (Zeigefinger nach unten), indem kurz vor dem lockeren Leinelaufen das Sichtsignal gezeigt wird (ohne dass man in dieser Hand Futter hält, sonst wäre dies immer noch Locken mit Futter). Läuft der Hund gut, erhält er die Bestätigung über Futter.

**Phase 3, Einführung Hörsignal:** Hat der Hund gelernt, dass es sich beim Sichtsignal (Zeigefinger nach unten) stets lohnt links (oder rechts) ganz nah neben dem Besitzer zu laufen, er also quasi schon gut leinenführig ist, wird das Kommandowort eingeführt, indem man kurz (0,5 Sekunden) vor dem Sichtsignal das Wort »Fuuuuß« ausspricht und den Hund nachfolgend belohnt. Somit wird durch die Einführung des Kommandowortes am Anfang der Handlung die Assoziation »wenn es »Fuuuuuß« heißt und nachfolgend der Zeigefinger nach unten zeigt, laufe ich neben Frauchen, das lohnt sich (Futter)« fest verknüpft, sodass man nachfolgend auch dann den Hund im Späteren mit eben diesem Wort daran erinnern kann, was man von ihm möchte: »Ach ja, Fuuuß bedeutete ja, ich laufe neben Frauchen und irgendwann bekomme ich auch ein Lob …« Dieses Training kann man sich natürlich auch mittels Target und Clicker als positiven Sekundärverstärker erleichtern. Auch sollte das bisher erfolglos verwendete Kommandowort (»Fuß«) gegen ein neues (»Schritt«) ausgetauscht werden! Sollte Ihr Hund einmal wieder in die Leine ziehen und auf das Kommandowort »Fuuuß« nicht mit der prompten Leinenführigkeit reagieren, so haben Sie entweder noch zu wenig erfolgreiche

Trainingseinheiten absolviert oder Ihr Hund ist anderweitig motiviert, eben in die Leine zu ziehen (Artgenossen auf der anderen Straßenseite o. Ä.). Dann vermeiden Sie, an der Leine zu ziehen und auf den Hund einzureden, sondern halten den Hund nur kommentarlos unter Ignorieren fest – und zwar solange, bis die Leine sich von selbst lockert und Ihr Hund Sie erwartungsvoll anschaut, dann wird er wieder ruhig in die Ausgangsposition auf die entsprechende Seite geschickt und Sie können Ihren Weg fortsetzen.

**Üben mit Halti:** Ein Halti kann helfen, in problematischen Einzelfällen die Leinenführigkeit zu verbessern, sollte jedoch nie pauschal, sondern nur als Zwischenschritt auf dem Weg zum perfekten An-der-Leine-Laufen genutzt werden! Dabei ist ein »Halti« kein »Zerri« und darf nur zur behutsamen Lenkung genutzt werden.

Ein »Halti« sollte als Führhilfe zum An-der-Leine-Laufen nur vorübergehend genutzt werden!

# Spielverhalten:
# Wenn aus Spiel Ernst wird

Spielverhalten zeigen unsere »Zottelschnauzen« nur in entspanntem Umfeld. Erst wenn sie die Umwelt erkundet und als nicht gefährlich erkannt haben, spielen sie mit sich und Objekten, oder sie setzen sich mit Sozialpartnern im Spiel auseinander. Wer zum Spiel fähig ist und dieses auch häufig am Tag zur Entspannung nutzt, fühlt sich wohl, oder?

## Für die einen Spiel, für die anderen ein Problem

Ein spielerisches Anstupsen, ein freundschaftlicher Schnauzenstoß oder das Winken bzw. das Reichen der Pfote (»Pföteln«) wird in hundefreundlichen Kreisen als Begrüßungsritual akzeptiert, nach dem Motto: »Let's make friends«.

### Anspringen

Das Anstupsen, Pföteln und Bedrängen kann, obgleich als normales Verhalten vom Welpenalter an etabliert ( Seite 210), unangenehm und gefährlich werden. Achtung, Verletzungsgefahr droht dann, wenn der Hund den Menschen zu Fall bringt oder er keine ausreichende Frustrationstoleranz ( Seite 242, 213) gelernt hat. Spätestens wenn die spielerische Erregung in aggressives Schnappen umgelenkt wird, ist aus dem harmlosen Anspringspiel ein gefährliches Intermezzo geworden. Der Hund fordert den Kontakt immer stärker ein, nach dem Motto: »Weshalb reagieren die Zweibeiner nicht mehr wie gewohnt auf mein Spielritual?«

**Abhilfe:** In der frühen Phase des Anspringverhaltens lässt sich diese Gewohnheit relativ simpel abstellen, indem Sie den Hund in Situationen der Begrüßung und der allgemeinen Aufregung ignorieren ( Info, Seite 198). Unsicheren und ängstlichen Besuchern ist oft nur die aktive Form des Ignorierens möglich, indem sie sich im Anspringen mit nach unten gehaltenen Händen sofort wegdrehen oder einen Schritt zur Seite machen, damit der Sprung ins Leere geht. Die lerntheoretisch elegantere passive Form des Ignorierens, bei dem der angesprungene Mensch gleich einem »Baum« regungslos stehenbleibt, führt zur schnelleren Aufgabe beim Hund. Er lernt schnell am Misserfolg seines Springspiels, dass es keinerlei Feedback vom Menschen gibt, weder positiv noch negativ. Also wird er dieses Verhalten immer weniger häufig zeigen. Nach erfolgreichem Ignorieren ist es aber ebenso essenziell wichtig, jegliches erwünschte und von der »Zottelschnauze« frei angebotene alternative Verhalten, wie Weggehen, Sich-Hinsetzen oder in Entfernung in dezenter Spielaufforderung mit Spielzeug im Maul zu warten, sofort, gegebenenfalls mithilfe eines Clickers und nachfolgendem Futter, zu belohnen (freies Formen). Ein Lob mit Streicheleinheiten kann indes zum unmittelbaren wiederholten Anspringen führen. Auch wenn Ihr Hund allgemein dazu neigt, übererregt zu sein, rate ich, ihn nur dann zu streicheln, sobald er auf seinem Lager ruht (Entspannungsübung).
Um eine dringend zu therapierende Verhaltensstörung handelt es sich bereits, wenn die Erregung gesteigert ist, der Hund ständig Sie oder einen anderen Sozialpartner in Form eines auf-

merksamkeitserheischenden Verhaltens (AEV, → rechts; bedrängt oder wenn das Spielverhalten in Aggression ⑩ umschlägt.

## Spielerische Aggression

**Kampf ums Spielzeug:** Klassisch ist das Missverständnis zwischen Hund und Mensch, wenn es um die Art und Weise von Sozialspielen geht. Da wird oft um ein Spielzeug gerungen, ohne dass der Besitzer die Beißhemmung ( Seite 162) in der menschlichen Familie weiterführend lehrt, übt und zur Perfektion bringt. Dies kann zur Folge haben, dass Zerr- und Reißspiele ohne aufgebautes Unterbrecherkommando »Aus« möglicherweise zum Nachschnappen führen ( Seite 162) und empfindliche Schmerzen an den Händen verursachen. Aus Spiel wird dann urplötzlich Ernst! Der Hund meldet nachdrücklich Besitzansprüche an, nach dem Motto: »Dies ist meins!« Und wenn dann gebissen wird, ist dies nicht versehentlich passiert. Hunde wissen als geborene Jagdraubtiere immer, wann sie ihren Biss wie stark wohin setzen müssen – Beißen erfolgt immer gezielt!

**Aufmerksamkeitserheischendes Verhalten (AEV):** Hunde kommen auf die verrücktesten Ideen, wenn es darum geht, Langeweile abzubauen oder endlich Aufmerksamkeit vom Besitzer zu bekommen. So bewachen sie spielerisch Gegenstände oder stehlen Alltagsdinge, um endlich beachtet zu werden. Stellen Sie sich, liebe Leser, vor, dass Ihre »Zottelschnauze« plötzlich Ihr teures Handy oder die neuen Schuhe klaut und, die begehrte Trophäe voller Triumph im Maul haltend, vor Ihnen davonläuft. Ganz automatisch werden Sie auf das von der dreisten »Zottelschnauze« initiierte Jagdspiel eingehen und hinter ihr herrennen. Und schon war der Hund mal wieder cleverer, weil wir Menschen so ganz nach seinem Geschmack funktionieren. Bleiben Sie cool stehen, gehen zum Kühlschrank, schneiden ein Stück Wurst ab und bieten dem plötzlich an Ihnen interessierten Schützling im Tausch ein Futterstück an, so haben Sie gewonnen und nicht der Provokateur!

Klassische Zerr- und Reißspiele können bindungsfördernd sein. Bei einem nicht aufgebauten »Aus«-Kommando, unvollständiger Beißhemmung und schlechter Erregungs- und Impulskontrolle kann es jedoch gefährlich werden.

**Allzu aufforderndes Spielbellen:** Gegenüber gestressten Alltagsmenschen geäußert, kann dies immer wieder dazu führen, dass diese die Nerven verlieren und ihren Hund anherrschen, endlich die »Schnauze« zu halten. Ohne trainiertes Unterbrecherkommando, etwa »Still« oder »Ruuuhig«, funktioniert dies natürlich nicht, und die »Zottelschnauze« freut sich endlich über eine Re-

### INFO · FLUCH UND SEGEN DES AEV

AEV ist keine Erkrankung, sondern zumeist normales Hundeverhalten. Hunde, die zu AEV neigen, sind leicht motivierbar und arbeiten gern. Sie schauen die Besitzer häufig auffordernd (Blickachse) an und setzen Ideen und Trainingsvorschläge schnell um. Wer die Erregungs- und Konzentrationsprobleme in Grenzen halten und ein Abgleiten in Hyperaktivität, ADHS (→ Info, Seite 132) und umgerichtete Aggression vermeiden kann, wird mit einem tollen Begleiter belohnt!

So können sich »Apportierjunkies« als Assistenzhunde oder »Bringdienstleister« (Telefon, Schuhe, Schlüssel) für Menschen mit Handicaps unentbehrlich machen. Oder sie arbeiten als hoch talentierte Situationsanalytiker im Rahmen von Tiergestützten Interventionen in Pädagogik- und Heilberufen im ausgebildeten Hund-Mensch-Team.

aktion vom Halter, die einer Belohnung gleichkommt. Sie bellt immer weiter, egal, ob Sie mit Engelszungen reden, mit einer Schimpfkanonade auf sie eingehen oder ihr die Schnauze zuhalten. Hierfür ein Tipp von mir: Sollten Sie das nerven-

de Bellen oder ein anderes AEV nicht wollen, müssen Sie dieses komplett und dauerhaft ignorieren. Inkonsequentes Ignorieren führt zur Aufrechterhaltung und Etablierung des AEV ( Info, Seite 135). Das Tier wird zunächst zu Beginn des Ignorierens erfahren, dass sein bisher erfolgversprechendes AEV keinen positiven Effekt mehr hervorruft und reagiert prompt mit einer Intensivierung des AEV's mit mehr körperlichem Einsatz und länger andauernden Phasen. Aber das Tier entwickelt auch mehr und mehr alternative Strategien und neue Verhaltensweisen, um eine gewünschte Zuwendung des Halters zu erreichen. Deshalb vergessen Sie bitte niemals, Ihre »Zottelschnauze« genau in dem Moment zu beachten und damit zu loben, wenn sie still ist und sich zurückzieht! Das schult das Lernen am Erfolg und Misserfolg!

Spielbellen kann ebenso wie das Bewachen von »eingebildeten« Dingen in der übersteigerten Form für die »Zottelschnauze« auch zur echten Verhaltensstörung in Form einer Stereotypie ⚠ werden. Ebenso möglich und nicht selten sind auch plötzliches umgerichtetes Frustrations- und Aggressionsverhalten (leichtes Zwicken bis Beißen), um nur irgendwie eine Reaktion des Menschen hervorzurufen. Natürlich ist es insbesondere bei der Gefahr von Aggressionszwischenfällen essenziell wichtig, alternative Verhaltensweisen und Gefahrenmanagement (Maulkorb) in kritischen Situationen dem Besitzer aufzuzeigen. Dieses kritische Verhalten und die quasi Verschlimmerung und Intensivierung des AEV muss jedoch, der allgemeinen Lerntheorie folgend möglichst weiterhin konsequent ignoriert werden ( Info, Seite 135).

## Kreiseln – eine schwerwiegende Verhaltensstörung ⚠

Unter Kreiseln versteht man das Jagen nach dem eigenen Schwanz (→ Foto, Seite 161). Oft beginnt

alles ganz harmlos. Aus eigenem Antrieb heraus springt der Hund im Kreis, indem sich der Vorderkörper beim Aufwärtssprung nach hinten bewegt und der hintere Beckenteil förmlich herumgeschleudert wird. Dabei bemüht sich das Tier, im Rahmen des Jagdspiels seinen Schwanz zu erhaschen. Bitte lachen Sie nicht über diese koboldhafte Akrobatik. Ihre »Zottelschnauze« kann ein wirklich gefährliches und schlecht zu therapierendes Stereotypieverhalten entwickeln.

**Ursachen für Stereotypien:** Aus eigenem Antrieb oder, was besonders häufig passiert, im Zuge der Begrüßung, bei plötzlichen Situationsänderungen oder während des Spiels mit dem Besitzer laufen die Hunde ihrem Schwanz hinterher und beißen, lecken und knabbern sich ihre Rute kahl und wund. Auch monotones Bellen und gesteigerte Aggression 10 gegen sich selbst (Autoaggression) mit Wundlecken (→ Seite 137) sind gelegentlich zu beobachten. Prinzipiell kann aus jeder Situation, in der ein Hund hoch motiviert ist, Kontakt zur Familie herzustellen, jedoch daran gehindert wird, eine Stereotypie entstehen. Eine Kontaktaufnahme verhindern zum Beispiel: Einschränkung der Bewegungsfreiheit, Sozialisolation im Zwinger oder Haus, permanente Anbindehaltung, Distress-Strafe oder verschiedene und plötzliche Situationsveränderungen, die den Hund stressen, wie Sozialisolation bei latenter Trennungsangst. Die Entstehungsmechanismen, Verläufe und Therapieansätze bei diesen stereotypen »Ticks« 1 sind immer ähnlich. Die Tiere zeigen irgendwann dieses Verhalten als scheinbar sinnlose »Übersprunghandlung« (→ Seite 247), um Stress abzubauen. Über die auf Seite 137 geschilderten Lernvorgänge werden sie süchtig nach mehr, wie hier der drehenden Bewegung. Bei keiner anderen stereotypen Handlung ist jedoch der Besitzer so maßgeblich an der Entstehung und Etablierung des zwanghaften Verhaltens beteiligt wie bei der »Drehmacke«. Denn häufig betrachtet er das

aus dem Spiel heraus entstehende Kreiseln nicht nur amüsiert, sondern er belohnt den Hund für jede Drehung und präsentiert ihn im Bekanntenkreis stolz als »Tanzsolisten«. Wüsste er, dass mit jeder Drehbewegung der Hund mehr und mehr in die therapieresistenten Stadien einer schwer beeinflussbaren psychischen Erkrankung entgleiten kann, würde er mit Sicherheit sein Handeln sofort erschrocken stoppen! Ab Stadium 2 der Stereotypie ist es nur mehr schwer möglich, den Hund in seinem Tun zu unterbrechen, ein versuchtes »Aus« wirkt nicht erfolgreich, sondern drehverstärkend! Einem derartig verhaltensgestörten Patienten kann nur die Konsultation eines Tierarztes und Tierverhaltenstherapeuten (GTVMT) und eine sofort beginnende Verhaltenstherapie in Verbindung mit der Gabe von Psychopharmaka helfen, damit sich sein Verhalten überhaupt noch verändert. So dramatisch es klingen mag – unbehandelt haben diese Tiere oft keine Überlebenschance!

**Ein kreiselnder Hund sieht zweifellos lustig aus. Nur die wenigsten Menschen wissen, dass es sich hierbei um eine schwerwiegende Verhaltensstörung handelt.**

161

## Spielerischer Aggression vorbeugen

**Beißhemmung antrainieren:** Die Hemmung des Zubeißens als natürliches Aggressionsverhalten ist nicht nur wichtig, um Verletzungen beim Menschen zu vermeiden, sondern kann eine Art »Lebensversicherung« für den Hund bedeuten, der im Falle offen gezeigter Aggression schnell im Tierheim oder »Hundehimmel« landen kann. So soll der Hund einerseits einen sanften und dosierten Gebrauch der Zähne bzw. des Fanges und andererseits eine höhere Frustrationstoleranz, Hemmschwelle bzw. Erregungskontrolle erlernen. Am einfachsten gelingt dies schrittweise in der Welpenzeit. Wenn der Hund während des Spiels seine Zähne einsetzt, schreien Sie laut und schrill auf, unterbrechen sofort das Spiel und ignorieren ihn (→ Info, Seite 198). Wenn Sie zudem den Welpen für kurze Zeit verlassen (Tür hinter sich schließen), lernt er schnell, dass Sie an groben Zahnspielen nicht interessiert sind und begreift: »Wenn ich zu wild bin, verliere ich Freunde, und der Spaß ist zu Ende.« Wichtig ist, dass Sie eine anderweitige belohnende Aktivität des Verhaltens, wie ein hektisches Wegrennen, ebenfalls vermeiden, um nicht unfreiwillig zum spielerischen Jagdopfer Ihres Hundes zu werden. Auch das Wegziehen der Hand ist keine gute Idee, denn dies reizt zum Nachschnappen. Die weiteren Schritte auf dem Weg zur perfekten Beißhemmung wären je nach Wunsch im Hund-Halter-Team, dass der Hund keinerlei Druck mit dem Kiefer ausübt und lediglich ganz sanft die Zähne einsetzt (2. Stufe), die menschliche Hand sofort beim ersten Berühren loslässt (3. Stufe) oder die Hand erst gar nicht ins Maul nimmt (4. Stufe), wobei man immer beachten sollte, dass Hunde auch gern mit ihrem Fang taktil mit ihren vertrauten Menschen kommunizieren (→ Seite 85). Im Allgemeinen ist das Training der Beißhemmung beim erwachsenen Hund langwieriger.

**Ausgeben auf Kommando:** Jeder Hundebesitzer wünscht sich, dass seine »Zottelschnauze« auf das Kommando »Aus« hergibt, was sie gerade in der Schnauze hält. Wichtig ist es, dass Sie auf keinen Fall Ihren Hund verfolgen, um ihm den Gegenstand abzunehmen, da Sie so eher ein gesteigertes Interesse am Besitz der »Beute« erreichen! Zu Beginn des Trainings erhält der Hund sein Lieblingsspielzeug, welches er gern im Maul trägt. Sobald der Hund mit dem Gegenstand im Maul vor Ihnen steht, halten Sie ihm zunächst wortlos ein Stück Wurst vor die Nase. Interessiert wird er am Futter schnüffeln und dabei zwangsläufig sein Spielzeug fallen lassen, um die Wurst fressen zu können. Diesen »Tauschhandel« wiederholen Sie so lange, bis der Hund diesen nicht nur akzeptiert, sondern schätzen lernt »Immer wenn ich das Maul öffne, fällt zwar mein Spielzeug zunächst in die Hände von Frauchen, aber der Tausch lohnt sich, da noch etwas besseres (Wurst) in mein Maul wandert, und überdies erhalte ich meinen Ball danach wieder zurück.« Aufbauend auf die Lockphase (mit und später ohne Futter in der Lockhand) folgt nun die Einführung des Wortsignals »Aus«, indem Sie in gleicher Trainingssituation das Wort »Aus« 0,5 Sekunden vor dem zu erwartenden Maulöffnen aussprechen. Der Hund, noch trainingswarm von den vorangegangenen Tauschaktionen, wird zunächst nicht wissen, was das Wort »Aus« bedeutet, wird aber spontan ein Maulöffnen anbieten – und prompt für seine richtige Entscheidung mit Futter belohnt.

Wenn der Hund auf »Aus« zuverlässig ein Objekt aus dem Maul fallen lässt, sagen Sie aufbauend das Kommando »Aus«, während Ihre Hand das auszugebende Objekt ergreift. Der Hund lernt dadurch das gezielte Ausgeben in die Hand mit anschließender Belohnung. Dabei wird er auch zunehmend akzeptieren, dass er nach dem erfolgreichen Ausgeben im Tausch gegen beispielsweise das neue Handy oder einen abgebrochenen Flaschenhals als Belohnung Futter oder seinen Lieblingsball erhält.

# Sexualverhalten: Wenn die Hormone verrücktspielen

Weshalb müssen wir eigentlich als notorisch-zwanghafte Hundemanager auch noch den »Sex« bei unseren »Zottelschnauzen« regeln? Zugegeben, eine vernünftige Geburtenkontrolle ist auch in der Hundepopulation sehr sinnvoll, doch nicht immer ist das »Messer« die geeignete Methode dafür.

## Allzeit bereit ...

Während »Sexmuffel« seltener anzutreffen sind, wird den heutigen modernen Hunden häufig eher Gegenteiliges bescheinigt. Insbesondere die Rüden werden als sexuell hypertrophiert und zu jeder Zeit bereit abgeurteilt oder als »Opfer« der immer willigen Damenwelt bedauert. Da nicht alle Hündinnen im Gegensatz zu »Isegrim« synchron läufig werden, lockt der weibliche Part der Hundeschaft faktisch das gesamte Jahr über mit Sexduftstoffen, die die Tiere in den Urinpfützen am Wegesrand hinterlassen.

### ... und die Folgen für Rüden

Dermaßen aufgeheizt und sexuell angestachelt, nehmen sich die Hundemänner ausgiebig Zeit für das Lesen der »Liebespost«, verschwinden auf unbestimmte Zeit, um die Absenderin der Nachricht zu finden, oder heulen ihr nach. Die Rüden verweigern Futter, Spiele und jegliche Art von Arbeit. Ausgemusterte Deckrüden leiden besonders unter Entzug, greifen zu alternativen Hilfsmitteln wie Kissen, Stuhl- oder Menschenbeinen und vollführen mit Klammergriff eindeutige Friktionsbewegungen (→ Seite 76).

**Der Mensch als Masturbationshilfe:** Diese Ersatzbefriedigung kann als Übersprungverhalten (→ Seite 247) in Stresssituationen durchaus entkrampfend und deeskalierend wirken. Vorsicht ist jedoch geboten, wenn Menschen als nur scheinbare Masturbationshilfe missbraucht werden. Das Umklammern des menschlichen Beins hat dann nichts mit Sex zu tun! Der Rüde zeigt mit dem »Aufreiten« Unsicherheit oder ein übersteigertes AEV, jedoch keinesfalls »Machtdemonstration« oder »Dominanzgehabe«! Während bei wahrhaft vorliegender Hypersexualität eine zunächst »chemische« Kastration per Spritze bzw. Chip (→ Seite 166) durchaus Linderung verschaffen kann, hilft dies bei unsicherem oder

Klammern ist oft ein Ausdruck von Unsicherheit und AEV und keine »Machtdemonstration«!

aufmerksamkeitserheischendem Verhalten eher nicht. Bei leicht erregbaren Tieren mit geringer Frustrationstoleranz in Verbindung mit mangelhafter Beißhemmung besteht zusätzlich die Gefahr der umgelenkten Aggression. Gewohnt, vom Besitzer immer und überall soziale Interaktionen einfordern zu können, verfolgen sie diese auf Schritt und Tritt (= Kontrollzwänge). Besonders paradox für den Besitzer scheint das Besteigen und Aufreiten, wenn der »Bursche« bereits kastriert wurde. Einmal mehr ein Beweis dafür, dass unerwünschtes Verhalten von »Hundejungs« keineswegs automatisch mit funktionierender Männlichkeit korreliert!

Dieses Klammern als übersteigerte Form eines normalen AEV gilt es dem Hund abzugewöhnen. Im Moment des Besteigungsversuchs sollten Sie diesen durch sofortiges Aufstehen und Weggehen vereiteln (sogenanntes aktives Ignorieren). Auch eine plötzliche Situationsveränderung oder ein neutrales Signal (herunterfallender Teller im benachbarten Raum) ruft häufig ein kurzes Innehalten des AEV's des Tieres hervor – und diese Pause wäre dann zu nutzen. Durch diese clevere Unterbrechung des Verhaltens vermindern Sie die Gefahr von aggressiven Zwischenfällen besser, als wenn Sie den Hund durch Wegschieben oder Schimpfen von seinem Vorhaben abbringen wollen. Zieht sich Ihre »Zottelschnauze« dann freiwillig und selbstständig auf ihr Hundebett zurück, zeigt sie damit ein versöhnliches Angebot. Dies wäre ein erwünschtes Alternativverhalten, das Sie unbedingt belohnen müssen. Die Anwendung eines zuvor antrainierten und aufkonditionierten Abbruchsignals, um das AEV zu unterbinden, bevor es überhaupt gezeigt wird, birgt indes viele Trainingsfallen. Man müsste nicht nur im Timing enorm genau arbeiten, sondern man sollte immer unterschiedlich (nicht verlässlich) reagieren, um eine weitere AEV-Strategie nicht zum Erfolg zu führen. Bei mangelhafter Stress- und Frustrationstoleranz mit umgerichteter

Aggression (Zwicken, Beißen) ist ein Gefahrenmanagement (permanent Maulkorb und Schleppleine über 24 Stunden!) angezeigt. Masturbierende Hunde hingegen, die Kissen und Decken »vergewaltigen«, sollten anderweitige Entspannung und Beschäftigung erhalten.

## … und die Folgen für Hündinnen

Hundedamen haben ganz anders geartete Probleme mit der Sexualität, obgleich es auch kleine, dauerläufige »Nymphomaninnen« gibt, die streunend die Nachbarschaft in Aufruhr versetzen.

**Scheinträchtigkeit:** Sie lässt sich als ein Erbe der Wölfe erklären (→ Seite 75). Etwa acht Wochen nach der Läufigkeit bilden sich betroffene Hündinnen eine Mutterschaft ein und spielen regelrecht »Mutter und Kind«: Sie bauen aus Decken ein Lager, tragen Schuhe, Socken oder Plüschtiere zusammen, stellen diesen »Ersatzwelpen« Milch zum Saugen bereit und verteidigen sie sogar gelegentlich. Dagegen sind die »Pseudomütter« lustlos beim Gassigehen oder Fressen und scheinen regelrecht krank und wesensverändert. Was also tun? Ist das Verhalten krankhaft oder normal? Die Besitzer scheinträchtiger Hündinnen seien beruhigt, dass ihr Tier ganz normale hormonell gesteuerte Verhaltensweisen zeigt und dass sich das Problem nach spätestens vier bis sechs Wochen von selbst wieder gibt. Sollte ein übermäßiger Milchfluss störend sein, kann er durch den Tierarzt mittels einfacher Hormontherapie geregelt und dadurch eine etwaige Entzündung der Milchleiste verhindert werden. Zusätzlich sollten die Besitzer jegliches Nestbaumaterial (Kissen, Decken) und potenzielle »Welpen« (Schuhe, Plüschtiere) wegnehmen sowie die Hündin intensiv körperlich wie geistig beschäftigen. Dagegen bringen Fehler wie bedauerndes Zureden, Streicheln und Kühlen des Gesäuges unsere eingebildeten Hundemütter immer wieder auf den Pflegetrip!

# Pro und kontra Kastration

Also wäre doch, bei allem Verständnis für die natürliche Lebensweise unserer Hunde, eine Kastration ein willkommenes Mittel, um übersteigerte Sexualität und wiederkehrende Scheinträchtigkeit mit »mütterlicher« Aggression nachhaltig zu »therapieren«? Tatsächlich gibt es jedoch viele Kritikpunkte zum Thema Kastration.

Beim abwägenden Einschätzen, ob die Kastration von Hunden eher Fluch oder Segen bedeutet, tendiere ich eindeutig zum Appell an die Vernunft, nicht automatisch jeden Hund zu kastrieren, sondern dies nur in besonderen Ausnahmefällen ausschließlich medizinischer Indikationen vornehmen zu lassen. Die Wegnahme der Keimdrüsen (Hoden, Eierstöcke) als Hauptproduktionsstelle von Sexualhormonen gleicht zum einen einer Amputation nach deutschem Tierschutzgesetz und bewirkt andererseits bei Rüden wie bei Hündinnen nicht automatisch eine Entspannung der jeweiligen Verhaltenssituation, im Gegenteil! Beide Geschlechter besitzen ein hormonell und neurochemisch fein aufeinander abgestimmtes Regelsystem, welches durch eine Kastration nicht selten durcheinandergerät. Dies kann dazu führen, dass sich die Tiere verstärkt unselbstständig und unsicher gegenüber der Umwelt verhalten. Um ein Verhaltensproblem zu lösen, ist eine Kastration fast nie das geeignete Therapiemittel! Andererseits ist zu beachten, dass der erlernte Anteil eines Verhaltens als permanente Wechselwirkung mit der Umwelt eher durch Training, als durch Kastration beeinflusst werden kann. Verhalten lässt sich also de facto nicht »wegoperieren«. Kurzum: Ein klares Veto meinerseits gegen die Kastration gesunder Hunde. Lassen Sie Ihre Zottelschnauzen« nicht verstümmeln!

**Kastration von Rüden:** Es ist unbestritten, dass das männliche Sexualhormon Testosteron Agilität und auch Aggressivität bedingen kann, aber nicht muss! Soziale Erfahrungen sind wichtiger

## AUSWIRKUNGEN EINER KASTRATION

**Eine Kastration kann in seltenen Fällen positiv beeinflussen:**

○ Abnahme von sexuell motiviertem Streunen und echter Hypersexualität bei Rüden bzw. Scheinträchtigkeit/Läufigkeit mit extremem Aggressionsverhalten bei Hündinnen im Sinne von Leiden.

**Eine Kastration beeinflusst oft negativ:**

○ Unsicherheit und Unselbstständigkeit gegenüber der Umwelt werden verstärkt.

○ Infolge der veränderten Intimgerüche werden kastrierte Hunde oft von Artgenossen bedrängt.

○ Die fehlenden Sexualhormone haben einen ungünstigen Einfluss auf die Angst- und Aggressionsprobleme gegenüber Menschen und Hunden.

○ Die meisten kastrierten Hunde neigen zu Fettleibigkeit.

○ Durch die fehlenden weiblichen Hormone kann bei Hündinnen eine Altersinkontinenz auftreten.

○ Bei Hündinnen mit ängstlich-aggressivem Verhalten ist die Kastration ohne medizinische Indikation ein »Kunstfehler«, da es als Folge zu einem relativen Testosteronüberhang kommt, der wiederum die Aggression erhöht.

Obgleich sich »Pseudomütter« ihre Trächtigkeit nur einbilden, bauen sie Nester aus Decken und »bemutern« Plüschtiere als Ersatzwelpen. Sogar Milch fließt.

als Hormone. Zwar lassen sich neben sexuell motiviertem Streunen und echter Hypersexualität mit Masturbation auch die eindeutig hormonell bedingte Aggression eines Rüden gegenüber einem potenziellen Konkurrenten (Ressource: läufige Hündin) durch eine Kastration verbessern oder gar abstellen, aber zu welchem Preis? Alle übrigen Probleme, insbesondere soziopathische Angst- und Aggressionsprobleme gegenüber Menschen und Artgenossen, werden jedoch durch fehlende Sexualhormone eher ungünstig beeinflusst. Durchaus nachvollziehbar ist dies, wenn man sich einen armen männlichen »Kastraten« auf der Hundewiese umringt von Artgenossen beiderlei Geschlechts vorstellt. Unsicher gegenüber den Rüden und schamhaft ob seines Männlichkeitsverlustes gegenüber der holden Weiblichkeit – keiner möchte da in dieser Hundehaut stecken! Auch scheinen kastrierte Rüden und Hündinnen veränderte »Intimgerüche« im Vergleich zu ihren »vollständigen« Kumpanen zu besitzen und werden teilweise auf den Gassiwegen von ihren lieben Artgenossen unangenehm und penetrant bedrängt. Die aus diesem Grund länger andauernde Geruchsprobe am Hinterteil kann zu Komplikationen und Eskalationen während der »Hundeunterhaltung« führen.

**Kastration von Hündinnen:** Auch sie ist sehr gründlich abzuwägen. So tritt nicht selten in Folge dieser Einflussnahme eine Altersinkontinenz durch den Mangel an weiblichen Hormonen auf. Fatal und absolut als Kunstfehler zu bezeichnen ist die Kastration weiblicher Hunde, die ein ängstlich-aggressives Verhalten zeigen. Jeder männliche und weibliche Säugetierorganismus hat Anteile beider Geschlechtshormone in jeweils unterschiedlicher Konzentration. Bei den Männern überwiegt Testosteron, bei den Frauen Östrogen. Werden Hündinnen kastriert, werden die aggressionsdämpfenden Estradiole nahezu ausgeschaltet, sodass die aggressionsfördernden Testosterone keinen entsprechenden Gegenpart

haben. Folge des relativen Testosteronüberhangs ist häufig die Zunahme von aggressivem Verhalten. Zudem lässt sich ein Verhalten, das über Monate und Jahre vom Hund gelernt wurde, nicht mit dem »Messer« therapieren!

**Chemische (hormonelle) Kastration:** Aber, liebe Leser, Sie können die Wirksamkeit einer kastrationsbedingten Hormonumstellung zumindest bei Ihrem Rüden nach Aufklärung zu Risiken und Nebenwirkungen durch einen fachkompetenten Tierarzt testen lassen, indem per Chip oder Spritze dem Hund eine »Quasi-Kastration« zugemutet wird, die jedoch bei negativen oder nicht gewollten Verhaltensänderungen nach Abklingen der Wirkung nicht umkehrbar (reversibel) sein muss! Das störende Verhalten wurde sowohl vor der Kastration als auch während der Chipwirkung gelernt und etabliert.

Eine Kastration, gleich ob chemisch oder chirurgisch, als Mittel der Verhaltensbeeinflussung bei aggressiven Rüden ist demnach vorsichtig bis dubios zu bewerten, sollte immer eine Einzelfallentscheidung sein und bestenfalls durch Verhaltensmodifikation ersetzt werden!

# Mythos Dominanz – neue Sicht auf die
## soziale Gemeinschaft Hund-Mensch

Weshalb die Dominanztheorie nicht mehr taugt, das Sozialverhalten von Hunden erklären zu können, wurde bereits ausführlich auf Seite 86 bis 88 dargelegt. Woher aber stammte überhaupt diese Theorie, wonach Wölfe wie Hunde einem internen »drive« folgend permanent motiviert seien, einen höheren Status gegenüber anderen Familienmitgliedern, egal ob Hund oder Mensch, mit dem Wunsch zu erreichen, diese Kontrolle innezuhalten und nötigenfalls diese auch über gezeigte Aggression zu bekommen.

## Altes Hierarchiemodell

Einige Studien an in Gefangenschaft gehaltenen Wölfen, die künstlich gruppiert und ohne gewachsene und natürliche Familienstrukturen waren, ergaben eben diese noch heute auf das Hundeverhalten so fälschlich übertragene starre Hierarchie mit »Alphas« und deren vorrangigem Zugangsrecht zu Ressourcen. Auch galt der heutige Wolf als Vorfahre der Hunde, wonach diese mit ähnlichen sozialen Strukturen und dem Wunsch jedes einzelnen, die Alphaposition anzustreben, leben sollen. Weiter wurde gefolgert, dass eine hierarchische Struktur auf Erfolg im Wettbewerb basiert, und auch der Mensch wurde als Konkurrent im Kampf um sozialen Status angesehen. Verhaltensweisen wie Aggression, Markierverhalten, AEV (→ Seite 159 und Info, Seite 160), Destruktion, Ungehorsam, aber auch aktives Bindungsverhalten wie Pföteln ihm gegenüber wurden als statusbezogen interpretiert.
Demnach wäre jeder Hund stets vom Wunsch geleitet, seinen Besitzer zu dominieren und zu kontrollieren, sodass der Mensch wiederum bemüht sein muss, seinerseits den Hund zu dominieren, um im Kampf um Ressourcen und Macht nicht »unter die Räder zu geraten«. Dem Hund zu zeigen, wer der Boss ist, notfalls mit Gewalt, war schließlich der Weg zur Rechtfertigung von physischer Strafe- und Gewaltanwendung.

## Welches sind die Probleme mit dieser Theorie?

Zunächst wurde alsbald deutlich, dass im Freiland beobachtete Wölfe der Gegenwart nicht in einem starren hierarchischen Rudel-System, sondern vielmehr als Familie in natürlicher sozialer Gemeinschaft aus Elterntieren und Nachkommen leben, in der es selten zu Streit oder gar Kampf um Ressourcen kommt. Die Elterntiere als Leittiere führen gelassen und souverän ihre Nachkommen und verhindern allseits gefährdende Auseinandersetzungen. Dieses »Hierarchiemodell« ist im Gegensatz zum alten »Alpha-Modell« dynamisch, flexibel und abhängig von bestimmten Situationen und Lernerfahrungen – ergo: Hierarchie kann, muss aber nicht als Modell das Zusammenleben der Wölfe bestimmen. Ferner sind Hunde keine unvollständigen Wölfe, sondern domestizierte Kaniden, die grundlegende Unterschiede im Verhalten im Vergleich zu den heutigen Wölfen zeigen. Sie stammen nicht vom heutigen Wolf ab, sondern von einem »Ur-Caniden« und haben in uns Menschen den Hauptsozialpartner gefunden!
**Was aber wollen Hunde?** Wie stellen sie sich ein harmonisches Miteinander mit dem Menschen

vor? Hunde wollen und brauchen bestimmte Dinge (Futter, Territorium u.a.) um (über-)leben zu können, aber nicht immer um jeden Preis! Hunde sind hochsoziale Lebewesen mit erstaunlichen Fähigkeiten im Erkennen von komplexen Ereignissen und im Kombinieren und Abgleichen mit bereits gemachten Erfahrungen. Das Prinzip »Lernen am Erfolg und Misserfolg« führt zur Entwicklung und Anwendung von Strategien bei sich ähnelnden Situationen. Hunde sind in der Lage, jegliche (noch so kleine) Veränderung im menschlichen Verhalten wahrzunehmen und entsprechend darauf zu reagieren!

Die Hauptmotivationen unserer Zottelschnauzen im Zusammenleben mit uns sind Deeskalation und Kooperation! Fatal ist jedoch ein Lernen am Erfolg und Misserfolg, wenn der Fight die letzte, aber erfolgversprechende Lösung eines Problems wird, weil alle anderen Strategien leider nicht erfolgreich waren. So ist Aggression keinesfalls als »dominante« Handlung zu werten, sondern stellt oft eine Notlösung dar.

Wenn wir nun wissen, dass das Dominanzmodell als Konstrukt für ein Miteinander im Hund-Mensch-Team nicht mehr anwendbar ist und somit sämtliche aversiven und konfrontativen Erziehungsmethoden mit Androhung und Anwendung von verbaler und physischer Gewalt ad absurdum geführt werden konnten, wäre zu klären, wie es sich mit den nicht-konfrontativen Ansätzen in der »Dominanztheorie« verhält.

Zunächst gilt auch hier, dass strikte und starre Hausordnungsregeln zur Reduzierung von »Status« und »Rang«, gleichermaßen für jeden Hund in jedem Haushalt gleichartig angewendet, völlig unsinnig sind, da diese Gebote willkürlich, formal und oft nicht schlüssig sind! Hunde wollen Menschen weder dominieren noch kontrollieren. Und man kann sich auch nicht über die bloße Einhaltung der »Nabel-der-Welt-Kriterien« darauf verlassen, dass es in der Familie nie zu Streitigkeiten um Ressourcen kommt. Auch wird in

harmonischen Haushalten falsch postuliert, dass diese Hunde »automatisch« den vorrangigen Status des Besitzers akzeptieren. Menschen deuten Elemente der hündischen Körpersprache falsch, indem etwa das Auflegen der Pfote nicht als aktives prosoziales Bindungsverhalten, sondern als Kontrollwillen über den Menschen angesehen wird. Unsere Hunde sind jedoch nicht »auf den Menschen« gekommen, um diesen zu kontrollieren oder von ihm kontrolliert zu werden, sondern um mit ihm gemeinsam in einer Familie zu leben und sich als neotonisierter Kanide (→ Seite 243, 244) von seinen Menschen als »soziale Elterntiere« durchs Leben leiten zu lassen.

## Individuelle und sinnvolle Hausregeln: ja bitte!

Also müssen wir auch hier alles ändern? Nein, nicht unbedingt. Wer will, sollte alles so belassen – im Gegenteil, es wäre wenig förderlich, gut harmonierende Hund-Mensch-Teams mit eingespielten Strukturen, so auch nach den bislang als Allheilmittel geltenden Nabel-der-Welt-Kriterien durch plötzliche Veränderungen zu verunsichern … Hunde lieben Rituale und Verlässlichkeit. Sie lernen soziale Regeln im Umgang mit dem Menschen, die auf Erfahrungen und Beobachtungen basieren. Diese Sozialregeln sind individuelle Absprachen, die für uns nach »Hierarchien« aussehen, tatsächlich aber keine sind. Diese familiären Umgangsregeln sind hoch flexibel, können situativ schnell angepasst werden und sollten dort zum Einsatz kommen, wo es etwas ganz Bestimmtes zu regulieren gibt. Hunde lassen sich gern durch den Alltag führen, vorausgesetzt, dass wir Menschen einen Plan vom gemeinsamen Leben haben. Unsere Zottelschnauzen mögen uns als solide und entspannte Sozialpartner. Was sie nicht wollen, sind »Möchtegern-Chefs«, die mit ihren inkonsequenten Vorgaben den Hund mehr oder weniger stark verunsichern, sodass er

 **INFO**

## KONSEQUENZ VS. HÄRTE

Viele Hundebesitzer verwechseln konsequentes Verhalten mit Härte. Sind wir inkonsequent und unvorhersehbar, reagieren viele Hunde verunsichert und nicht selten ängstlich und aggressiv. Sie finden heraus, dass die vom Menschen aufgestellten Regeln zwar vorhanden sind, aber nicht konsequent auf deren Einhaltung geachtet wird. Auch gilt als Klassiker unter den Missverständnissen, ein und dasselbe Verhalten eines Hundes wechselseitig zu belohnen (bzw. unbeabsichtigt zu bestätigen oder zu tolerieren) und zu reglementieren. So lernen Hunde aus der Inkonsequenz ihres Besitzers, dass aufgestellte menschliche Regeln wohl nicht wichtig sind und ergo ich als Hund für mich entscheiden darf und muss, welche Regel ich nun befolge oder nicht. Natürlich wird dann dem Vierbeiner die Schuld für eine Regelverletzung gegeben, und ein legitimer Anspruch auf hartes Durchgreifen erhoben.

schließlich, je nach sozialer Reife, die Geschicke und Entscheidungen selbst in die Pfote nimmt, was wiederum, Sie ahnen es bereits, liebe Leser, die Anhänger der Dominanztheorie auf den Plan ruft. Dieser Teufelskreis mit beiderseitigem Unverständnis für den anderen führt dann oft in eine familiäre Krise.

Natürlich gibt es auch einige Vertreter unserer »Zottelschnauzen«, die an ernsthaften Streitgesprächen oder kleinen spielerischen Auseinandersetzungen mit dem Menschen interessierter sind als vergleichsweise die Mehrzahl unserer Hunde, die stresstolerant und sozial integrativ »pro

Mensch« mit uns harmonisch im Familienverband leben wollen. Diese sind jedoch nicht per se unsozial, sondern einfach ab und an motiviert, um bestimmte Dinge zu konkurrieren, ohne sich dabei jedoch eines Status bewusst zu werden! Dabei machen sie sich bestimmte Erfahrungen vergangener Streitigkeiten zunutze. Wie man als Besitzer reagieren sollte, wenn es mal in der Hund-Mensch-Familie kriselt, finden Sie in der Tabelle auf Seite 172.

### Familiäre Harmonie – aber wie?

**Welche Regeln sind sinnvoll?** Regeln, die zwischen Mensch und Hund aufgestellt wurden und sich beiderseits bewährt haben, empfehle ich beizubehalten. Was stört, darf und sollte verändert werden. Manche Regeln sind, obgleich sinnfrei, harmlos, andere wiederum absolut konträr für eine gute Hund-Mensch-Beziehung. So galten lange Zeit sogenannte Zerr- und Reißspiele (→ Seite 159) als absolute Tabus nach dem Motto: »Der Ranghöhere (Mensch) streitet nicht spielerisch mit dem Hund um Ressourcen, weil er sonst an Ansehen und dominanter Vormachtstellung verliert.«

Dies ist jedoch absolut falsch! Man kann und sollte nicht nur mit seinem Hund um Spielzeug spielerisch streiten, sondern ihn auch dabei gewinnen lassen. Dies macht Hund und Halter gleichermaßen Spaß, zumal die Zottelschnauze zumeist wenig später mit der Trophäe im Maul erneut zum Spielen einlädt. Solche Kontakt- und Raufspiele können bindungsfördernd sein und sind keinesfalls Anzeichen für Statusverluste des Besitzers. Natürlich sind eine hinreichend erlernte Beißhemmung, ein perfekt funktionierendes Ausgabesignal (→ Seite 162), sowie eine gute Erregungs- und Impulskontrolle des Hundes Grundvoraussetzung dafür, dass aus dem Spiel kein gefährlicher Ernstfall wird. Auch empfiehlt es sich u.U. im Haushalt mit Kleinkindern auf derlei Spiele zu verzichten, um Zwischenfälle zu vermeiden.

**Beispiel: Mensch muss zuerst durch die Tür?** Hunde rennen nicht zuerst durch die Tür, um ihren höheren Status zu untermauern, sondern weil sie Nachbars Katze oder Hund oder den Nachbarn selber auf der Straße entdeckt haben. Hier nun kann und wird es jedoch von Vorteil sein, dem Hund beizubringen, bei geöffneter Tür (Haus, Garten, Auto) zunächst auf das Freigabezeichen zu warten oder man tritt als Besitzer zuerst durch die Tür, um ein Umrennen, eine Jagd o.Ä. zu vermeiden. Auch kann der Hund sich selbst in Gefahr begeben und vom Auto erfasst werden. Sollte Ihr Vierbeiner aber einmal gegen diese Regel verstoßen, so will er weder provozieren noch einen höheren Status erringen, sondern er kann in einem speziellen Fall für sich selbst Schaden abwenden, indem er beispielsweise der zuschlagenden Tür ausweicht.

**Beispiel: Futter nach der eigenen Mahlzeit geben?** Diese Regel war die Hauptforderung innerhalb der »Nabel-der-Welt-Kriterien«. Dieses Procedere wird dem Hund jedoch keinen niedrigeren Status suggerieren, es kann vielmehr sogar bei abruptem und nicht trainiertem Futterentzug per Wegnahme dazu führen, dass eine unmittelbare Futteraggression gegenüber dem Besitzer erfolgt. Natürlich wird spätestens dann eine Verwaltung der Ressource »Futter« in Kombination mit learn-to-earn-Programmen (=»Lernen zu verdienen«) gut dafür geeignet sein, den Hund zu motivieren, nach dem Leistungsprinzip mit dem Besitzer zu interagieren, insbesondere wenn es bereits zu Aggressionen zwischen Hund und Halter gekommen ist (→ auch Seite 119 bis 121)! So lassen sich Interaktionen in Zusammenhang mit Futter und allen weiteren Kontakten besser managen und kontrollieren, jedoch nicht als »Dominanzreduzierung«, sondern vielmehr zur Verbesserung der Verständigung mit dem Besitzer mit wahrscheinlichem (weil gelerntem) Ergebnis (= Lernen am Erfolg – »leistungsgerechte Bezahlung«).

**Beispiel: Plätze in Durchgängen – ein Tabu?** Hunde wechseln gern zwischen verschiedenen Räum-

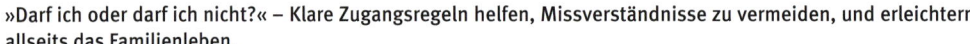

»Darf ich oder darf ich nicht?« – Klare Zugangsregeln helfen, Missverständnisse zu vermeiden, und erleichtern allseits das Familienleben.

lichkeiten und liegen eben auch mal dort, wo sie scheinbar absichtlich die Laufwege der Besitzer stören. Dies kann eine Strategie sein, um Aufmerksamkeit zu erreichen, um bei der Familie zu sein oder seltener bedeuten, dass die entsprechende Räumlichkeit als Territorium beansprucht und ggf. verteidigt wird. Viel häufiger aber finden Hunde es einfach bequem, mal eben in der Türfüllung oder quer im Raum zu liegen. Wenn sie, nach alten Vorgaben, immer sofort aufstehen müssen, weil »Chef« vorbei will, empfinden sie dies als Ruhestörung und nicht als rangreduzierende Maßnahme. Bitte laufen Sie demnächst einfach einen Bogen um Ihre Zottelschnauze und gewähren ihr diesen Ruheplatz.

**Beispiel: erhöhte Positionen – menschliche »Chefsache«?** Eine weitere Hauptregel der veralteten starren »Nabel-der-Welt-Hausordnung« war, dass das Einnehmen erhöhter Positionen allein dem Menschen vorbehalten sein sollte, um Zwischenfällen aus dem Weg zu gehen. Heute wissen wir, dass ein Liegen des Hundes auf dem Sofa kein grundsätzlich potenziell bedenkliches »statusbezogenes« Verhalten ist, solange ich die Abläufe, wie das Hoch- und Runterspringen vom Sofa, per Kommando durch vorangegangenes Training klar strukturiere. So kann der Hund dann stehend vor dem Sofa mit auffordernd Blick fragen: »Darf ich hoch oder nicht?« – und auf das Freizeichen warten. Begehe ich als Hundebesitzer jedoch den Fehler, meinen Hund für dessen selbstständiges und unaufgefordertes Hochspringen auf das Sofa mit Streicheleinheiten für dieses Verhalten zu belohnen, um ihn nach Monaten mit durch plötzlich hektisches und schmerzhaftes Ziehen am Halsband (weil der Hund schmutzig ist) nach unten zu befördern, wird er also quasi für das gleiche Verhalten nicht mehr belohnt, sondern bestraft, kann er mit Gegenaggression reagieren – aber nicht, weil er dominant, sondern verwirrt und gestresst ist! Im Übrigen dient das gemeinsame Lagern mit Hunden der prosozialen

Bindung zwischen Hund und Mensch und wird sehr erfolgreich in Tiergestützten Interventionen genutzt. Hingegen kann der unstrukturierte Aufenthalt von Hunden auf dem Sofa im Kinderhaushalt zu Missverständnissen und Zwischenfälle führen.

**Ausblick:** Das Schöne und Befreiende vorab – ich muss als Hundehalter nie wieder den dominanten »Chef« spielen, sondern gebe die individuellen Rahmenbedingungen vor, die es meinem Hund ermöglichen zu lernen, wie man schlechte (negative) Dinge (wie Futterentzug, Ignorieren) vermeidet und gute (positive) Dinge (wie Futter und Beachtung) erneut bekommen kann. Daraus resultierend, wird bei der Zottelschnauze entsprechend der jeweiligen, sich ähnelnden Situation eine ganz spezifische Erwartungshaltung aufgebaut, was wahrscheinlich demnächst passieren wird. Günstig für ein harmonisches Miteinander sind natürlich Regeln, bei deren Einhaltung die »Zottelschnauze« eine positive Erfahrung machen kann. Sind wir selbst inkonsequent und unvorhersehbar, reagieren viele Hunde verunsichert und ängstlich bis aggressiv.

Der Klassiker unter den Missverständnissen zwischen Hund und Mensch ist der, ein und dasselbe Verhalten seines Hundes einmal zu belohnen (oder unbeabsichtigt zu bestätigen/zu tolerieren) und anderntags zu reglementieren. Wir müssen als Besitzer uns der Tragweite unserer Vorgaben bewusst werden, indem wir in unserem Verhalten vorhersehbar und konsequent agieren. Geben wir also unseren Hunden individuell auf das jeweilige Umfeld abgestimmte Strukturen und Leitlinien in Form von Regeln vor, die ihn und andere vor Schaden bewahren und bleiben in unseren Reaktionen vorhersehbar, dann werden wir mit einem harmonischen Miteinander belohnt werden. Für die Zottelschnauze ist Kontinuität in der Beziehung das Wichtigste nach dem Motto: »Wenn morgen die Welt untergeht, auf Frauchen und Herrchen kann ich mich immer verlassen!«

## RICHTIG REAGIEREN BEI AGGRESSIVEM VERHALTEN IM ALLTAG – MOMENTAN UND ZUKÜNFTIG

| | Das macht der Hund | Reaktion des Besitzers |
|---|---|---|
| Platzvorlieben | 1. Hund wählt erhöhte und strategisch günstige Plätze | **Generell: Deeskalation, Rückzug, Sozialisolation** Dem Hund Zutritt verweigern, sich selbst auf/an diese Plätze begeben, in Abwesenheit des Hundes Gegenstände auf Couch oder Sessel stellen |
| | 2. Hund versperrt Weg, weicht nicht aus und knurrt | Hund mittels Geräusch (Türklingel oder Ähnliches) weglocken, Signal- bzw. Kommandotraining |
| | 3. Hund bewacht Räume, lässt Besitzer weder rein noch raus | Zunächst Deeskalation und Beschwichtigung wie Kopfabwenden oder sich Zurückziehen, künftig Zutritt zu diesen Räumen verweigern |
| Objekte | Hund bewacht und verteidigt Gegenstände (Spielzeug, Schuhe, Kauknochen etc.) | Keine Gegenstände herumliegen lassen, nur unter Aufsicht, kein Überlassen einer Spieltrophäe, Spielzeug und Knochen aus dem Aktionsradius des Hundes entfernen im Tausch gegen ein Leckerli (→ Seite 162) |
| Futter | Hund bewacht und verteidigt Futter | Hund von Hand füttern, keine Kauknochen für mindestens sechs Wochen, sofortiges Unterbrechen bei Ungehorsam, später Futtererlaubnis nur nach Freigabe mit Kommando |
| Körperkontakt | 1. Hund lässt sich nicht baden, bürsten | Verbesserte Toleranz durch schrittweises Vorgehen und Lob bei nicht-aggressivem Verhalten, allmähliche Steigerung von Intensität und Dauer der taktilen Manipulation (Bürsten etc.) |
| | 2. Hund lässt sich nicht anfassen | Bei auftretendem aggressivem Verhalten Hund stehen lassen und ignorieren (→ Info, Seite 198) |
| Aufmerksamkeit | 1. Hund lehnt Aufmerksamkeit ab, knurrt bei Annäherung | Sich abwenden und Hund ignorieren, niemals zum Hund gehen, sondern ihn abrufen, »Sitz« oder Ähnliches von ihm verlangen und ihn loben |
| | 2. Hund zeigt AEV, z. B. Bellen | Völliges und konsequentes Ignorieren durch die Besitzer (→ Info, Seite 198), notfalls stehen lassen, Hund allein zurücklassen |

Und bei aller Regulierung unserer Hunde sei noch auf etwas Entscheidendes hingewiesen: Bitte lassen Sie ihrer Zottelschnauze genügend Freiraum für ihre individuellen Bedürfnisse und Lernerfahrungen; besonders in Krisensituationen, die keinen Regeln unterliegen, wird Sie ihr Hund möglicherweise mit entsprechend erlernten Bewältigungsstrategien positiv überraschen!

## Leben mit Hunden im Kinderhaushalt

Das Wichtigste gleich vorab: Es gibt weder einen »Welpenschutz« noch einen »Babyschutz«! Auch mit Kindern kann im Bedarfsfall um Ressourcen wie Futter oder Spielzeug gerungen werden. Die Warnungen des Hundes können dabei von subtilen Imponiersignalen (die häufig von allen Beteiligten übersehen werden) bis hin zu tatsächlichen Drohungen (Knurren) oder offensiven Handlungen (Schnappen und Beißen) reichen. Eltern bemerken oft leider nur die deutlichsten ablehnenden Reaktionen ihres Hundes. Die Kinder selbst übersehen schlimmstenfalls sämtliche Drohsignale und sind damit umso mehr gefährdet, weshalb sie niemals mit Hunden ohne elterliche Aufsicht spielen sollten! Die Erwachsenen können nur dann das Verhalten ihres Hundes gegenüber den Kindern und umgekehrt steuern und positiv beeinflussen, solange sie sich im selben Raum befinden!

Ein Hund in der Familie ist in den meisten Fällen ein großer Gewinn für die Kinder, die entsprechend ihrer sozialen Reife nicht nur zunehmend Verantwortung (Spaziergänge, Fütterung, Pflege u.a.) übernehmen können, sondern in ihrem »Begleiter auf vier Pfoten« immer ein offenes Ohr für ihre täglichen Probleme finden. Dabei ist natürlich immer zu beachten, dass man als Elternteil insbesondere die »Zottelschnauzen« vor den allzu stürmischen kindlichen Liebesbe-

kundungen im Dauermodus bewahrt, und Stopps und Regeln im Umgang mit dem Vierbeiner aufstellt und durchsetzt. So wird man der Verantwortung hinsichtlich einer Gefahrenvermeidung innerhalb der Familie am ehesten gerecht (Näheres → Tabelle, Seite 172)

### Prophylaxe: Wie kann man Stress im Hund-Kind-Haushalt vermeiden?

**Allgemeines:**
- Aufstellen, Einhalten und Durchsetzen der Rahmenbedingungen/»Faustregeln«
- Hund und Kleinkind niemals allein ohne Aufsicht lassen! (Jeder Hund kann beißen, es kommt lediglich auf die Situation bzw. die Umstände an!)
- Schaffen einer entspannten Atmosphäre Besitzer-Kind-Hund mit freiwilligen Übungen (Liegen auf der Decke und vorsichtiges Kraulen durch Besitzer und Kind – dabei wünschenswert:
– Auslösen von aktiven Bindungsgesten (= Demonstration von Zugehörigkeit)
– Vermeiden von passiven Demutsgesten« – sie dienen der Abwehr von Angriffen (Drehen/Liegen auf Rücken = unter Umständen Geste des schutzlos Ausgeliefertseins = extremes Deeskalierungsverhalten)
- Häufig gemeinsame Aktivitäten in der Natur
- Zunehmende Verantwortlichkeit und Vertrautmachen mit den Bedürfnissen und kommunikativ-sozialen Eigenheiten von Hunden entsprechend der sozialen Reife des Kindes
- Festlegen von Spielregeln für Kind und Hund durch die Eltern (→ Tabelle, Seite 227)

### Therapie: Wie vorgehen mit aggressiven Hunden im Hund-Kind-Haushalt?

**Das 13-Punkte-Therapie-Programm:**
1. keine Konfrontation, kein Anstarren, kein Handschlag, keine Umarmungen, kein Über-den-

Kopf-Streicheln, kein Bedrängen, keine Distanz-verringerung, kein Anfassen erzwingen, keine hektischen Bewegungen

**2.** In kritischen Situationen Deeskalationsgesten einsetzen (Blick und Kopf abwenden, sich zurückziehen, Bogenschlagen, Gähnen, langsam bewegen)

**3.** Unerwünschtes Verhalten ignorieren (→ Info, Seite 198) und Erfolg von aggressivem Verhalten vermeiden

**4.** Alternativ angebotenes erwünschtes Verhalten (sich hinlegen o.Ä.) belohnen/entgegengebrachte Aufmerksamkeit für umfangreiche Kommando-übungen nutzen (Vermeiden von Frustration durch permanentes Ignorieren!)

Lernen alternativer Verhaltensweisen und verbesserte Kontrolle des Hundes erleichtern das Meistern kritischer Situationen!

**5.** Einbau von Entspannungsübungen

**6.** Besitzer gibt Rahmenbedingungen (»Faustregeln«) vor + ermöglicht seinem Hund zu lernen, wie man schlechte (negative) Dinge (Sozialisation, Futterentzug u.Ä.) vermeidet und man gute (positive) Dinge erneut bekommen kann + Anbieten und Überwachung von getrennten Rückzugsorten

**7.** Erarbeitung sämtlicher Ressourcen (Futter, Spiele, Streicheleinheiten u.a.) nach striktem Leistungsprinzip (learn to earn)

**8.** Anwesenheit von Kleinkindern sollte mit angenehmen Dingen kombiniert werden!

**9.** Kinder nie unbeaufsichtigt mit dem Hund in einem Raum lassen (nicht für eine Sekunde!)

**10.** Der Hund muss einen Rückzugsort bekommen, zu dem Kinder keinen Zutritt erhalten!

**11.** Annäherung an das Kleinkind in kleinen Schritten üben, wenn der Hund entspannt, nicht ängstlich-aggressiv reagiert und sich aktiv bindungsfördernd nähert, wird er belohnt (Desensibilisierung = Therapie der kleinen Schritte)

**12.** Gegenkonditionierung: = Stimulus, der Aggression bzw. Angst auslöst, wird später als angenehm empfunden, d. h., die Situation »anwesendes Kleinkind im Raum« ist nicht mehr bedrohlich oder angstmachend, sondern nur hierbei bekommt der Hund Zuwendung (Leckerlis, Streicheleinheiten, Spielzeug), die übrige Zeit wird er weniger beachtet + erhält so Ruhe und Rückzugsmöglichkeiten

**Hinweis:** Gut geeignet sind hundeeigene Plüschtiere oder Kongs als Belohnung für entspanntes Verhalten (alternatives Verhalten) des Hundes. Positiver Nebeneffekt: Hund mit einem Ball oder Plüschtier im Maul kann im Moment zumindest weder bellen noch beißen!

**Wichtig:** Nach dem Training das Spielzeug aus dem Aktionsradius des Hundes entfernen, um potenzielle Krisen- bzw. Konkurrenzsituationen zu vermeiden!

**13.** Bei schwerwiegenden Problemen, insbesondere bei Zwischenfällen mit Kindern und Bissverletzungen gegenüber den Familienmitgliedern: obligates Maulkorb-Leinen-Management! (Schlepp-Leine auch in Haus/Wohnung) + Konsultation eines Tierverhaltenstherapeuten

## Angst vor dem Alleinsein

Dies ist ein unerwünschtes Problemverhalten für die Besitzer und eine echte Verhaltensstörung für die Hunde 8.

### Drei Fallbeispiele

• »Eddie«, eine Deutsche Dogge, hat ein Problem. Immer wenn Frauchen das Haus verlässt und Eddie allein mit der Katze bleibt, beginnt sein Stress! Keine Minute später fängt der Rüde an zu winseln, läuft unruhig zwischen Sofa und Eingangstür hin und her und ist durch nichts mehr abzulenken. Nach weiteren Minuten wechselt sein Winseln in ein Bellen, und spätestens nach zehn Minuten wissen alle Nachbarn, dass der Hund allein zu Hause ist. Er heult dermaßen

herzerweichend, dass für die Hausbewohner eines klar ist: »Eddie« leidet!

● Ortswechsel – ein Dorf in Sachsen-Anhalt: Zwei Huskys leben im Familienverband, dürfen jedoch leider nur am Abend und während der Nacht im Haus bleiben. Morgens, wenn die Familie zur Arbeit fährt und die Kinder in die Schule gehen, müssen die Hunde in den Zwinger vor dem Haus umziehen. Dies verstehe, wer will, die »Vierbeiner« jedenfalls nicht. Schon mehrfach haben sie sich aus dem Zwinger befreit und sind bis ins Nachbardorf zur Arbeitsstelle der Besitzerin gelaufen, nur um nicht allein im Zwinger sein zu müssen. Beim letzten Ausbruch verletzte sich einer der Hunde so schwer, dass die tiefen Hautrisse vom Tierarzt genäht werden mussten.

● Zuchtrüde »Zeus«, ein Malinois, ist beim Tierarzt schon fast zu Hause. Unzählige Tests und Behandlungen später scheint die Ursache für den zunehmenden Leckzwang immer noch nicht erkannt worden zu sein. Bei der letzten Visite musste der Tiermediziner tiefe Verletzungen an beiden Vorderläufen feststellen, die sich »Zeus« nach Angaben der Besitzer in nur drei Stunden des Alleinseins selbst beigebracht hatte. Aber die schlimmste Erfahrung mussten die »Hundeeltern« machen, als sie ihren »Zeus« mit tiefen Schnittverletzungen im Halsbereich fanden, nachdem er versucht hatte, buchstäblich mit dem Kopf durch die Fensterscheibe zu springen.

## Diagnose: Trennungsangst

Angst vor dem Alleinsein oder Trennungsangst lautet die Diagnose des Tierverhaltenstherapeuten. Sie ist immer, wie auch in den drei Fallbeispielen, dringend therapiebedürftig ⚠️!
**Symptome der Erkrankung:** Sie sind vielschichtig und individuell verschieden. Häufig tritt ein übermäßiges »Rufen« nach dem Besitzer auf – die Tiere beginnen, sobald sie allein gelassen werden, zu winseln, zu bellen und zu heulen. Das

Winseln zeigen schon Welpen. Dieses akustische Signal wird über das gesamte Hundeleben hinweg bei psychischem Unwohlsein (Unsicherheit, Isolation) mehr oder weniger laut geäußert, um eine Gruppenzusammenführung zu bewirken. Hunde sind, wie wir bereits mehrfach festgestellt haben, obligat soziale Tiere, die dringend den Anschluss an die Familie benötigen! Selbst wenn der Besitzer Bellen, Winseln, Heulen, Unsauberkeit und Zerstörungsaktivität als Kompensationsmaßnahmen seines Hundes gegen den Stress duldet oder toleriert, befindet sich das Tier dennoch in einer starken Leidenssituation. Meist nimmt der Stress innerhalb der ersten zwanzig Minuten des Alleinseins für die Hunde ein solch unerträgliches Ausmaß an, dass dieser in den bekannten unerwünschten Lautäußerungen abreagiert werden muss. Nicht selten treten darüber hinaus

Durch Gähnen baut der Hund Stress ab, weil er ahnt, dass er bald allein bleiben muss.

medizinisch relevante Symptome wie Steigerung der Herzschlagfrequenz, vermehrter Speichelfluss, unkontrollierter Harn- und Kotabsatz sowie Erbrechen auf, um diesen hohen Stresszustand des Organismus abzubauen und so ein körperlich-seelisches Gleichgewicht wiederherzustellen. Dies erklärt auch, dass sich der vor dem Alleinsein ängstigende Hund nicht aus »Trotz« oder »Rache« seiner Exkremente vor dem Bett oder auf dem Sessel entledigt.

## INFO · DAS WESEN DER TRENNUNGSANGST

Dieses Verhalten ist eine Kombination aus unerwünschtem Verhalten für den Menschen, wie Bellen, Winseln, Heulen, Zerstörungsaktivität oder Unsauberkeit, und wirklichem Problemverhalten für den Hund (Angst, Stress, Panik)! Trennungsängstliche Hunde leiden, wodurch die Erkrankung tierschutzrelevant ist **8**. Den Hund für dieses Fehlverhalten zu strafen, stellt einen gravierenden Fehler in der Therapie dar. So wird bestenfalls die Angst verstärkt bzw. auf den heimkehrenden Besitzer umgelenkt. Dem Tier muss aus dieser starken Leidenssituation schnellstens herausgeholfen werden.

**Ursachen für Trennungsangst:** Sie sind ebenso vielfältig wie die Symptome der Erkrankung und umfassen unter anderem den Mangel an Erfahrungen mit dem Alleinbleiben, negative Erlebnisse (ausgesetzte, angebundene oder permanent im Zwinger gehaltene Hunde) bis hin zum falschen Verhalten der Besitzer. Kaum beginnt der Hund hinter der Tür zu winseln, öffnen sie diese wieder und versuchen ihren »Angsthasen« mit tröstenden Worten und Streicheleinheiten zu beruhigen.

Dabei lernt der Hund: »Ich muss nur lange genug rufen, dann kommt Frauchen zurück.« Auch die üblichen Verabschiedungs- und Begrüßungsrituale gegenüber dem Hund verstärken die Trennungsangst. Ihm wird so erst der Unterschied zwischen An- und Abwesenheit verdeutlicht. Weder Strafen (»Sei endlich still!«) noch Beruhigen, nach dem Motto: »Bello, du musst nicht traurig sein, ich bin bald zurück«, kann dem ängstlichen Hund in seiner Not helfen. Im Gegenteil, er fühlt sich in seiner Angst bestätigt. Nicht selten tritt Trennungsangst im Zusammenhang mit Geräuschangst auf, indem beim Alleinsein ein externes Geräusch (Knall, Sirene, Klingel etc.) zum Auslöser für das Bellen wird. Besonders hart trifft es Hund und Besitzer, wenn das Tier nur zu beruhigen ist, wenn nicht irgendein »Dog-Sitter« im Haus ist, sondern ausschließlich »Herrchen« oder »Frauchen«. Im Übrigen trifft es Rassehunde ebenso häufig wie Mischlingstiere, jedoch scheinen Rüden empfänglicher für die Erkrankung zu sein als Hündinnen.

**Therapie:** Häufig werde ich gleich zu Beginn der Therapie gefragt, wie hoch die Wahrscheinlichkeit ist, dass es der Hund trotz aller Erlebnisse noch lernt, stressfrei allein zu bleiben. Die Besitzer sind frustriert, haben doch angepriesene Wundermittel wie »Antibell-Halsband« oder Beruhigungspillen das Verhalten nicht bessern können. Natürlich ist der Therapieerfolg von vielen Faktoren abhängig, besonders von der Umsetzbarkeit der verhaltenstherapeutischen Empfehlungen und der Mitarbeit der Besitzer als Co-Therapeuten. Dementsprechend beträgt die Dauer der Therapie zwischen einem und neun Monaten, nicht selten auch länger. Ein Trost dabei ist, dass es bisher noch (fast) jeder Hund gelernt hat. Wichtig ist vor allem, die Einstellung des Hundes zum Alleinsein so weit zu ändern, dass er nicht mehr in einen Stresszustand gerät, denn nur so kann sich das Verhalten dauerhaft bessern. Des Weiteren gilt vor allem für Hunde, die eine besonders starke und enge Beziehung zum Besitzer haben, diese Abhängigkeit zu mildern. Dabei ist die Befürchtung, die Zuneigung des Hundes würde damit eingeschränkt, völlig unbegründet. Der Hund soll nicht zu einem den Besitzern gegenüber gleichgültigen Wesen »umerzogen« werden. Ihm soll vielmehr ein gesundes Maß an Eigenständigkeit, Selbstsicherheit und Selbstvertrauen vermittelt werden.

## So können Sie vorbeugen …

### … bei Trennungsangst:

- Optimales Haltungsmanagement (keine Isolations-, Anbinde- oder Zwingerhaltung)
- Distanztraining bereits beim Welpen innerhalb und außerhalb des Hauses durch allmähliche Ausdehnung in Raum und Zeit
- Keine Begrüßungs- und Verabschiedungszeremonien gegenüber dem Hund
- Generell keine Distress-Strafen!

## Therapie – was können Sie tun …

### … bei Trennungsangst (allgemeine Therapie)?

- Lassen Sie den Hund nur für die Zeit des Trainings allein.
- Alternative Betreuung durch einen Dog-Sitter, oder Sie nehmen den Hund mit.
- Wenn Sie zu Hause sind, sollten Sie den Hund permanent ignorieren (→ Info, Seite 198).
- Keine Abschieds- und Begrüßungsrituale!
- Verwirren Sie den Hund durch eine Verschleierungstaktik und Entkopplung von Abschiedssignalen; dazu ziehen Sie zum Beispiel Schuhe und Mantel an und setzen sich ins Wohnzimmer, nach einiger Zeit ziehen Sie sich wieder aus – der Hund kann sich nicht mehr auf bestimmte Abschiedssignale verlassen.
- Gewähren Sie dem Hund mindestens eine Stunde Auslauf, bevor er allein bleiben muss; danach den Hund ignorieren (→ Info, Seite 198).

Das Winseln steigert sich nicht selten im Verlauf des Alleinseins zum Bellen und Heulen (Verlassenheitsschrei der Wölfe). Dies kann über Stunden andauern.

- Die Anschaffung eines Zweithundes hilft meist nicht, denn häufig verunsichert der »Angsthase« den anderen Hund, dann jaulen sie im Duett.
- Vermeiden ineffektiver Behandlungsmethoden wie Distress-Strafe oder Beruhigen.
- Entspannungsübungen auf dem Lagerplatz, wie die Übung »Müüüüde« (→ Seite 136)

### … bei Trennungsangst (spezielle Therapie)?

- Das Alleinbleiben schrittweise trainieren, dabei die Distanz zum Hund und die Dauer der Abwesenheit allmählich ausdehnen; zunächst innerhalb, später außerhalb des Hauses nach individuellem Plan trainieren
- Nichtvorhersehbarkeit der Abwesenheiten: Kann der Hund z. B. fünf Minuten allein bleiben, wechseln Sie bei künftigen Übungen zwischen einer und fünf Minuten ab, damit sich der Hund nicht darauf einstellen kann.
- Kehren Sie nicht zum Hund zurück, solange er noch Laut gibt; warten Sie, bis er eine kurze Pause macht!
- Bei Rückfällen beginnen Sie das Training neu auf einer Stufe, die der Hund bereits beherrscht. Medikamentöse Begleittherapie

# Territorialverhalten: Von »Kontrollfreaks«
## und notorischen Bewachern

Territoriale Aggression kann im Gegensatz zum bloßen Alarmieren per Bellen zur echten Gefahr für Mensch und Hund werden. Während das Territorialverhalten als angeboren, normal und tolerabel einzuschätzen ist, muss die übersteigerte und oft unbegründete Sorge der Hunde um das Kernterritorium (Territorialaggression, 10 ) als überzogen (hypertrophiert), nicht mehr zeitgemäß und störend bewertet werden. In der heutigen Zeit werden im Zusammenleben zwischen Mensch und Hund enger Familienkontakt sowie stress- und gefahrlose Kontakte zu fremden Personen innerhalb und außerhalb des eigenen Territoriums gefordert, reine »Wachhunde« sind nur noch selten nötig.

## Wenn Hunde ihre »Security-Tätigkeit« zu genau nehmen

Immer wieder berichten Besitzer, dass sie es für durchaus wünschenswert halten, wenn ihr Hund Haus und Hof bewacht. So kündigen viele Hunde als »Alarmanlage auf vier Pfoten« bellend jeden Besucher an, der sich dem Tor bzw. der Tür nähert. Dabei sollte jeder potenzielle Eindringling eine territoriale Aggression stets als das nehmen, was sie ist – eine ernst zu nehmende Warnung. Territorial-aggressive Hunde drohen meist sehr sicher und wenig ängstlich über tiefes Knurren, Bellen, Zähnefletschen und Distanzverringerung. Sie fühlen sich dazu berufen, alles zu sichern – wenn nötig mit Gewalt. Bitte nehmen auch Sie, liebe Leser, ein Droh- oder Angriffsverhalten eines Kontrollfreaks immer sofort ernst – die

Gefahr, gebissen zu werden, ist enorm hoch! Das bezieht sich nicht nur auf das Grundstück, sondern auf alles, was der Hund als sein Eigen betrachtet. Immer wieder kann man beobachten, wie sich »Hundekenner« über den Gartenzaun beugen und versuchen, solche Hunde per Streicheleinheiten zu beruhigen – mit dem oft schmerzhaften Ergebnis einer blutenden Hand! Das aggressive Verteidigen von Revieren ist auch deshalb gefährlich, weil der Hund fremde Personen, Kinder und Artgenossen nicht nur im eigenen Garten, sondern auch in der Öffentlichkeit bedrohen oder angreifen kann. Selbst eine harmlose Begrüßung per Handschlag durch den Nachbarn kann zum explosionsartigen Beißunfall führen, weil dieser in den unsichtbaren territorialen Aktionsraum des Hundes eingedrungen ist!

### Ursachen der Territorialaggression

**Permanente Zwinger- und Grundstückshaltung:** Dies ist der klassische Wegbereiter für Territorialaggression 10 . Den Hunden wird der tägliche Kontakt zur Außenwelt im freien Auslauf verwehrt, woraus Langeweile und soziale Unsicherheit resultieren. Ungewollt bestätigt der Besitzer das Verhalten des Hundes, wenn er seinen »Wachhund« beruhigt (Lob) oder tadelt (Strafe). Insbesondere die permanente Isolierung von der Außenwelt macht die »Zottelschnauzen« zu dumm-gefährlichen Schlägertypen, denn sie konnten nicht lernen, artgerecht zu kommunizieren. So sind Asozialität und Unsicherheit Wegbereiter für spätere territoriale Aggression gegenüber fremden Sozialpartnern (Artgenossen und

Menschen). Zudem werden ausgerechnet solche Rassen und Linien beliebt, die in vergangenen Zeiten Arbeit als Herdenschutzhunde (→ Seite 95) leisten durften. Diese Herdenbewacher haben ererbterweise eine große Veranlagung, territoriale Aggression gegenüber Sozialpartnern zu zeigen. Deshalb an alle Hundeanfänger die dringende Empfehlung: Hände weg von Herdenschutzhunden, die Integration dieser Tiere in das menschliche Alltagsleben ist eine hohe Aufgabe selbst für versierte Hundehalter!

**Security aus Langeweile?** Auch Hunde, die sich längere Zeit am Tag ausschließlich im Garten ohne Sozialanschluss und ohne Beschäftigung allein überlassen sind, suchen nach Aufgaben – und finden diese u.a. im übersteigerten Bewachen des Grundstücks.

Bei allem wägen die Hunde jedoch ab, ob es sich lohnt, aggressives Verhalten zu zeigen. Springt der Postbote hektisch über den Zaun oder stellt er ein Paket nur noch in großer Entfernung ab, bedeutet dies einen Punktesieg für den Hund! Aggression kann jedoch auch Nachteile bringen. Man könnte selbst verletzt oder gar getötet werden. Also checken die »Zottelschnauzen« immer die Situation vorher ab, ob keine Gefahr für ihr Leben besteht. Erst dann verteidigen sie ihr Grundstück oder andere Ressourcen.

**Achtung:** Abzugrenzen von territorialer Aggression 10 ist in diesem Fall die Angst 8, die der Hund beim Eintreffen von Besuch empfindet, vor allem wenn dieser den Hund durch Ansprechen oder Herunterbeugen negativ bedrängt. Die Besitzer können beide Formen der Aggression oft nicht unterscheiden. Wahre »Kontrollfreaks« neigen infolge der Sozialisationsdefizite häufig unter einer geringen Frustrationstoleranz, niedrigen Hemmschwelle bei gezeigter Aggression und kaum vorhandenem sozialkompetentem Ausdrucksverhalten, weshalb eine Frustrationstoleranztestung zur Verifizierung des Enthemmungsgrades vor Therapiebeginn entscheidend wichtig

## TERRITORIALAGGRESSION VORBEUGEN

- Bei der Auswahl des Hundes auf Herkunft und Rasse bzw. Linie achten

- Keine Haltung in Zwingern, Anbindehaltung, Kleinstterritorien, Isolation

- Keinen Freilauf auf dem Grundstück ohne Aufsicht

- Training des Gehorsams und der Kontrollfähigkeit unter Verzicht auf Strafe

- Integration in die Familie mit hausinternen Regeln

- Ausreichende und umfassende Sozialisation und Gewöhnung an Sozialpartner

- Artgemäße und adäquate Beschäftigung

ist, um schwerwiegende Verletzungen beim Menschen zu vermeiden. Deshalb sollten Sie bei Unsicherheit und Komplikationen immer den Rat eines Tierverhaltenstherapeuten einholen.

## Therapie – was können Sie tun?

(zusätzlich zur Prophylaxe)

- Dem Hund auch innerhalb des Hauses einen Maulkorb anlegen und ihn anleinen!
- Keinen Kontakt mit fremden Personen und insbesondere Kindern ohne Ihre Aufsicht!
- Den Hund 15 Minuten vor Eintreffen und 15 Minuten vor der Verabschiedung des Besuchs separieren; dadurch verknüpft er den Besuch nicht negativ mit dem Separieren!

179

Zwinger- und Hofhunde, die mit Bellen und Beißdrohung am Gitter bzw. Zaun übersteigerte Aggressionsbereitschaft zeigen, sind eine Gefahr für jedermann.

● Besucher sollen sich ruhig und entspannt verhalten und den Hund permanent ignorieren (→ Info, Seite 198)! Ein Maulkorb ist Voraussetzung, es entspannt sich leichter!

● Einen Ortswechsel innerhalb des Territoriums (Toilettenbesuch) sollte der Besucher stets ankündigen, dann wird der Hund vom Besitzer per Leine kontrolliert!

### Spezielle Therapie 1 – Kontrollfähigkeit über Ersatzhandlung

● Negative Erwartungshaltung wird gegen eine positive eingetauscht, unerwünschte Handlung in erwünschte Handlung umgewandelt.

● Ersatzhandlung »Sitz anstatt Bellen«: Eine Person trainiert mit dem angeleinten Hund etwa fünf Meter vom Eingangsbereich entfernt verschiedene Kommandos und belohnt ihn mit extrem leckerem Futter bei erfolgreicher Ausführung im Moment des Eintreffens von Besuch.

● Bellt der Hund den Besuch dennoch an, halten Sie die Leine ohne Kommentar fest; jedes Wort wäre eine Bestätigung.

● Hat sich der Hund beruhigt und die Gäste sitzen am Kaffeetisch, darf er sich (mit Maulkorb!)

diesen nähern; die Gäste sollten den Hund konsequent ignorieren (→ Info, Seite 198).

● 15 Minuten vor der Verabschiedung wird der Hund durch den Besitzer separiert oder wie zu Beginn mit Abstand zur Tür per Kommandos kontrolliert.

● Ein anschließender gemeinsamer Spaziergang ist oft hilfreich!

### Spezielle Therapie 2 – Wie der Postbote vom Feind zum Freund des Hundes wird

● Den Hund am Therapietag wenig beachten (keine Kontakte, kein Futter)

● Sobald der Postbote auftaucht, wird dem Hund im Moment des ersten Hinschauens und Nichtbellens sofort und kommentarlos der gefüllte Napf angeboten (Gegenkonditionierung)

● Beachtet der Hund das Futter nicht, weil er mit Bellen beschäftigt ist, wird das Futter vor seinen Augen bis zum nächsten Tag entzogen.

● Der Hund erwartet den Postmann am nächsten Tag eventuell schon sehnsüchtig, weil er großen Hunger hat (nicht auf den Postbeamten, sondern auf sein Futter) – die entzogene Ressource Futter ist jetzt wichtiger als das Verbellen.

● Aufbauend kann es passieren, dass Ihr Hund fortan speichelt, sobald er den Postboten erblickt, weil er die Verknüpfung »Postbote bedeutet Futter« gelernt hat.

**Achtung Fehlerteufel:** Bellt der Hund bereits, wenn Sie den Napf hinstellen, haben Sie das Gegenteil erreicht: Sie haben den Hund für das Anbellen des Postmanns bestätigt und belohnt!

● Je konsequenter Sie vorgehen, umso schneller haben Sie damit Erfolg!

● Bei schwerwiegenden Problemen, insbesondere bei Aggressionen gegenüber fremden Personen und Kindern mit massivem Drohverhalten und Bissverletzungen, sollten Sie einen Tierverhaltenstherapeuten konsultieren, außerdem sollte der Hund innerhalb und außerhalb des eigenen Territoriums strikt einen Maulkorb tragen und angeleint sein!

# Aggressionsverhalten:
## Ist Angriff die beste Verteidigung?

Sie wissen nun bereits, welche Bedeutung der Besitz lebenswichtiger Ressourcen, wie eigene körperliche Unversehrtheit, Futter oder Territorium, für den Hund haben kann und dass er bereit ist, diese notfalls auch mit Androhung von Gewalt zu erwerben. Auch wurde schon hinreichend in vorangegangenen Kapiteln darauf hingewiesen, dass zwischen Angst und Aggression ein Zusammenhang besteht, um Alltagsstress zu reduzieren. Welche der angeborenen Konfliktlösungsreaktionen (Deeskalations-, Beschwichtigungsverhalten oder Aggression) jedoch die »Zottelschnauzen« als bevorzugte Bewältigungsstrategien in bedrohlichen Situationen nutzen, beeinflusst das Zusammenleben in der Familie und die Bewegungsfreiheit auf den Spaziergängen in der Öffentlichkeit entscheidend.

## Angst und Aggression gegenüber fremden Menschen 🔺10

Aggressives Verhalten ist zwar angeboren und, zumindest aus Sicht der Hunde, in gewissen Grenzen normal, aber gleichzeitig auch für Hund und Mensch gefährlich und unerwünscht! Keiner mag einem aggressiven Hund in der Öffentlichkeit begegnen, und auch die Hundehalter sind mehr als nur entnervt über ihre Schützlinge, die Drohgebärden zeigen, um sich giften oder gar beißen. Kommt es zu einem derart gesteigerten Aggressionsverhalten, dass der Vierbeiner alles um sich herum attackiert, ohne Rücksicht auf die eigene Gesundheit und Unversehrtheit zu nehmen, so liegt ganz klar eine echte Verhaltensstörung 🔺10 und eine Gefahr für die Öffentlichkeit vor. Die natürliche Tendenz zu Fairness auch gegenüber fremden Sozialpartnern, ob Mensch oder Artgenosse, ist nicht mehr gegeben. Ohne eine »Unterhaltung« überhaupt zu erlauben, greift er unabhängig von der Reaktion des Gegenübers sofort an 🔺10 .

### Ursachen für übersteigerte Aggressionsformen

Wie bereits erwähnt, ist eine der häufigsten Ursachen für Ängste und daraus entstehende Aggressionen der Mangel einer ausreichenden Sozialisation und Habituation (→ Seite 210) mit der belebten und unbelebten Umwelt in der Welpenphase. Ebenso wichtig und entscheidend fürs weitere Leben sind jedoch auch positive wie negative Erfahrungen in speziellen Situationen sowie die daraus resultierenden Lernergebnisse. Die selten bewusste, aber vielfach unbewusste Verstärkung von Angst und Aggression durch die Besitzer ist dabei ein entscheidendes und tragisch-komisches Moment. Verhalten allgemein und ebenso Angst- und Aggressivverhalten werden durch Lernen und Erfahrungen beeinflusst. Der Hund zeigt ein bestimmtes Verhalten öfter und stärker, wenn er damit Erfolg hatte. Dabei kommt dem zeitlichen Zusammenhang zwischen einem gezeigten Verhalten und der Auswirkung, die dies für den Hund hat, eine besondere Bedeutung zu. Das heißt, dass sich auch aggressives Verhalten aufgrund der direkten Folgen (zum Beispiel der Reaktion des Besitzers) häufig unbewusst und unbeabsichtigt verstärkt.

### Wie kommt es zur Verstärkung der Aggression?

● Einen Erfolg durch aggressives Verhalten hat der Hund, wenn sich dadurch die Distanz zur Bedrohung vergrößert oder sie zumindest gleichbleibt, wenn der Gegner erfolgreich verjagt wurde oder eine wichtige Ressource (körperliche Unversehrtheit, Futter, Spielzeug, Platz), um die der Hund vorher gestritten hatte, in seinem Besitz bleibt oder er sie erwerben kann.

● Auch das Verhalten des Besitzers (oder einer fremden Person) kann aggressionsverstärkend wirken, und zwar, wenn diese ein Meideverhalten zeigen, das heißt, wenn derartigen angst- und aggressionsauslösenden Situationen ausgewichen wird, indem die Betreffenden die Straßenseite wechseln, Umwege machen und generell vermeiden, den Vierbeiner zu provozieren oder zu verärgern.

● Zusätzlich versucht der Besitzer, den ängstlich-aggressiven Hund zu beruhigen. Das Verhalten des Tieres wird nicht nur fehlinterpretiert, sondern relativiert, indem ihm menschliche Motive und Emotionen unterstellt werden, nach dem Motto: »Das hat er doch nicht so gemeint«. Dadurch verharmlost, akzeptiert oder zumindest duldet er das Verhalten seines Vierbeiners. Dieser hat mit seinem aggressiven Verhalten Erfolg und wird es in gleichen oder ähnlichen Situationen wiederholt und öfter zeigen.

Der Erfolg verstärkt das aggressive Verhalten weiter, denn der Hund lernt, »schwierige Situationen« durch aggressives Verhalten »erfolgreich« zu bewältigen. Dadurch wird der Hund in seinem Verhalten sicherer, und er reagiert schneller aggressiv; als Folge verstärkt sich das Verhalten noch mehr, es kommt zu weiteren Erfolgen und erneuter Verstärkung. Das Aggressionsverhalten ist mittlerweile hocheffektiv, hat sich etabliert, und der Hund zeigt es zunehmend gegenüber allem und jedem. Spätestens dann ist er zu einem echten Problemfall geworden ⚠️10!

**Reduzierung von Aggressionsverhalten:** Dazu kommt es im Umkehrschluss, wenn der Hund mit seiner Aggression keinen Erfolg hat. Aggressives Verhalten hat sich nicht gelohnt und wird deshalb nicht mehr gezeigt, da es Energie ohne Sinn verbraucht.

**Eskalation der Aggression:** Dennoch kommt es recht häufig zu einer Eskalation und einem sogenannten Teufelskreis der Aggression. Der Hund zeigt aggressives Verhalten oder greift an, weil er zu einem Gegner oder einer Bedrohung eine Distanzvergrößerung erreichen oder etwas eliminieren möchte, das ihm Angst macht. Daraufhin reagiert der Besitzer entweder mit dem Versuch, den Hund abzulenken und zu beruhigen, oder mit Gegenaggression. Beides führt zur Etablierung der Aggression beim Hund.

## Angst und Aggression gegenüber Artgenossen

Das Aggressionsverhalten von Hunden in Bezug auf Artgenossen stellt häufig eine Kombination aus angstbedingter, schmerzbedingter und territorialer Aggression dar, wobei auch jeweils nur eine der drei genannten Aggressionsformen als Ursache infrage kommen kann. Näheres zur territorialen Aggression lesen Sie auf Seite 178.

**Angstbedingte Aggression:** Sie versteht sich im weitesten Sinn als Angst vor dem Verlust wichtiger Ressourcen, wie der eigenen körperlichen Unversehrtheit (etwaige negative Erlebnisse), Futter, Spielzeug (Ball) und andere für den Hund wichtige Dinge. Angst gilt dabei als häufigster Auslöser von Aggressionen, wobei Furcht den emotionalen Zustand beschreibt, in dem sich der Hund bedroht fühlt. Wie bereits auf Seite 99 beschrieben, wendet er eine der drei möglichen Konfliktbewältigungsstrategien (Beschwichtigung, Deeskalation, Aggression) an, um den negativen Stress zu meistern.

**Schmerzbedingte Aggression:** Der Hund reagiert aggressiv, weil ihm etwas Schmerzen bereitet. Diese Form der Aggression muss nicht erst erlernt werden, sondern sie ist als angeborener Abwehrmechanismus genetisch fixiert. Schmerzrezeptoren sorgen für eine reflexartige Abwehrreaktion ohne Identifizierung und Bewertung im Gehirn. Ein Hund, der bereits einmal an der Leine oder im Freilauf gebissen wurde, wird häufig eine gewisse Aversion gegenüber Artgenossen aufbauen. Ebenso kommt es häufig aufgrund von Schreck- oder Schmerzerlebnissen oder allgemein schlechten Erfahrungen zum Aufbau von Feindbildern, wobei später nur die Vertreter bestimmter Rassen attackiert werden, die den

Schmerz verursacht hatten bzw. dieser Rasse ähneln. Natürlich spielen hierbei auch Lernprozesse eine entscheidende Rolle, etwa wenn der Hund in der Vergangenheit »Mobbingopfer« (→ Seite 113) in der Welpengruppe war. Damals lernte er, dass er mit der Strategie »Angriff ist die beste Verteidigung« am besten zurechtkam. Sobald sich ihm bestimmte Artgenossen näherten, reagierte er bereits aggressiv, bevor diese ihm Schmerzen zufügen konnten. Die Aggression wird weiter verstärkt, wenn das Tier mit dieser Strategie Erfolg hat (er lernt am Erfolg, das heißt, der Hund wird immer wieder und immer stärker aggressiv reagieren). Wie ich schon erwähnte, wird ein Tier eine bestimmte Verhaltens-

## SZENEN EINER HUNDEBEGEGNUNG

Mimische und gestische Übertreibungen, wie auf den Fotos zu sehen, sind die Basis jeglicher ritualisierten Kommunikation (Verständigung). So können Missverständnisse und ernsthafte Verletzungen vermieden werden. Spielerisch wird die T-Stellung von beiden Hunden aufgelöst, obwohl die langhaarige »Zottelschnauze« wegen ihrer dichten Gesichtsbehaarung im Ausdrucksvermögen eingeschränkt ist und mehr zeigen muss.

**1** Hier steht der rechte Hund noch provokant als Balken im »T« und wendet sich mit weit aufgerissenem Maul dem Artgenossen zu. Dieser nähert sich von der Seite …

**2** … und beißt dem Streitpartner spielerisch in den Rücken. Der andere geht darauf ein. An der übertriebenen Mimik lässt sich ein Spielritual vermuten. Daraus kann immer auch Ernst werden.

## FREIE HUNDE-BEGEGNUNGEN

Bei Hundebegegnungen kann jegliche menschliche Intervention durch Strafe oder Ablenkung eines der Hunde den Ausschlag geben, dass die Begegnung eskaliert und damit eine Situation entgleist, die gute Aussichten auf ein »Friedensabkommen« hatte! Menschen und Hunde sprechen verschiedene Sprachen, und die wenigsten Hundebesitzer wissen um die jeweilige Bedeutung der gezeigten Signale ihrer Schützlinge.

weise, die regelmäßig eine bestimmte positive Konsequenz zur Folge hat, künftig öfter, schneller und stärker zeigen. Durch seine Flucht verstärkt der Artgenosse und vormals Kontrahent das aggressive Verhalten des notorischen »Raufbolds«, denn dieser hat als naturgegeben territorial veranlagtes Lebewesen erfolgreich sein Territorium (Haus, Garten) verteidigt. Dabei kann sich das kurzzeitig als eigen beanspruchte Revier auch in fremder Umgebung (Gartenlokal, Einzugsbereich der Leine um den Besitzer herum) befinden.

## Zufallsbegegnungen zweier nicht angeleinter Hunde

Beim Kontakt zweier Hunde kann es prinzipiell immer zu einem Interessenskonflikt und nachfolgendem Streit kommen, wobei die Konfliktbewältigung zwei Ebenen aufweist. So gibt es einerseits einen offensichtlich äußeren Konflikt gegenüber dem jeweiligen Sozialpartner und den inneren Konflikt bzw. Stresszustand der einzelnen Kontrahenten. Die Konfliktbewältigung nach außen, indem aktiv der Artgenosse beschwichtigt

wird, hilft den inneren Stresszustand, das Aufgeregt-Sein, zu minimieren. Des Weiteren können Konflikte ein- bzw. beidseitig sein. So sind sich beim doppelseitigen Konflikt beide Hunde über eine bestehende Krise im Klaren, während es auch vorkommen kann, dass sich nur einer der Beteiligten in einem mentalen Konfliktzustand (Frustration o.Ä.) befindet, wobei ein bisher unbeteiligter Sozialpartner »Opfer« dieses inneren Konfliktes des anderen wird. Ein klassisches Beispiel hierfür ist die Leinenaggression, wo sich die Frustration über die territoriale Grenzsetzung über Leinebeißen oder Angriff auf Besitzer umrichtet.

Während es bei Streitigkeiten innerhalb der eigenen »Hundefamilie« selten darum geht, einen Sozialpartner permanent auf Distanz zu halten, kann beim Treffen zweier fremder Hunde ein Rückzug schon eine erfolgversprechende Konfliktlösung sein. Aber Hunde haben noch weitere Möglichkeiten der sozialen Kommunikation, indem sie sich je nach Situation und Erfahrungsschatz aus der Vergangenheit Elemente des Droh- und Imponierverhaltens oder eben der Deeskalation, wie Übersprung-, Flucht- oder Meideverhalten, bedienen können. Bei jedem Streit geht es nicht nur darum, den Gesprächspartner zu besänftigen, sondern auch darum, den eigenen Stresszustand und die eigene Erregung zu minimieren. Dafür bedienen sich unsere Zottelschnauzen sämtlicher Verhaltensweisen, insbesondere aus dem Bereich des Spielverhaltens (bei eher niedrigschwelligen Kontakten), des Komfort- und Erkundungsverhaltens als Übersprungverhalten, sowie des prosozialen Bindungsverhaltens und »passiver« Demut. Deeskalierend managen unsere Zottelschnauzen die Treffs auf der Hundewiese viel häufiger durch Meideverhalten als durch Aggression, indem sie sich dezent (Verlagerung des Kopfes) oder deutlich (ganzer Vorderkörper weggedreht, demonstratives Abwenden) vom Gegenüber abwenden. Oder sie

ziehen sich mehr oder weniger schnell aus der Interaktion durch Flucht zurück. Nachteilig ist hier, dass sie in ihrem inneren Stresszustand gefangen bleiben. Oder sie zeigen passive Demut und wollen gleichfalls damit eine Entfernung zum Gegenüber erreichen. Beschwichtigung bedeutet eher aktiv zu sein, um den Kontakt zum Gegenüber zu erreichen oder aufrechtzuerhalten. Neben der sozialen Annäherung ist auch ein passendes Spielverhalten geeignet, sich aktiv mit dem Sozialpartner auseinanderzusetzen und dabei gleichzeitig inneren Stress abzubauen. Eine erlernte Beißhemmung ( Seite 162) kann entscheiden, wie heftig ein Kampf ausfällt. Das heißt, je besser sie ausgebildet ist und je mehr die Tiere in ihrer frühen Entwicklungsphase ein differenziertes und arttypisches Verhalten gelernt haben, umso weniger wirkliche Verletzungen entstehen bei späteren Hundetreffs.

**»Aktive Demut« – der soziale »Klebstoff«:**

Die »aktive Demut«, auch aktiv prosoziales Bindungsverhalten, wird eben nicht nur als Reaktion auf Bedrohung, sondern im Rahmen der freundlichen Annäherung gegenüber Sozialpartnern gezeigt. Die Initiative kann von einem oder beiden Sozialpartnern ausgehen. Die Begegnungen können dabei kurz oder/und intensiv sein. Zwischen fremden Hunden kann diese »aktive Demut« zur Beschwichtigung des Konfliktes gezeigt werden, um sich eine Hintertür für weitere Kontakte bzw. ein weiteres Kennenlernen offen zu halten. Vielmehr wird heute unter dem Begriff der »aktiven Demut« weniger ein beschwichtigendes Verhalten zur Lösung von Konflikten, als vielmehr ein soziopositives Bindungs- und Wiedereingliederungsverhalten verstanden, um erst gar nicht Konflikte entstehen zu lassen und die Gruppenzugehörigkeit zu festigen. Die »aktive Demut« dient als eine Art »Rückversicherung«, um Kontakte nach dem Treff/der Kommunikation noch aufrechterhalten zu können. »Aktive Demut« dient als quasi Anfrage

beim Gegenüber/Gesprächspartner, ob die eigene Annäherung noch angenehm ist.

Typische Mimik und Gestik: Maulwinkel des Sozialpartners lecken; mit Blick zum Gegenüber auf diesen zulaufen; Pföteln u.a., intensive Schnauzenkontakte.

Die passive Demut wird im Gegensatz dazu immer zur Deeskalation und zur Distanzvergrößerung eingesetzt. Dieser Hund möchte nicht nur den Konflikt an sich beenden, sondern eine geraume Zeit (manchmal auch für immer) auch jegliche Nähe zum Gesprächspartner vermeiden.

## Richtig reagieren bei Begegnungen nicht angeleinter Hunde

In einen zwischen zwei oder mehreren Hunden entbrannten Kampf einzugreifen, ist zumeist kei-

Alles Show: zwei Rüden im ritualisierten Drohgespräch mit weit aufgerissenen Mäulern und Umklammerung

ne gute Idee! Die Verletzungen unter den Hunden verschlimmern sich und die Gefahr, vom eigenen Hund frustrations- oder schmerzbedingt gebissen zu werden, ist enorm hoch. Drehen Sie sich indes bei beginnenden kämpferischen Auseinandersetzungen schnell um und laufen vom Ort des Streites weg, ohne den Hund zu sich zu rufen, erreichen Sie eine perfekte Deeskalation des Streits, indem Sie Ihrem Hund selbst die Entscheidung überlassen, wann er tatsächlich die Unterhaltung beenden kann.

Mischen Sie sich indes in die Situation ein oder rufen Sie nach Ihrem Hund, fühlt sich dieser von Ihnen genötigt, das Streitgespräch aufrechtzuerhalten! Der potenzielle Sieger wird nach dem nur sekundenwährenden Erstgefecht den Unterlegenen nun noch schneller, intensiver und heftiger verprügeln, weil er sich vom Besitzer einerseits unterstützt fühlt, andererseits jedoch auch fürchtet, dass man ihn vom Rivalen trennt, noch bevor dieser klein beigegeben hat. Der potenzielle »Zweite« könnte wiederum »Morgenluft« wittern und frech und dreist aus der unterlegenen Position erneut stänkern, weil er sich durch den herbeieilenden Besitzer beschützt und gestärkt fühlt. Der erneute Zwischenfall wird umso erbitterter auf beiden Seiten geführt, und die Verletzungen nehmen zu.

**Dabei könnte alles so einfach sein!** Der Vierbeiner folgt – wie jeder vom Besitzer unbeeinflusste Hund – dem angeborenen Prinzip der Bedarfsdeckung und Schadensvermeidung. Hat er den Streit momentan für beendet erklärt, schaut er sich nach Ihnen als seiner wichtigsten Ressource um, und wird schnell und freiwillig in ihre Richtung weg vom Rivalen laufen. Um einen erneuten Kampf zu verhindern, müssen Sie ihn lediglich anleinen und wegführen!

Aber es gibt Ausnahmen, wo ein Intervenieren angezeigt sein kann.

● So müssen Sie bei auftretendem Mobbing, einer sehr seltenen Form des Jagdverhaltens gegenüber Artgenossen ( Seite 243), Ihren mobbenden Hund wortlos anleinen, wegführen und dürfen ihn künftig nicht frei laufen lassen!

● Auch täuschen einige Hunde während eines Streits als Opfer »demütiges« Verhalten z.B. durch Abwenden des Kopfes vor. Dieses mehr oder minder deutlich gezeigte Meideverhalten ist jedoch kein echtes passives Demutsverhalten, was in dieser Situation angebracht wäre. Hundebesitzern, deren Hunde dennoch gebissen werden, obwohl sie schon »klein bei gegeben haben«, behaupten dann gern, dass der rivalisierende Aggressor-Hund verhaltensgestört ist. Dies ist er jedoch nicht unbedingt, sondern oftmals werden die Hunde in ihrer Auseinandersetzung frühzeitig gestört oder besitzen keinen hinreichenden kommunikativen Erfahrungsschatz. Auch wäre das kommentarlose Anleinen und Wegführen das Mittel der Wahl!

## Leinenaggression gegenüber Sozialpartnern

Immer wieder kann man beobachten, dass Hunde auf Artgenossen wie auf Menschen unterschiedlich reagieren, je nachdem ob sie angeleint sind oder frei laufen.

**Wie es zur Leinenaggression kommt:** Es gibt viele »Zottelschnauzen«, die ein normales soziales Verhalten gegenüber einem Sozialpartner im Freilauf zeigen, sich aber extrem gebärden, sobald sie angeleint einen Sozialpartner auf der Straße treffen. Sie ziehen die Besitzer förmlich zum Gegenüber hin und scheinen außer sich vor Erregung zu sein. Oft bellen sie dabei. Wie ist dies zu erklären?

Zum einen bedeutet ein Bellen und Ziehen in die Leine nicht automatisch aggressives Verhalten, sondern möglicherweise puren Kontaktwillen. Dabei verhindert eine permanente Leinenverbindung zum Besitzer nicht nur die normale Bewegungsfreiheit, sondern die Hunde können nur

unzureichend kommunikative Erfahrungen sammeln. Die Folgen sind unselbstständige, aufgeregte und ängstliche Tiere ohne Selbstbewusstsein. Zudem wird das aufgeregte oder aggressive Verhalten von den meisten Besitzern unbeabsichtigt belohnt, wenn sie dem Hund, der beim Anblick eines Sozialpartners knurrt, bellt oder in die Leine zieht, beruhigend zureden. Auch das übliche verbale Schelten gilt dann als Belohnung und Bestätigung. Ablenkungen wie Aufforderungen zum Spiel, Leckerlis, ein Ball oder der Versuch einer Beschwichtigung und Beruhigung vor der bestehenden Gefahr (Kraulen, Streicheln) mit dem Ziel, das Verhalten beim Hund zu reduzieren, bewirken ebenfalls das Gegenteil. Das Tier wird in seinem aggressiven Verhalten bestärkt. Auch der gut gemeinte Zug an der Leine weg von der Gefahr bekräftigt den Hund geradezu in seinem unsicheren oder erregten Verhalten. Zudem zerren Hunde oft so lange in die Leine, bis sie sich selbst erfolgreich den Kontakt zum »Feind« oder »Freund« ermöglichen, weil der Besitzer nachgeben muss. Auch führt das Leinezerren

nicht selten zu Frustrationsreaktionen, indem sich die Erregung über die territoriale Grenzsetzung über Leinebeißen, Angriff auf Sozialpartner oder den Besitzer selbst umrichtet. Die Begegnung zweier Hunde an der Leine ist generell skeptisch zu betrachten, da beide Tiere nicht ungestört kommunizieren können und nicht selten territoriale Aggression oder Angstaggression (auch Angst vor dem Verlust der Ressource »Besitzer«) im Bereich des Besitzers zeigen. Laufen Sie also am besten mit Ihrem angeleinten Schützling kommentarlos am anderen Hund vorbei – den freien Kontakt zu seinesgleichen bekommt er auf der nächsten Hundewiese. Und bitte, liebe Leser, verschaffen Sie sich selbst eine gewisse Grundgelassenheit! Jegliche Anspannung überträgt sich automatisch auf Ihren Schützling, und Sie können diesen in seinem unerwünschten Verhalten nicht folgerichtig und korrekt ignorieren (→ Info, Seite 198). Sind Sie Besitzer eines »Mobbers«, der sich generell gern und häufig mit Artgenossen streitet und diese verletzend beißt, dann kann ein Maulkorb- und

**Eine entspannte Unterhaltung sieht anders aus – der Zug am Halsband durch den Besitzer stärkt den rechten Hund und macht ihn gleichzeitig unselbstständiger und handlungsunfähiger. Eine Aggression ist wahrscheinlicher.**

Leinenmanagement für die übrige Hundenachbarschaft und für Sie gleichermaßen sehr entspannend sein, da keine unmittelbare Gewalt von Ihrem Hund mehr ausgehen kann! Zu beachten ist jedoch, dass der Hund durch den aufgesetzten Maulkorb weder angemessen Mimik und Gestik zeigen, noch sich bei eventuell stattfindenden Prügeleien verteidigen kann. Nicht zuletzt kann auch in diesen Fällen eine Konsultation eines Tierverhaltenstherapeuten helfen.

## So können Sie vorbeugen

- Gute Integration in die Familie
- Ausreichende und allumfassende Sozialisation in der Welpenzeit mit vielen positiven Erlebnissen und Gewöhnung an Sozialpartner wie Mensch und Artgenosse (→ Seite 214)
- Vermeiden von traumatisch-negativen und schmerzhaften Erlebnissen mit Menschen und Artgenossen (Vermeiden von »Mobbing-Erfahrung« als Opfer oder Täter)
- Täglich ausreichende freie Kontaktmöglichkeiten zu Menschen und Artgenossen
- Artgemäße und angemessene Beschäftigungsmöglichkeiten (physische und psychische Ausarbeitung)
- Bei der Auswahl des Hundes auf Herkunft und Rasse bzw. Linie achten (Vorsicht bei Herdenschutzhunderassen, → Seite 95)
- Hunde nicht in Zwingern oder permanent angeleint halten!
- Training der Gehorsamkeit und Kontrollfähigkeit (inkl. Beißhemmungstraining) unter generellem Verzicht auf Distress-Strafe

**Richtiger Umgang mit dem Maulkorb:**
Bei Angst-Aggression gegenüber Menschen und bei extremer Verletzungsgefahr bei Hundestreitigkeiten sollte Ihr Hund einen Maulkorb tragen, und zwar von Beginn des Spaziergangs an! Setzen Sie ihm den Maulkorb erst auf, wenn sich ein fremder Mensch oder Hund nähert,

führt dies zwangsläufig zu einer negativen Fehlverknüpfung, nach dem Motto: »Immer wenn ein Fremder oder ein Artgenosse erscheint, bekomme ich diesen blöden Korb aufgesetzt, der drückt und reibt.« Das heißt, dass Sie Ihrem Vierbeiner das »Ding« so schmackhaft wie möglich gestalten, indem Sie vorher ein tolles Maulkorbtraining mit besonders schmackhafter Wurst und Käse durchführen.

Weiterer Vorteil des Maulkorbs: Sie als Besitzer können entspannen, da Ihre »Zottelschnauze« zwar den anderen umrennen, anrempeln und bespringen, aber eben nicht beißen kann!

**Achtung Stolperfalle:** Mit Maulkorb ist Ihr Hund in einer Auseinandersetzung mit anderen potenten Hunden gehandicapt und benachteiligt. Das kann mitunter zu bösen Bissverletzungen bei Ihrem Vierbeiner führen, denn er stänkert weiter wie gewohnt, bezieht jedoch Prügel, ohne sich entsprechend wehren zu können …

## Was können Sie tun …

### … bei Aggressionen zwischen frei laufenden bzw. angeleinten Hunden?

- Gefahrenmanagement (Maulkorb, Leine, Halti, Schleppleine verwenden)
- Training der Gehorsamkeit zur verbesserten Kontrollfähigkeit (unter anderem Leinenführigkeit, Rückruf)
- Korrektur von Fehlern der Besitzer (nicht beabsichtigtes Belohnen/ineffektives Schelten)

### … in Problemsituationen?

- Nicht auf entgegenkommende Menschen bzw. Hunde aufmerksam machen, sondern kommentarlos daran vorbeigehen bzw. weggehen
- Bei Hundebegegnungen den Tieren keine Spielsachen, kein Futter geben, sie nicht anleinen, sich nicht in der Nähe der sich kontaktierenden Hunde aufhalten (klassische Fehler: beiden Hunden ein Leckerli anbieten oder einen Ball zwischen beide Hunde werfen!)

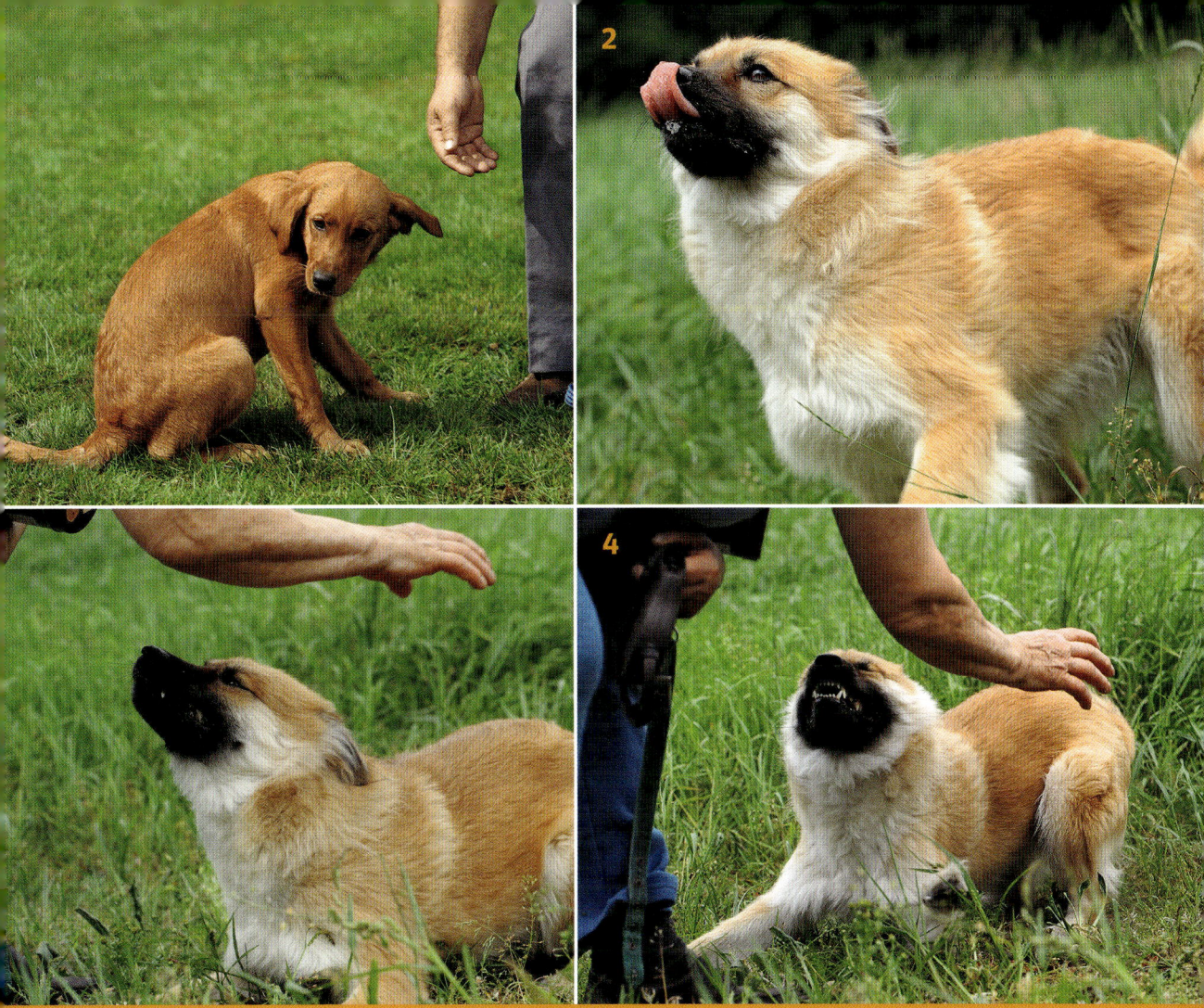

## HUNDEBEGEGNUNGEN – IST STRAFEN SINNVOLL?

Zwischen zwei Hunden war es auf einer Wiese zu einer Auseinandersetzung gekommen. Der Besitzer des braunen Hundes mischte sich ein, obwohl beide schon dabei waren, sich zu trennen. Die Anwendung von Strafe schien ihm (verbal, physisch) verlockend, da sie bei ähnlichen Vorfällen in der Vergangenheit zu einem scheinbaren Erfolg geführt hatte. Also schreit er beide Hunde an, läuft zwischen sie, um den eigenen zu schützen.

**1** Sein Hund zeigt sofort Deeskalierungsverhalten, indem er sich klein macht und wegschaut.

**2** Auch der Kontrahent ist gestresst und zeigt mit sofortigem Rückzug und Maulschlecken aus der Entfernung zunächst Meideverhalten. Allerdings scheint sein Blick zu sagen: »Weshalb mischst du dich eigentlich in unsere Unterhaltung ein, es war doch schon alles geklärt?«

**3** Da der Fremde weiter auf ihn einschimpft und sich drohend über ihn stellt, verharrt er erschrocken, duckt sich und reduziert sein anfängliches Drohen, bis er dieses gar nicht mehr zeigt.

**4** Dieses Unterdrücken des Drohverhaltens ist gefährlich, wird doch der Hund für den Nichtbesitzer noch weniger berechenbar. Ein »unprovozierter Angriff« ist vorprogrammiert. Zähne fletschend setzt der Hund zur Gegenaggression an.

## ANGST VOR DEM TIERARZT – WAS TUN?

Hunde haben häufig Angst vor dem Tierarztbesuch. Verstärkt wird diese Angst durch Leidensgenossen, die bereits im Wartezimmer warten. Wird der Patient in das Behandlungszimmer verbracht, ist er häufig gestresst und zeigt Angstaggression gegenüber dem Personal oder dem Besitzer. Mögliche Ursachen dafür sind fehlende oder negative Erfahrungen innerhalb der Praxis. Diese Angst zu reduzieren, ist nicht nur für den Besitzer und das Personal, sondern auch im Sinne des Tierschutzes wünschenswert, um dem Tier unnötige psychische Belastungen zu ersparen.

**Prophylaxe:** Am besten ist es, den ersten Tierarztbesuch zum positiven Erlebnis zu machen. So sollte der erste Termin möglichst nicht die Impfung sein, sondern ein Kennenlernen mit »Manipulationen« ohne Schmerz. Zudem können sofort beim Betreten der Praxis besonders begehrte Leckerlis gegeben werden. Des Weiteren sollte bereits frühzeitig daheim trainiert werden, dass sich der Welpe Behandlungen gefallen lässt. Ist dies ohne Angst möglich, wird er dafür belohnt. Dann rufen solche Aktionen auch beim Tierarzt keine Ängste hervor. Wenn der Hund einen Maulkorb tragen muss, sollte dieser positiv verknüpft werden (→ Seite 188).

**Besitzerrolle:** Der Besitzer darf sein Tier weder trösten, noch sollte er selbst ängstlich-aufgeregt sein. Negative Gefühle übertragen sich auf den Hund und verstärken dessen Angst. Der Mensch sollte entspanntes Vorbild sein!

**Vertrauensbildende Maßnahmen in der Praxis:** Der Tierarzt und sein Personal dürfen nicht bedrohlich wirken! Deeskalationsgesten, freundliche Stimme und ruhige, langsame Bewegungen helfen dabei. Der Hund sollte zunächst den Raum selbstständig ohne Leine erkunden dürfen. Vor und während der Behandlung können ihm Leckerlis und/oder Spiele angeboten werden, wenn er sich sichtlich angstfrei verhält! Eine Belohnung nach der Behandlung ist oft nicht möglich, weil das Tier zu gestresst sein kann, um Futter anzunehmen! Die Untersuchungen selbst (mit und ohne Schmerzen) sollten geduldig und behutsam, aber auch konsequent durchgeführt werden. Günstig ist es, neben den allgemeinen Hygienemaßnahmen zwischen den einzelnen Hunden den Raum gut zu lüften und Pheromone (»Dog Appeasing Pheromons«) einzusetzen, um die Alarm- und Angstgerüche des vorherigen Patienten zu entfernen.

**Therapie für notorische »Angsthasen«:** Besonders bei ängstlichen Patienten empfehlen sich häufige, wenn möglich tägliche Kurzbesuche beim Tierarzt zunächst ohne »Manipulationen« im Warte- und Behandlungszimmer, jedoch unter Anbieten von besonders schmackhaftem Futter. Ängstlich reagierende Hunde sollten täglich ausschließlich zunächst im Wartezimmer, später aufbauend im Behandlungszimmer und auf dem Behandlungstisch gefüttert werden. Dies führt häufig dazu, dass er die Praxis nicht mehr negativ sieht.

**Management für »Paniker«:** Damit ängstlich-aggressive Tiere durch ihr ängstlich-panisches Verhalten nicht alle anderen Patienten verunsichern, sollten Extratermine außerhalb der normalen Sprechzeiten vereinbart werden. Sie sollten generell einen Maulkorb tragen.

• Wenn fremde Hunde zu Besuch kommen, vorheriges Kennenlernen auf dem neutralen Terrain der Hundewiese ermöglichen

• Aufgeregtes und aggressives Verhalten nicht strafen, sondern ignorieren (→ Info, Seite 198).

• Nicht die Straßenseite wechseln, wenn der Hund bereits einen Menschen bzw. Hund gesichtet und angebellt hat!

• Nie Kontakt zu fremden Menschen bzw. Hunden an der Leine ermöglichen, wenn Ihr Hund angeleint ist! Die Kommunikationsmöglichkeiten sind stark eingeschränkt, und der Besitzer könnte als wichtige Ressource verteidigt werden!

• Sobald Ihr Hund aggressiv reagiert, weil sich Ihnen ein fremder Hund ohne Leine nähert, sofortiges Ableinen und schneller Rückzug in die entgegengesetzte Richtung – aber bitte ohne Worte (»Magie des Schweigens und stillen Beobachtens«)!

• Niemals schelten oder rückrufen, wenn die Hunde sich noch unterhalten; der Rückruf wird selten befolgt (kann nicht funktionieren) und verstärkt die Aggression bzw. verhindert die Weiterführung des Gesprächs und möglicherweise eine beidseitig friedliche Lösung.

• Treff mit gleich starken und potenten Hunden zur Resozialisierung (»Raufergruppen«): Sozial kompetente Hunde zeigen dem eigenen Hund wieder die Möglichkeiten und feinen Nuancen der Hundesprache ohne Pöbelei!

## Verhaltenstherapeutische Methoden

Nicht-aggressives Verhalten wird in einer Reihe von Situationen mit zunehmender Nähe zu Menschen bzw. Artgenossen belohnt:

• Frühe Intervention, indem Sie das Kommando »Bei-Fuß-Gehen« vom Hund verlangen, bevor dieser aggressiv reagiert, und das positiv gezeigte Alternativverhalten belohnen!

• Klassisches Hunde-»Fern«sehen: Der Hund erhält jedes Mal kommentarlos ein Stück Wurst in der Sekunde, wenn er sich neugierig und aggressionsfrei einen Menschen bzw. Artgenossen aus der Ferne ansieht (zunächst aus großem Abstand, später verkürzen Sie die Distanz immer weiter); der Hund begreift nach einigen Wiederholungen, dass das Auftauchen eines Menschen bzw. Hundes positiv ist, weil Futter im Maul landet – toll!

**Achtung:** Der Hund darf die Wurst nicht bekommen, wenn er bereits aggressiv knurrt, weil dann die Aggression bestätigt wird!

• Spezielles Anti-Aggressionstraining gegenüber Menschen unter fachkundiger Anleitung eines Tierverhaltenstherapeuten

• Aufbauend oder alternativ täglich hinreichenden freien Kontakt zu Menschen und Artgenossen, wenn das aggressive Verhalten ohne Leine generell nicht gezeigt wird!

Derartiges »Säbelrasseln« mit Zähnezeigen sollte als letzte Warnung ernst genommen werden.

# Lernverhalten: Warum manche Hunde nicht lernen können

Aufmerksamen Lesern wird es nicht entgangen sein, dass Strafmaßnahmen im klassischen Sinn bzw. deren Androhung nicht zu meiner Arbeitsmethodik zählen. Weshalb ich dies durchweg ablehne, möchte ich Ihnen auf den nächsten Seiten erläutern. Dann können Sie sich selbst ein Bild von den unterschiedlichen Erziehungsmethoden machen – und danach in aller Ruhe entscheiden, welchen Weg Sie in der Erziehung wählen wollen!

## Erziehung und Lernverhalten

Viele Hundehalter haben nicht den Anspruch, einen perfekt erzogenen Vierbeiner zu besitzen. Dennoch erwarten sie, dass er stets menschlichen Regeln folgt und an ihn gestellte Anforderungen versteht und umsetzt. Dies führt natürlich besonders in Krisensituationen oft zu Hilflosigkeit oder gar zur Eskalation, weil sie dem Hund erfolglos die Ausführung eines Unterbrecherkommandos (etwa »Nein«) abverlangen, obwohl sie es ihm im Vergleich zu anderen Befehlen (wie »Sitz«) nur ungenügend in stressfreien Trainingseinheiten oder gar nicht beigebracht haben.

Die Grundlage allen Lernens ist das Prinzip der Belohnung, das heißt, das Tier bekommt genau dann ein Lob (Futter, Streicheleinheit etc.), wenn es das erwünschte Verhalten zeigt. Der motivierte Hund lernt schnell, das Verhalten öfter zu zeigen, wofür er wiederum eine Belohnung erhält. Natürlich braucht das alles seine Zeit und zahlreiche Wiederholungen (→ Info, Seite 154)! Am effektivsten und schnellsten wird jedoch im Welpenalter zwischen der 3. und 16. Lebenswoche gelernt (→ Seite 210).

## Warum Strafe verführerisch, aber oft erfolglos ist!

Bitte, liebe Leser, glauben Sie mir, auch heute noch werden in der Erziehung unserer Tiere Maßregelungen eingesetzt wie vor 100 Jahren, um unerwünschtes Verhalten zu unterbrechen. Die Methoden reichen von körperlichen Einwirkungen wie Leinenruck, Nackenfellschütteln, Schlägen mit Gegenständen (Zeitung, Stöcke, Leinen und Ähnlichem) und Händen oder den Hund auf den Rücken werfen bis zu verbalen bzw. akustischen Zurechtweisungen, etwa lautstarkem Schimpfen, Klatschen oder Knallgeräuschen. Wir reagieren hilflos und falsch, wenn wir so einen Gehorsam einfordern, den unser Hund (noch) nicht gelernt hat. Denn ein Tier kann nur die Kommandos ausführen, deren Bedeutung ihm in richtiger Art und Weise beigebracht wurden. Wer einmal schlägt oder seinen Hund sonst wie ängstigt, muss damit rechnen, dass sich dieser, besonders in Krisen- und Konfliktsituationen, nicht mehr auf den Menschen verlässt.

## Strafe muss sein – Natur als Vorbild?

Obwohl die Gesetzgebung Schmerzen, Leiden oder Schäden für das Tier verbietet, geistert der stereotyp formulierte Slogan »Zuckerbrot und Peitsche« als erzieherisches Allheilmittel immer noch durch die Köpfe vieler Hundetrainer. Nur allzu gern beruft man sich dabei auf »die Natur« und rechtfertigt so seine praktizierte Gewalt, obgleich derartige Distress-Strafen, wie bereits

Diese Körperhaltung verheißt nichts Gutes – Bestrafungen rufen bei Hunden Missverständnis, Angst und ein gestörtes Vertrauensverhältnis zum Menschen hervor.

ausgeführt, jegliche Rechtfertigung nach dem Dominanzkonzept entbehren, was in der Vergangenheit über das angeblich aggressive Controlling der Wolfseltern gegenüber ihren Welpen begründet wurde.

### Strafe – wovon hängt ihre Wirksamkeit ab?

Beim Einsatz von Strafen sind Timing, Intensität und Konsequenz wichtig, damit ein unerwünschtes Verhalten erfolgreich unterdrückt wird.

• Unter Timing versteht man die Zeitspanne zwischen dem Auftreten des unerwünschten Verhaltens und der Maßregelung. Sie darf maximal eine halbe Sekunde (!) betragen, damit der Hund einen Zusammenhang zwischen Verhalten und Strafe herstellen kann und versteht.

• Die Strafe muss hinreichend intensiv sein, damit der Hund sein Fehlverhalten verlässlich abbricht, und zwar gleich beim ersten Mal. Werden die Strafreize allmählich gesteigert, bis das störende Verhalten endlich unterbrochen wird, gewöhnt sich das Tier daran. Als Folge ist eine immer höhere Intensität erforderlich.

• Aber auch die Konsequenz des Erziehers, jedes Mal zu strafen, wenn das Verhalten gezeigt wird,

wäre entscheidend für das Gelingen der Erziehung. Im Gegensatz zum intermittierenden (unregelmäßigen oder variablen) Lob ist intermittierende Strafe kontraproduktiv: Der Hund ist hoch motiviert, ein bestimmtes, aber unerwünschtes Verhalten zu zeigen, erfährt jedoch nur unregelmäßige Strafreaktionen durch den Besitzer. Deshalb wird er das Verhalten immer weiter zeigen. Die gleichen Auswirkungen hat die Inkonsequenz des Besitzers, der dasselbe Verhalten heute für gut und wenige Tage später für schlecht befindet. Übrigens ist die Inkonsequenz eine häufige Ursache für Misserfolg, nicht nur bei der Strafanwendung!

**Der Mensch – ungeeignet zum Strafen:** Wenn Sie beim Strafen die drei Grundsätze korrektes Timing, Intensität und Konsequenz beachten, können Sie damit zumindest zeitweilig das unerwünschte Verhalten unterdrücken. Wir Menschen sind als Strafende viel zu reaktionslahm und träge, in der Intensität maßlos gewalttätig oder lächerlich milde und deshalb nicht in der Lage, Lebewesen einer anderen Art erfolgreich zu maßregeln! Zugleich hat Strafe oder Strafandrohung im Sinne einer negativen Verstärkung viele unerwünschte und gefährliche Nebenwirkungen, wie wir im Folgenden kennenlernen werden.

**»Positive Strafe – negative Verstärkung«: die Distress-Strafen:** Um den Begriff »Strafe« etwas genauer zu bezeichnen, finden alle Interessierten der modernen Lerntheorie in der Tabelle auf Seite 196 eine über den alltäglichen Gebrauch von »Lob« und »Strafe« hinausgehende Definition über die Wirksamkeit von Verstärkern, die Verhalten wahrscheinlicher oder weniger wahrscheinlich machen. Immer noch verstehen viele Trainer und Hundebesitzer unter »Strafe« körperliches Schlagen und verbales Schelten, wobei natürlich Angst, Schmerzen oder zumindest Unbehagen und Distress bei Hunden die Folgen sind. Dies nennen Psychologen eine positive Bestrafung, wobei dies nicht wertend, sondern bezeichnend für ein Zufügen von etwas Schlechtem ist. Körperliche Bestrafung wird aber häufig auch subtiler eingesetzt, indem der Hund lernt, ein bestimmtes Alternativverhalten zu zeigen, um einen vom Trainer verursachten Schmerz zu vermeiden. Diese Methode (oft noch in der Jagdhundeausbildung verwendet) nennt man negative Verstärkung (Modell 1 Lernbiologie/Psychologie), die natürlich, um wirksam werden zu können, eine körperliche Bestrafung des Hundes in der Vergangenheit voraussetzt. Somit wäre die positive Strafe als Gewaltanwendung und die negative Verstärkung als die Androhung von Ungemach zu verstehen.

## Mögliche Folgen der Distress-Strafe

**Unerwünschte Assoziationen:** Wird ein Hund gestraft, kann es zu Verknüpfungen mit anderen zufälligen Reizen (Geräusche, Gegenstände, Gerüche, Personen oder Tiere) kommen, die dann später vom Hund plötzlich als negativ empfunden werden und Angst [8] und Aggression [10] auslösen. Dieser Umstand führte unter anderem endlich zum Verbot des Einsatzes von Stromreizgeräten, weil sie wie andere ferngesteuerte Signalgeber häufig Ursache von gefährlichen Fehlverknüpfungen sind. So kann beispielsweise ein Stromschlag den hinter einem Reh herjagenden Hund (unerwünschtes Normalverhalten) in der Sekunde treffen, wenn ein Kind auf einem Fahrrad in sein Blickfeld kommt. Die Gefahr, dass dieser Hund fortan Kinder auf Fahrrädern jagt [12], weil diese, so seine Erfahrung, ihm per »Stromerziehung« Schmerzen zufügten, ist dann mehr als nachvollziehbar.

**Angst:** Sie ist eine der häufigsten Nebenwirkungen von Strafe. Angst [8] beeinträchtigt nicht nur das Lernen oder macht es unmöglich, sondern der Hund verbindet seine Angst etwa mit den schlagenden Händen und entwickelt eine »Handscheu«. Dies ist ein Beispiel für klassische Konditionierung (→ Seite 102). Auch die leider noch beliebte Anwendung von Geräuschstrafe, wie das Werfen einer Kette oder eines Schlüsselbundes, wenn der Hund gerade ansetzt, etwas Verbotenes zu tun, löst nicht selten eine Geräuschangst aus. Hat ein Tier Angst, so auch vor Strafe, reagiert es, wie wir auf Seite 99 erfahren haben, mit den drei Angstbewältigungsstrategien Beschwichtigung, Deeskalation, Aggression, um diesem Stress zu entgehen. Diejenige Strategie, mit der die »Zottelschnauze« Erfolg hat, wird sie in ähnlichen Situationen natürlich wieder anwenden – Pech für uns Menschen, wenn es die Aggression und nicht einlenkendes Verhalten ist. Zumindest von tierischer Seite ist dann das Vertrauensverhältnis und die Beziehung zwischen Hund und Halter nachhaltig gestört. Komplizierter wird dies, weil Schmerz, Frustration oder eine umgerichtete Aggression eine Gegenaggression [10] gegen Besitzer, Familienangehörige, fremde Menschen oder Artgenossen hervorrufen! Fast möchte man den »Lebensmut« der strafenden Zweibeiner bewundern, wenn sie sich auf eine Eskalation der Gewalt mit dem Jagdraubtier »Hund« einlassen! Doch das unerträglich hohe Maß an sozialer Fairness unserer »Zottelschnauzen« bewahrt viele menschliche »Straftäter« vor dem Aufenthalt auf der Intensivstation. Indes würde ich mich nicht darauf verlassen, dass ein über Strafeinwirkung oder Androhung von Gewalt zu Tode geängstigtes Tier nicht zum gefährlichen Überlebenskampf übergeht. Einige der Hunde, die zu hart bestraft wurden und keine Möglichkeit hatten zu fliehen, sind dadurch in einem besonders kritischen Zustand einer erlernten Hilflosigkeit [11] oder von generalisierten Ängsten [8], Neurosen oder der Tendenz zu völliger Unterwerfung [7] [11] traumatisiert. Sie haben die Erfahrung machen müssen, dass sie mit Beschwichtigungs-, Deeskalationsverhalten oder Aggression (→ Seite 99) die Situation nicht beeinflussen können. Sie sind

dann quasi handlungsunfähig  .

**Unverständnis beim Hund:** Auch die typische inkonsequente Handlungsweise vieler Hundehalter, ihr Tier für das gleiche Verhalten heute zu loben und morgen zu tadeln, überfordert unsere Vierbeiner! Bei einer solchen Strafe haben sie keine Chance, ihr Verhalten zu korrigieren, indem sie ein Alternativverhalten zeigen können, welches anschließend durch den Halter belobigt und damit verstärkt werden könnte. Und dabei machen Hunde so gern etwas richtig!

**Distress-Strafe als Zuwendung verstehen:** Schizophren ist, dass der Hund Strafe auch als Zuwendung fehlinterpretieren kann, besonders wenn die Strafe inkorrekt erfolgte und das bloße Reagieren des Besitzers – ob schimpfend oder schlagend – bereits eine Belohnung darstellt, im Sinne: »Zumindest werde ich nicht mehr ignoriert.« Das Klatschen in die Hände wird so zum falsch verstandenen Applaudieren!

Auch das immer wiederkehrende und stereotype Brüllen der Unterbrecherkommandos »Nein«, »Aus«, »Pfui« oder »Ruhe«, während der Hund bellt, führt nicht zum Erfolg, wenn man dem Hund den Sinn dieser Kommandos nie beigebracht hat. Der Hund wird immer weiterbellen, denn er versteht die Reaktion des Besitzers als Bestätigung seines Verhaltens – mit der Folge, dass beide lebenslang ein Zwiegespräch halten mit beiderseitig wechselnder Heiserkeitsgarantie.

## SCHNAUZENGRIFF UND NACKENFELLSCHÜTTELN – AUSLÖSER VON ANGST

**1** Mit dem »Schnauzenbiss« weist die Mutterhündin ihre Welpen zurecht, unter erwachsenen Hunden wird er angedeutet, um Überlegenheit im Rudel oder bei Streitigkeiten um Ressourcen zu demonstrieren. Niemals wird der Schnauzenbiss jedoch in ernsthaften Konflikten eingesetzt. Aus Hundesicht ist der Schnauzengriff des Menschen bei allgemeinem Ungehorsam bzw. Nichtbefolgen eines Kommandos nicht artgerecht.

**2** Mit dem Biss ins Nackenfell werden die Welpen gefahrlos transportiert, aber nie für ein Fehlverhalten zurechtgewiesen. Ein regelrechtes Schütteln im Fell zeigen Hunde wie Wölfe nur beim sogenannten »Totschütteln« der Beute oder im Ernstkampf mit Artgenossen. Von uns eingesetzt, löst es entweder Unterwerfung, Verwirrung, Handscheu oder heftigste Gegenaggression aus. Die Tiere empfinden dies als lebensbedrohlich!

## LERNEN ÜBER POSITIVE UND NEGATIVE VERSTÄRKER (DREI MODELLE)

| 1. Definition aus Lernbiologie/Psychologie positiv = zufügen, negativ = entfernen (nicht wertend), Verstärkung = Belohnung | • Verhalten wird stärker | 1. positive Verstärkung (etwas Gutes wird zugefügt) 2. negative Verstärkung (etwas Schlechtes wird entfernt) |
| | • Verhalten wird schwächer | 1. positive Strafe (etwas Schlechtes wird zugefügt) 2. negative Strafe (etwas Gutes wird entfernt) |
| 2. Definition aus Neurophysiologie: wertend, negativer Verstärker = »Strafreiz«, positiv = Steigerung der individuellen Fitness, negativ = Minderung der individuellen Fitness | • positive Verstärkung = Verhalten wird wahrscheinlicher | 1. Etwas Gutes wird zugefügt 2. Etwas Schlechtes wird entfernt |
| | • negative Verstärkung = Verhalten wird weniger wahrscheinlich | 1. Etwas Schlechtes wird zugefügt 2. Etwas Gutes wird entfernt |
| 3. Definition von Verstärker (umgangssprachlich: Lob und Strafe) | • Lob | Reaktion/Konsequenz auf ein Verhalten, was die Wahrscheinlichkeit des zukünftigen Auftretens dieses Verhaltens erhöht. |
| | • Strafe | Reaktion/Konsequenz auf ein Verhalten, was die Wahrscheinlichkeit des zukünftigen Auftretens dieses Verhaltens mindert. |

# Die »Klassiker« der veralteten Strafmethoden

Die Befürworter von Strafanwendung gegenüber Hunden begründen ihr Vorgehen oft damit, dass dies auch unter Hunden üblich wäre.

## Die »Alpha-Rolle«

Dies soll eine klassische Unterordnungsmaßnahme sein, bei der der »Chef« den Hund auf den Rücken wirft. Allerdings handelt es sich dabei um eine Fehlinterpretation des tierischen Verhaltens durch den Menschen. Kein Hund wird einen anderen auf den Rücken werfen, damit sich dieser ihm unterwirft. Allenfalls wird eines der beiden Tiere über das Liegen auf dem Rücken passive Demut zeigen, um eine Streitsituation zu deeskalieren. Fazit ist, dass eine derartige Strategie von Hunden weder als Strafe noch als Misserfolg empfunden wird, sondern einer Konfliktlösung im Verlauf von Sozialkontakten dienen kann. Viele Menschen meinen nun, dass sie als

»ranghöchstes Alpha-Tier im Rudel« das Recht haben, den Hund über den Wurf auf den Rücken in Verbindung mit verbalem Schelten »unterzuordnen«, um ihm letztlich sein Fehlverhalten damit zu verdeutlichen. Sie erkennen aber nicht, dass der Hund die »Alpha-Rolle« keinesfalls als »Unterordnungsübung« versteht, sondern dass er sein Leben bedroht sieht. Mögliche Reaktionen sind heftigste Gegenaggression aus der empfundenen Lebensgefahr heraus oder auch völlige Hilflosigkeit. Beides führt zum mitunter lebenslang gestörten Vertrauensverhältnis zwischen Hund und Besitzer.

## »Nackenfellschütteln« und »Griff über die Schnauze«

Weitere Erziehungsmethoden aus der veralteten »Ära der harten Hand« sind das sogenannte Schütteln des Nackenfells bzw. der Schnauzengriff. Auch beim Nackenfellschütteln wurden Beobachtungen unter Hunden fehlinterpretiert (→ Fotos, Seite 195). Den Hund im Nacken zu packen und zu schütteln, hat ebenso wenig erzieherischen Sinn wie die »Alpha-Rolle«. Beide Verhaltensweisen müssen im Zusammenhang mit dem gesamten Verhalten gesehen werden (→ Fotos, Seite 195). Wenden wir diesen Schnauzengriff bei einem aufmüpfigen oder gar aggressiv drohenden Hund als Erziehungsmethode an, so ist dies die beste Gelegenheit, aufs Schmerzvollste vom Vierbeiner gebissen zu werden – und dies zu Recht!

## Distress-Strafen und Lernen

Schnauzengriff, Nackenfellschütteln oder andere Maßregelungen werten viele als Korrekturmaßnahmen, sie sind aber bloße Distressoren, deren Bedeutung und Zusammenhang zu vorangegangener Handlung dem Hund ewig verschlossen bleiben. Dies möchte ich an einem Beispiel erläu-

tern: Soll ein Hund mit dem Bellen aufhören, so sagt der Besitzer häufig »Pfui laut« und hält dann dem Hund die Schnauze zu, wenn er das Kommando mehrmals erfolglos wiederholt hat.

**Was lernt der Hund daraus?** Zum einen könnte er folgern, dass er auf »Pfui laut« nicht mehr bellen kann, weil sein Besitzer ihm die Schnauze zuhält, er aber wenigstens von ihm berührt und für das tolle Bellen belohnt wird. Oder aber »Pfui laut« ertönt, und der Besitzer wird ihm bald wehtun, worauf er demnächst ein Stück wegläuft und aus der Entfernung weiterbellt.

**Was soll der Hund lernen?** »Pfui laut«, und der Vierbeiner zeigt ein alternatives Verhalten ohne Bellen, für das er belohnt werden kann. Dies erreicht man aber nur, wenn Korrektur- bzw. Abbruchsignale wie »Aus« oder »Pfui« funktionieren. Das heißt, sie müssen wie jedes Kommando in zwei aufeinander aufbauenden Phasen gelernt und viele Tausend Male wiederholend geübt und durch Belohnung bestätigt werden – und bitte auch hier wie bei jedem anderen Kommando nicht schreien, grollen oder brummen, sondern immer recht freundlich sprechen!

# Wenn schon strafen, dann richtig!

Wie bereits auf Seite 22 beschrieben, gibt es den guten und den schlechten Stress. Ganz ähnlich verhält es sich mit der Strafe. Dazu vergleichen wir die Arbeitsweise zweier Hund-Halter-Teams.

**Team 1:** Der Besitzer des Hundes von Team 1 ist Verfechter der »Distress-Strafe« als klassische Strafe. Er fügt seinem Hund bei Ungehorsam oder anderweitig unerwünschtem Verhalten über Schimpfen oder Schlagen einen negativen Stress zu oder droht ihm damit. Die Motivation dieses Hundes, das Gewünschte zu zeigen, ist Angst, um körperliche oder seelische Schmerzen zu vermeiden. Angst und Lernen verhalten sich aber kon-

## INFO  RICHTIG IGNORIEREN

Dies gelingt mit der genauen Einhaltung der folgenden Vierer-Regel:

1. Den Hund nicht ansprechen.
2. Den Hund nicht anschauen.
3. Den Hund nicht berühren.
4. Selbst in entspanntem Zustand sein.

Jeder Punkt ist wichtig. Während die Besitzer Punkt 1 bis 3 meist richtig machen, achten die wenigsten auf ihren psychischen Zustand. Ihre Anspannung merkt der Hund, sie ist bereits Antwort für ihn.

trär zueinander – jeder, der schon einmal aus Angst eine Prüfung geschmissen hat, weiß, wovon ich spreche! Angst **8** kann Lernen so stark beeinträchtigen **9**, dass es generell unmöglich wird, sich auf wechselnde Alltagssituationen einzustellen. Auch verhindert Angst die für das Lernen wichtige Abspeicherung im Langzeitgedächtnis – deshalb muss bei »Distress-Strafen« sehr häufig in gleichen oder ähnlichen Situationen wiederholt gestraft bzw. gedroht werden!

Aber nicht nur der Hund ist negativ gestresst, sondern auch der schreiende, drohende oder gar schlagende Halter! Beide befinden sich im Stadium des Distresses, der gesundheitsschädlich, eskalierend und lernbehindernd wirkt, und beide sind nicht in der Lage, aus diesem emotionalen Abseits herauszukommen, indem sie wieder etwas gut machen.

**Team 2:** Bei Team 2 verwendet der Halter bei Bedarf die »Eustress-Strafe« als Korrektur. Der permanent bellende Hund wird zunächst ignoriert und sozial ausgeschlossen, indem sich der Besitzer demonstrativ entfernt. Dadurch wird dem Hund nichts Negatives zugefügt, sondern vielmehr etwas Positives genommen – nämlich die Anwesenheit von Familienmitgliedern mit all den von ihnen verwalteten und für den Hund essenziell wichtigen Ressourcen, wie Streicheleinheiten, Futter, soziale Integration und vieles mehr. Die Wegnahme von lebenswichtigen und positiven Dingen ist, wenn wir so wollen, auch eine Strafe. Und die »Zottelschnauze« ist zweifellos gestresst. Doch sie ist motiviert, sich die Ressourcen wieder zu erarbeiten. Sie verhält sich kooperierend, um über gewünschtes Alternativverhalten wieder an die wichtigen Ressourcen zu gelangen.

## Das Geheimnis der Eustress-Strafe: negative Strafe

Ja, auch wir strafen unsere Hunde, indem wir ihnen, wie im Team 2 gezeigt, im Hundetraining eine erwartete Belohnung (Futter, Sozialkontakt, Streicheleinheiten) vorenthalten. Moderne Trainer sind sich mittlerweile darüber einig, dass es nicht ohne derartigen Einsatz von negativer Strafe geht. Wichtig ist hierbei ganz klar, niemals diese Methode allein anzuwenden, sondern dem Hund möglichst bald eine Belohnung für ein erwünschtes Alternativverhalten zu gewähren (= positive Verstärkung), um ihn nicht längere Zeit zu frustrieren. Genau genommen wäre demnach auch ein intermittierendes Belohnen, indem ich im Training nicht jedes Mal für ein gezeigtes Kommando ein Futterstück gebe, eine negative Strafe. Im Übrigen ist die Kombination aus negativer Strafe und positiver Verstärkung eine belohnungsorientierte Methode modern und zeitgemäß arbeitender Trainer, die nicht, wie häufig vermutet, mehr Zeit zum Erfolg benötigen, als die »Prügler der alten Schule«, und überdies sämtliche Nebenwirkungen der Distress-Strafen umgehen.

Fakt ist, dass unerwünschtes Verhalten dann immer weniger häufig und weniger intensiv

gezeigt wird, wenn es entweder keinen Erfolg bringt, wenn vom Hund etwas Angenehmes entfernt oder diesem etwas Unangenehmes zugefügt wird. Da der Mensch nicht zu korrekter Distress-Strafe am Tier fähig ist, entfällt praktisch die Option, dem Tier etwas Unangenehmes zuzufügen. Dennoch verfügen wir über einige Möglichkeiten, unserem Hund zu demonstrieren, dass wir das von ihm gezeigte unerwünschte Verhalten nicht wollen. Zum einen müssen wir durch geeignete Maßnahmen dafür sorgen, dass er mit seinem Verhalten keinen Erfolg hat, ihn zum Beispiel in wildreichen Gebieten anleinen, wenn er gern jagt, oder ihn nicht am Grill allein lassen, wenn er gern Futter/Essen stiehlt. Zum anderen können wir dem Hund angenehme Dinge (Streicheln, Futter, Spielzeug, verbales Lob, Spiele usw.) vorenthalten bzw. entfernen, und zwar so lange, bis er ein für uns akzeptables Alternativverhalten zeigt.

Keinen Erfolg für das unerwünschte Verhalten unseres Hundes zuzulassen heißt, dass dieser keinerlei Feedback von uns bekommt, also ignoriert wird. Viele Tierbesitzer meinen, sofort zu wissen, was es heißt, den Hund zu ignorieren, nämlich dass sie sich mit etwas anderem beschäftigen, jedoch dennoch mit ihm sprechen oder zumindest nach ihm schauen. Erfolgreiches Ignorieren des unerwünschten Verhaltens setzt jedoch die konsequente Einhaltung der »Vierer-Regel« voraus (→ Info, Seite 198). Viele »Zottelschnauzen« reagieren auf das völlige Ignorieren mit absoluter, fast panischer Ratlosigkeit und versuchen sich als obligat soziale Wesen krampfhaft wieder in das Familienleben einzubringen.

**Frustration vermeiden:** Ebenso wichtig ist es zu vermeiden, dass der Vierbeiner in einen Frustrationszustand gerät, nach dem Motto: »Ich weiß ja gar nicht mehr, was ich noch machen soll.« Vielmehr sollte der Besitzer die ihm entgegengebrachte Aufmerksamkeit zum Signaltraining mit anschließender Belohnung nutzen, um das

Selbstwertgefühl des Hundes zu stärken: »Ja, dieses hier mache ich richtig.« So orientieren sich Hunde ganz rational über das Lernen am Erfolg und Misserfolg.

## »Bello« in Rente – Risiken und Chancen im Alltag

Hunde werden wie wir im Durchschnitt immer älter, was auf Fortschritte auf den Gebieten der Tierernährung sowie der Veterinärmedizin zurückzuführen ist. Dabei variiert die durchschnittliche Lebenserwartung individuell und hängt unter anderem mit der Körpergröße der Tiere zusammen. Große und schwere Hunde haben meist eine niedrigere Lebenserwartung (8 bis 13 Jahre) als kleinere Tiere (12 bis 17 Jahre).

Perfekte Kommandobefolgung, wie hier das »Aus«, ist nicht vor vielen Tausend Wiederholungen zu erwarten.

## Altersbedingte Verhaltensprobleme

Körperliche Veränderung wie Hüftgelenksprobleme, Arthrose oder Herz-Kreislauf-Symptome sind meist für jedermann sichtbar. Der Haustierarzt wird jedoch relativ spät konsultiert, wenn es sich um Verhaltensauffälligkeiten handelt, die der alternde Hund immer häufiger zeigt. Dazu gehören plötzliche Unsauberkeit, Desorientierung, Ängste und Phobien, Phasen allgemeiner Demenz, Schlafstörungen, andauerndes Bellen, Trennungsangst oder plötzliche Aggression. All diese Veränderungen können die Lebensqualität der Tiere und deren Verhältnis zum Besitzer erheblich beeinträchtigen. Meist sind die betroffenen Tiere zwischen sieben und elf Jahre alt. Der Alterungsprozess bei Hunden bedingt neben dem körperlichen auch einen geistigen Abbau als Folge von Veränderungen im Zentralnervensystem, wie Nervenschäden und Degenerationen. Diese pathologischen Veränderungen im Gehirn der Hunde gleichen denen, die man auch beim menschlichen Alzheimer-Patienten vorfindet. Beim Hund heißt die Krankheit Cognitive Dysfunktion (CD) **9** .

## Cognitive Dysfunktion (CD)

Die unten genannten Verhaltensauffälligkeiten treten meist zu Beginn dieser Erkrankung auf.

**Symptome, die auf eine CD hinweisen:**
- Desorientierung bzw. verzögertes Erkennen, Nichterkennen von Bekanntem **5**
- Verlust der Stubenreinheit
- Veränderungen bei Sozialkontakten mit Menschen und Artgenossen, wie weniger freudige Begrüßung, Nachlassen der Geschwindigkeit und Zuverlässigkeit der Kommandobefolgung, fehlendes Interesse am Spiel **6** , Reizbarkeit und Aggressivität **10** gegenüber bekannten Personen und anderen Hunden
- Veränderung des Schlaf-Wach-Rhythmus **2** mit längeren Schlafphasen am Tag und kürzeren

in der Nacht mit Bellen und Jaulen (ohne Kot- und Harndrang) bzw. rastlosem Umherirren
- Apathie **7** (auch kürzere Phasen)
- Unruhe, Zittern, Tremor **4**
- Zunehmendes Bellen, Winseln, Heulen über längere Zeit ohne ersichtliche Ursache (besonders nachts)
- Plötzlich auftretende Trennungsangst
- Verringertes Interesse an der Umwelt und/oder am Futter
- Plötzlich auftretende Stereotypien **1** , (wie rastloses Umherlaufen, Manegebewegungen, Kreiseln)
- Mangelnde Anpassungsfähigkeit gegenüber sich plötzlich verändernden Situationen
- Mangelnde Stresskompensation

Die Anzeichen der CD werden von den Besitzern oft als normale Alterserscheinungen fehlinterpretiert und deshalb fast immer erst nach jahrelang während Erkrankung diagnostiziert und therapiert. Es ist leider immer noch nicht bekannt, dass Hunde bis ins hohe Alter lernfähig sind und bei guter Trainingslage auch als »Senioren« noch neue Kommandos lernen. An Demenz erkrankte Hunde sind hierzu nicht mehr in der Lage, auch scheinen sie die simpelsten Dinge zu vergessen. Diese Vergesslichkeit und daraus folgend ein vom Besitzer unterstellter Ungehorsam fallen auf. Dann ist der degenerative Prozess jedoch schon so weit fortgeschritten, dass die Lebenserwartung der betroffenen Hunde nur noch bei durchschnittlich 18 bis 24 Monaten liegt. Die Hunde könnten jedoch deutlich länger leben, wenn die recht schnell fortschreitende Degeneration im Gehirn durch möglichst frühe Diagnostik und umgehende Therapie zumindest verlangsamt wird. Weisen Sie deshalb Ihren Haustierarzt auf die regelmäßige Untersuchung des alternden Hundes (sowohl körperlich als auch ethologisch-neurologisch) hin.

**Weitere Altersprobleme:** Natürlich bedeuten die aufgeführten Symptome nicht automatisch, dass eine Demenz vorliegt. Sie können andere organische Ursachen haben. So ist das Nachlassen der Seh- und Hörfähigkeit (Sinnesleistungen) durchaus auch häufig die Folge von Erkrankungen der Augen und Ohren (Glaukom, chronische Ohrenentzündung und andere). Die speziellen Alterserkrankungen lassen sich beim jeweiligen Spezialisten genauestens diagnostizieren.

## Was tun, wenn Ihr Hund CD hat?

Wurde eine CD vom Tierarzt mit Fachbezeichnung Tierverhaltenstherapie diagnostiziert, wird er einen Therapieplan aufstellen und Ihnen Medikamente geben.

**Darüber hinaus können Sie Folgendes tun:**
- Finden Sie heraus (evtl. mithilfe des Verhaltenstherapeuten), was Ihren Hund belastet, etwa Lärm, und stellen Sie die Stressoren ab.
- Verändern Sie den Trainingsansatz durch eindeutige Signalgebung bei Kommandos, Kombination von Sicht- und Hörzeichen und Einsatz zusätzlicher Verstärker wie Clicker oder Pfeife.
- Führen Sie Ihren Hund mehrmals täglich auf kürzere Spaziergänge, um ihn so für die Umwelt zu begeistern.
- Trainieren Sie einfache Kommandos mit überschwänglichem Lob bei erfolgreicher Ausführung, um das Selbstwertgefühl und die Motivation des Hundes zu stärken; beachten Sie dabei die längere Reaktionszeit, das heißt, dass Sie die Ausführung der Kommandos abwarten müssen!
- Spielen Sie mit Ihrem Hund, so oft es geht, mit Bällen, oder begeistern Sie ihn für Rückruf- oder Partnerspiele (gemeinsames Balancieren über einen Baumstamm), um die Besitzer-Hund-Beziehung zu festigen.
- Die Fähigkeit, allein zu bleiben und dabei nicht zu leiden (Trennungsangst), nimmt in der Regel stark ab, was der Besitzer beachten sollte, indem er den Hund, wenn möglich betreuen lässt oder ihn mitnimmt.

Alt, aber noch nicht zu alt, um noch lernen zu können! Beachten Sie jedoch die längere Reaktionszeit und warten Sie die Ausführung der Kommandos ab.

- Führen Sie eindeutige Rituale und Signale ein, auf die sich Ihr Hund verlassen kann.
- Falls Ihr Hund wieder unsauber ist, müssen Sie ihm unter Umständen die Stubenreinheit erneut beibringen. Gehen Sie dafür häufiger als früher mit ihm Gassi, besonders nach dem Schlafen, Fressen und nach Spielsequenzen, und loben Sie ihn ausgiebig, wenn er sich draußen auf dem Rasen gelöst hat.
- Gewähren Sie Ihrem Hund ausreichende und ungestörte Ruhephasen bzw. Schlaf.

**Das sollten Sie vermeiden:**
- Keine Strafen für das Versagen der Stubenreinheit, für mangelnden Gehorsam oder fehlerhafte Kommandoausführung!
- Über- bzw. unterfordern Sie den Hund (geistig und körperlich) nicht, ängstigen oder erschrecken Sie ihn nicht (Gefahr von Missverständnissen, der Konfrontation bzw. Aggression)!
- Muten Sie ihm nichts zu, was er nicht mehr kompensieren kann, wie einen hyperaktiven Artgenossen, der permanent zum Spielen auffordert und nicht erkennt, dass der andere nicht mehr will oder kann.

## DIE ZEHN GOLDENEN REGELN EINER OPTIMALEN HUNDEHALTUNG

**Lauftiere:** Hunde brauchen pro Tag mindestens zwei Stunden Freilauf ohne Leine außerhalb des eigenen Territoriums, denn sie haben ein höheres Bewegungsbedürfnis als wir und nehmen ihre Umwelt mit Nase, Ohren und Augen wahr.

**Soziale Tiere:** Hunde müssen als hoch soziale Lebewesen im Familienverband leben und dort Anschluss an Menschen und/oder Artgenossen finden.

**Kontakte zu Artgenossen:** Leben Hunde allein unter Menschen im Familienverband, benötigen sie täglich mehrfach ausreichende, intensive und vom Menschen unabhängige und freie Kontakte zu Artgenossen, um den sicheren Sozialkontakt zu lernen und aufrechtzuerhalten.

**Abwechslung:** Hunde benötigen Abwechslung in der Umgebung und wollen immer dabei sein. Deshalb sollten sie nie länger von der Familie getrennt sein, als sie dies stressfrei ertragen können.

**Kontakte zu Menschen:** Hunde haben ein Bedürfnis danach, sich anderen Zweibeinern »mitzuteilen«. Deshalb benötigen sie täglich freie Kontakte zu Menschen außerhalb der Familie.

**Kommunikative Tiere:** Hunde besitzen ein gutes Ausdrucksvermögen und können sich vornehmlich durch Mimik, Gestik und Körpersprache »unterhalten«. Diese Fähigkeit sollten wir in der Kommunikation und im Training berücksichtigen.

**Gelehrige Tiere:** Hunde besitzen ein ausgeprägtes Lernvermögen, welches dringend gefordert und gefördert werden muss. Deshalb benötigen sie auch geistige Auslastung.

**Rassegerechte Haltung:** Hunde sind ihrer Veranlagung gemäß zu halten, das heißt, es ist dringend notwendig, den rasse-, linien- und individuenspezifischen Besonderheiten Rechnung zu tragen.

**Artgerechte Haltung:** Hunde sind ihrer Art und ihren Bedürfnissen angemessen zu ernähren, zu pflegen und verhaltensgerecht unterzubringen. Schmerzen, Leiden und Schäden sind stets vom Hund abzuwenden.

**Keine Distress-Strafen:** Hunde sollten nie verbal und/oder physisch gestraft oder von Strafe bedroht werden.

# Mensch und Hund
# – ein gutes Team

**Kapitel 4** JEDER, DER SICH EINEN HUND ANSCHAFFT,
WÜNSCHT SICH EINE POSITIVE BEZIEHUNG. DIE BASIS
DAFÜR WIRD BEREITS IM WELPENALTER GELEGT.

# Welpenzeit – alles ist drin!

MIT EINEM HUND KANN MAN vieles richtig machen, aber – wie ich in meiner Praxis Tag für Tag erlebe – leider auch vieles falsch. Deshalb möchte ich Ihnen auf den folgenden Seiten spezielle Tipps geben, worauf Sie beim Kauf und in der Erziehung Ihres Hundes achten sollten.

An dieser Stelle sei mir, liebe Leser, noch ein Wort zum Abgabealter von Hundewelpen gestattet! Gemäß Paragraf 2, Absatz 4 der Tierschutz-Hundeverordnung darf ein Welpe zwar erst ab einem Alter von acht Wochen vom Muttertier getrennt und an den Käufer abgegeben werden.

Können jedoch die für die Sozialisationsphase (beginnend mit der dritten Lebenswoche!) wichtigen Kontakte des Welpen zu (fremden) Artgenossen und Menschen sowie die Gewöhnung an die belebte und unbelebte Umwelt vom Züchter nicht sichergestellt werden, ist die Übernahme in die Familie bereits mit der fünften bis sechsten Lebenswoche (→ Info, Seite 219) angezeigt.

# Welpenzeit – Weichen für eine
## glückliche Zukunft stellen

Wild lebende Wölfe werden alle gleichermaßen von Geburt an mit den Dingen der Umwelt konfrontiert, die sie für das spätere Leben und Überleben dringend benötigen. Dagegen besitzt jeder Hundewelpe eine andere Startposition ins Leben, je nachdem, wo er geboren wurde.

## Kinderstuben – der »kleine« Unterschied

Nur Welpen, die von Anfang an genügend und vielfältige Erfahrungen mit der belebten (Artgenossen verschiedenster Rassen, Menschen, andere Tierarten) und unbelebten Umwelt (Geräusche, Gegenstände etc.) machen konnten, sind für das künftige Leben entsprechend vorbereitet. In der Regel werden die Welpen spätestens bei der Abgabe vom Züchter in die Familie integriert.

**Soziale Integration:** Im Vorteil sind natürlich diejenigen Welpen, die bereits von Geburt an das Leben mit Menschen gewöhnt sind. Ein Welpe, der seine ersten Lebenswochen in einer aktiven Familie mit Kindern und anderen Haustieren verbringt und dort frühzeitig viele positive Erfahrungen mit Händen, Geräuschen oder Bewegungen macht, wird sich im späteren Leben nicht vor Lärm, Menschen, Gegenständen oder anderen Tieren ängstigen. Die Eingewöhnungsphase in die neue Gemeinschaft ist dementsprechend relativ kurz und unproblematisch.

**Isolierte Haltung:** Stammen die Hunde dagegen aus einer isolierten Welpenaufzucht (Zwingerhaltung), konnten sie die normale Erfahrungswelt nicht oder nicht hinreichend kennenlernen. Deshalb sollten sie so rasch wie möglich – und nicht erst mit acht Wochen, wie üblich – aus der Isolation in jene Welt aufgenommen werden, in der sie ihr weiteres Leben führen werden – im Familienverband mit Menschen (→ Info, Seite 219). Kommen solche Hunde als Einzeltiere in einen Haushalt, ist es wichtig, ihnen ausreichend Gelegenheit zur Kontaktaufnahme mit Artgenossen im täglichen Freilauf zu geben, damit sie nicht nur das Zusammenleben mit den Menschen, sondern auch die Verständigung mit anderen Hunden lernen. Denn Tiere, die in früher Phase nur unzureichende Lernmöglichkeiten über Kontakte mit der Außenwelt bekommen, sind später nicht oder nur begrenzt in der Lage, auf Alltagssituationen entsprechend selbstbewusst und angst- bzw. aggressionsfrei zu reagieren. Sie sind häufig schon mit alltäglichen Dingen überfordert, wie fremden Geräuschen, Gerüchen, neuen Gassiwegen oder Änderungen des bisher Gewohnten. Im Extremfall leiden sie an einem Defizitsyndrom, einer unumkehrbaren (irreversiblen) Schädigung des Gehirns. Die gesamte Problematik gilt auch für Welpen, die in »idyllischer Abgeschiedenheit« des Waldes gehalten werden.

## Ihr Einfluss auf die Entwicklungsphasen der Welpen

Mit der Welpenzeit sind die Entwicklungsphasen eines Hundes von der Geburt bis zur 16. Lebenswoche gemeint. In dieser Zeit werden viele Verhaltensmuster in einem Referenzsystem (→ Seite 245) angelegt oder gespeichert.

## Die vorgeburtliche Phase

Bereits vor der Geburt der Welpen können Züchter für die Kleinen einen optimalen Start ins Leben sicherstellen, indem sie gezielt mit geeigneten Elterntieren züchten, die frei sind von Krankheiten und Verhaltensauffälligkeiten. Insbesondere die Mutterhündin sollte über ausreichende soziale Kompetenzen im Umgang mit belebten und unbelebten Dingen des Alltags verfügen. Außerdem sollten die Züchter die tragende Hündin vor Distress (→ Seite 22) und Krankheiten schützen.

## Die Neugeborenenphase

In der Zeit von der Geburt bis zum 14. Lebenstag, der »vegetativen« Phase, passiert anscheinend wenig. In diesen zwei Wochen zeigen die Welpen überwiegend nur reflexartige Reaktionen auf bestimmte Reize.
Die Welpen werden taub und blind geboren. Zweierlei ist in diesen Tagen überlebenswichtig

Spielerischer Streit unter Geschwistern – jeder will gewinnen. Aber auch Verlieren muss gelernt werden! Grenzerfahrungen stärken das Selbstbewusstsein.

für sie: die aktive Suche nach der Zitze und der unbedingte Wille, den Anschluss an die Gruppe nie zu verlieren. Deshalb führen sie pendelnde Suchbewegungen mit dem Kopf aus, stoßen »Hilfeschreie« nach der Mutter aus und robben im Kreis. Das Kontaktliegen mit den Geschwistern und der Mutter ist toll und trägt entscheidend zum Wohlbefinden bei.

Welpen können bereits kurz nach der Geburt die »Milchbar« förmlich erriechen. Um den Milchfluss auszulösen, treten die Kleinen mit ihren Füßchen gegen die Milchleiste der Mutter. Die Hundebabys unterscheiden bereits warm und kalt, schmecken, fühlen (auch Schmerzen) und zeigen gewisse Schreckreaktionen auf laute Geräusche, obgleich die Ohrkanäle noch verschlossen sind. Man könnte zusammenfassend sagen: Sie schlafen, saugen, wachsen und scheiden Kot und Urin aus. Anfangs überwiegen noch angeborene und genetisch fixierte Verhaltensweisen, diese werden jedoch bereits vom Zeitpunkt der Geburt an zunehmend durch die Umwelt beeinflusst und verändert. Die Mutterhündin reagiert ebenso angeborenermaßen auf die »Hilferufe« und die Leckstimulation der Kleinen (Betteln).

**Einflussmöglichkeiten:** In diesen beiden Wochen erhalten die Welpen die ersten Grundinformationen über das Leben, indem sie Lernerfahrungen über Erfolg und Misserfolg machen (→ Seite 105). Es kommt im Körper zum Aufbau und zur Feinabstimmung eines hormonellen Stress-Regelsystems. Das Suchen und Finden der Zitze sowie der behutsame Kontakt mit menschlichen Händen, Gerüchen, Geräuschen oder Lichtimpulsen bedeuten für den Welpen Stress, aber positiven oder guten Stress (Eustress). Die Erfahrung von Eustress bereits von Geburt an ist essenziell wichtig, damit die Welpen lernen, später Probleme zu bewältigen. Ein generelles Vermeiden von positivem Stress kann fatale Folgen haben. Legt man den Welpen zum Beispiel wiederholt an die Zitze an, statt ihn die Zitze selbst suchen und finden zu lassen, führt dies nicht selten zu einer verlangsamten und fehlerhaften Ausbildung von Nervenzellbestandteilen (Myelinscheiden = Eiweißhüllen um Nervenzellen) und folglich zu einer gestörten Beweglichkeit (Motorik) der Welpen. Die wohlgemeinte Flaschenaufzucht mit großer Öffnung im Sauger verhilft zwar zur schnellen Nahrungsaufnahme, verhindert aber, dass der Welpe eine erwünschte und dringend benötigte Stresstoleranz gegenüber seiner Umwelt aufbaut. Durch eine gleichbleibende Umgebungstemperatur, wie oftmals von überfürsorglichen »Hundeeltern« praktiziert, wird häufig die individuelle Regulation der Körperwärme gestört. Sie sehen, eine übertriebene und falsch verstandene Welpenfürsorge kann eher zu erheblichen Entwicklungsstörungen beitragen als zu einem guten Start ins Leben.

## Die Übergangs- bzw. Konsolidierungsphase

Interessant ist die dritte Lebenswoche, auch wenn sie häufig als eigenständige Entwicklungsphase infrage gestellt wird. In dieser »Handlingsphase« festigen die kleinen Racker ihr bisher Gelerntes, und ihre Sinne werden richtig wach. Mit inzwischen geöffneten Augen und Ohrkanälen und zunehmend durchbrechenden Zähnen lässt sich die Welt viel besser erkunden. Das kreisrunde Robben geht allmählich in kontrollierte Bewegungsfolgen über. Die Welpen verlassen selbstständig das Wurfnest und setzen ihren Kot und Urin an einer bestimmten Stelle ab. Während die Schlafphasen kürzer werden, nehmen die Interaktionen untereinander sowie die Kontakte zu den Menschen optimalerweise an Intensität und Häufigkeit zu. Erste »Gesprächsformen«, wie Knurren, Bellen oder Mit-dem-Schwanz-Wedeln, werden zunehmend angeboten. Sie legen den Grundstock für eine spätere problemlose Kommunikation mit Artgenossen.

**Mit angelegten Ohren leckt der Welpe die Schnauze des älteren Hundes. Der Welpe zeigt so aktiven soziopositiven Bindungswillen oder er bettelt um Futter.**

**Einflussmöglichkeiten:** Züchter bzw. Besitzer sollten in diesen Tagen sowohl für vielfältige positive Kontakte mit Menschen und Artgenossen als auch für eine ausreichende Bewegung bei den Welpen sorgen. Immer wieder gibt es Tiere, die unter dem Syndrom der »Platten Welpen« (»Flat-Puppy-Syndrom«) leiden. Diese Hundebabys können sich nicht selbstständig aufrichten, sie liegen wirklich platt auf ihren Hundeschnauzen. Als Ursache dafür wird die bereits links oben beschriebene unvollständige Ausbildung der Myelinscheiden im Bereich der Skelettmuskulatur angegeben. Das bedeutet, dass Welpen durch das häufige Anlegen an die Zitze neben der fehlenden Stresstoleranz auch Muskelfunktionsprobleme bekommen können. Abhilfe schafft man durch regelmäßiges »Stretching« der Gliedmaßen, denn dadurch werden Dehnungsrezeptoren in der Muskulatur aktiviert, die zu einer forcierten Ausbildung der Myelinscheiden führen – die Welpen sind dann meist von Beginn an fit!
Mit dem gezielten Verlassen des Wurfnestes zum »Toilettengang« beginnt bereits die »Quasiprägung auf den Untergrund« (→ Seite 244), etwa

**INFO**

## DIE STUBENREINHEIT FÖRDERN

Bei den Welpen können die Züchter bereits wichtige Grundlagen für die künftige Stubenreinheit schaffen: Ein Hund wird später für sein Geschäft den Untergrund bevorzugen, den er als Welpe kennengelernt hat. Wächst er in einem Zwinger auf, wird es Beton, später Asphalt sein. Auch auf Zeitung kann er »geprägt« werden. Trägt der Züchter die Welpen jedoch regelmäßig auf eine Wiese, bevorzugen sie als Löseplatz Gras. Werden die Kleinen an der erlaubten Stelle nach dem Sich-Lösen gelobt, erhalten sie erste Informationen über passende Toilettenorte.

Wiese, Erde oder Ähnliches, wobei der Welpe lernt, ein bestimmtes Material zu bevorzugen (→ Info oben). Die späteren Besitzer werden auf jeden Fall dankbar dafür sein, wenn ihr Welpe bereits die grundlegenden Dinge der Stubenreinheit beherrscht, denn dann haben sie es leichter.

## Sozialisations- und Habituationsphase

Die entscheidenden Wochen für das künftige Hundeleben liegen zwischen der 3. und 16. Lebenswoche. Diese Zeit wird auch »Schwammphase« genannt, denn jetzt werden sämtliche Neuigkeiten aufgesogen wie ein »Schwamm«! Nie wieder lernen die Kleinen so einprägsam und leicht! Die motorischen Aktivitäten verbessern sich nach der dritten Woche immer weiter. Die Welpen sind neugierig und haben die einmalige Chance, ihre Umgebung immer noch weitestgehend angstfrei (→ Seite 53 und 215) und unabhängig vom Einfluss des Besitzers kennenzuler-

nen. Die Kommunikation wird über Mimik, Gestik und Lautäußerungen verfeinert. Es kommt zu ausgiebigen Interaktionen zwischen den Welpen und der Mutterhündin. Auch erste Sozialspiele zwischen den Geschwistern sind zu beobachten. In diesem Zeitraum werden entscheidende Informationen aus der Umwelt aufgenommen, entsprechend verarbeitet und gespeichert, das heißt, die Welpen erlernen grundlegende Regeln im Umgang und in der Verständigung (Kommunikation) mit Artgenossen (dritte bis sechste Lebenswoche), mit Menschen (sechste bis zwölfte Lebenswoche) und mit anderen Tierarten (12. bis 16. Lebenswoche). Dabei kommt es besonders im letzten Drittel zusätzlich zu einer Gewöhnung (Habituation) mit der unbelebten Umgebung (Geräusche, Auto, Straßenbahn, Fahrstuhl etc.). Nichts davon ist angeboren! Selbst der Kontakt zu anderen Hunden (»Hundesprache«) muss erlernt werden, sehen diese doch so ganz anders aus als die Geschwister! Eine Vielzahl neuer Signale wirkt auf die Welpen ein, wobei jeder Welpe anders darauf reagiert bzw. daraus resultierend bei jedem andere Lernvorgänge stattfinden. Die dabei gemachten positiven und negativen Erfahrungen werden in einem sogenannten Referenzsystem als »normal« gespeichert. Das heißt, die Welpen legen eine Art »Nachschlagewerk« mit positiven (Kinder, Katzen, menschliche Hände, Geräusche etc.) und negativen Kapiteln (Straßenverkehr, aufschwingende Türen oder Ähnlichem) im Gehirn an, worauf sie im späteren Leben jederzeit zurückgreifen können. Die gemachten Erfahrungen kann man sich auch auf unzählig viele Schubladen einer Kommode verteilt vorstellen. Ist ein Ereignis als »gut« oder »böse« erkannt worden, wird es in einem Schubfach abgelegt. Später kann so recht schnell das entsprechende Kästchen aufgezogen und das eigene Verhalten damit verglichen und angepasst werden. Für die tägliche Praxis bedeutet dies, dass einen Hund, der bis zur zwölften Lebenswoche unzählig ver-

schiedene Hunderassen oder Menschentypen positiv kontaktieren durfte, im späteren Leben nichts mehr erschüttert. Er erschrickt weder über einen Bauarbeiter in der Grube, der plötzlich nur ein »halber« Mensch ohne Beine ist, noch ergreift er winselnd die Flucht, sobald er einen bis dato noch nicht gesehenen seltenen »Rassekollegen« beim Hundespaziergang trifft.

Über umfangreiche Wachstums- und Differenzierungsprozesse kommt es zur vollständigen Entwicklung des Gehirns. Je mehr Umweltreize der Welpe erfahren kann, desto effektiver erfolgt die Vernetzung der Gehirnzellen und desto höher ist die Gehirnleistung. Folglich kann der Hund Umweltreize besser und effektiver über die verschiedensten Verhaltensstrategien bewältigen. Im Umkehrschluss beeinträchtigt oder verhindert ein mangelhaftes Kennenlernen bestimmter Dinge die angemessene Entwicklung und Reifung des Gehirns. Ein Beispiel für diese sogenannten Deprivationsschäden (→ Seite 241) sind experimentelle Verhaltensbeobachtungen aus den 1970er-Jahren. Bei den Versuchen wurden Hundewelpen vom Zeitpunkt des Augenöffnens bis zur 16. Lebenswoche permanent in völliger Dunkelheit gehalten. Als Folge waren die Tiere trotz organisch intakter Augen blind, da ihr Gehirn nicht lernen konnte, einfallendes Licht zu verarbeiten. Sie sehen, negative Erfahrungen machen zu müssen, ist die eine Sache, schlimmer für den weiteren Lebensweg ist es jedoch, »dumm zu sterben«.

**Einflussmöglichkeiten über den Umgang mit Artgenossen:** Bereits im Wurfnest haben die Welpen Kontakt mit den Geschwistern und der Mutter. Im Alltag sollte dies weitergeführt und den Kleinen ausreichender Kontakt mit vielen, gut sozialisierten Hunden verschiedenster Größen, Rassen und aller Altersstufen ermöglicht werden. Sie lernen in sog. Sozialspielen nach einem Aktions-Reaktions-Prinzip die arteigene und angeborene Mimik, Gestik und Lautsprache (wie Droh-, Beschwichtigungs- und Deeskalationsgesten) von anderen Hunden zu verstehen und entsprechend darauf zu antworten.

● Dieses Lernen von Lesen und Zeigen (dem Wesen der Sozialisation) kann der Welpe nur

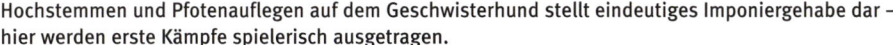

Hochstemmen und Pfotenauflegen auf dem Geschwisterhund stellt eindeutiges Imponiergehabe dar – hier werden erste Kämpfe spielerisch ausgetragen.

erfolgreich in vielen sich wiederholenden Auseinandersetzungen unabhängig vom Besitzer (ohne Leine, ohne Zuruf) erproben. Günstig ist es dabei, seinen Kleinen in sogenannte Welpenspielgruppen einzuführen. Diese sollten aus fünf bis sechs Welpen im Alter von 8 bis 16 Wochen bestehen. Dort können sie arteigene Sozialspiele, wie das Gewinnen und Verlieren beim Kampf um Spielzeug, Futter oder andere Ressourcen, sowie die äußerst wichtige Beißhemmung (→ Seite 240) erlernen. Verhält sich einer der Welpen einem Spielkameraden gegenüber zu wild und ungestüm, indem er ihn heftig am Ohr reißt, so schreit dieser laut und schrill auf und rennt weg. Der »Grobian« sitzt verstört da, schaut seinem Kumpan traurig hinterher und überlegt: »Warum spielt er nicht mehr mit mir? Was habe ich falsch gemacht?« Er denkt an die letzten Sekunden des Spiels und stellt den entscheidenden Zusammenhang her: »Das Letzte, was ich zwischen den Zähnen gehalten habe, war

Kontaktliegen bei Hunden mit Kopfzuwendung und Körperberührung signalisiert eindeutig: »Wir beide gehören zusammen.«

das Ohr vom anderen, und dies war keine gute Idee! Da bin ich beim nächsten Treff etwas vorsichtiger.« Die Zusammenkunft von Welpen und deren Besitzern sollte aber nicht nur als reine Spielstunde genutzt werden. Die Kleinen müssen auch an die Kommunikation mit den Menschen gewöhnt werden und spielerisch die ersten Kommandos trainieren. Überdies muss den Besitzern theoretisches Wissen über das Verhalten von Hunden und deren Ansprüche an artgemäße Haltung vermittelt werden.

● Des Weiteren ist es wichtig, die Kommunikation zwischen den Welpen derart zu überwachen, dass unerwünschtes Verhalten sofort korrigiert werden kann, um Angst und Distress von Einzeltieren zu vermeiden. »Mobbing« (→ Seite 113 und 243) ist eine besondere Form des Jagdverhaltens, wobei kleine und ängstliche Hunde von den Artgenossen regelmäßig gejagt und geängstigt werden, als wären sie eine Beute. Die Annahme, dass die Welpen ihre Streitereien immer untereinander selbstständig klären können, hat sich demnach nicht generell bewahrheitet. Wenn ein Welpe von den übrigen als »Prügelknabe« auserkoren und sehr intensiv »bespielt« oder gejagt wird, kann dieser seinen zweifellos empfundenen Stress nicht ausreichend kompensieren. Flucht wäre nicht hinreichend erfolgreich, denn sie würde ein Jagdverhalten der Meute gegenüber dem Artgenossen auslösen. Dieser hat seinerseits keinen Erfolg in der normalen Kommunikation, denn eigentlich müsste er stehen bleiben oder sich langsam davonstehlen.

Die Folgen wären für alle Welpen fatal! Der gemobbte Welpe würde später zu einem unsozialisierten, weil ängstlich-aggressiven Hund gegenüber Artgenossen. Die Vertreter der jagenden Meute entwickeln sich dann unter Umständen später zu gestörten Hunden, die Artgenossen ohne jegliche Kommunikation jagen – ein Verhalten, das bekanntlich sehr gefährlich, weil tödlich enden kann.

● Die Welt ist kein Schlaraffenland, und auch jeder Hund ist gut beraten, wenn er an dieser Erkenntnis, dass nicht alles im Leben jetzt und sofort zu haben ist, wächst und nicht zerbricht! So will die Fähigkeit, eine Frustration zu bewältigen, fürs spätere Leben gelernt sein! Mit der ersten größeren Frustration kommen die kleinen Racker schon im Alter von vier bis fünf Wochen im Welpennest in Berührung. Bei »Muttern« versiegt der Milchfluss immer mehr. Die Welpen finden dieses Abstillen zunächst doof. Sie sind frustriert, weil sie die Milch begehren, die es nun immer weniger gibt. Sie empfinden Stress und haben die Möglichkeit, entweder ihrem Unwillen Luft zu machen und an den Zitzen zu reißen oder sich mit dem Zustand allmählich zu arrangieren. Geholfen wird ihnen dabei sowohl von der »Mama« als auch vom Menschen. Die Hündin fährt blitzschnell herum und beißt dem Übeltäter über den Fang, weil ihr dessen rücksichtsloses Einfordern von Milch Schmerzen bereitet. Dies wiederum merkt sich der Gestrafte und lernt allmählich die Vorzüge der alternativen Erwachsenenspeisung. Der Welpe lernt, dass Frustrationstoleranz eindeutig Vorteile hat.

● In diesem Zusammenhang ist es sinnvoll, darauf hinzuweisen, dass die »Narrenfreiheit« des Welpen gegenüber erwachsenen Hunden, auch als »Welpenschutz« bezeichnet, häufig fehlinterpretiert wird. Sie besteht lediglich bei Wölfen oder Hunden innerhalb der eigenen Familie. Bei nicht verwandtschaftlichen Beziehungen, so auch bei den täglich stattfindenden zufälligen Hundebegegnungen, hat der erwachsene Hund keinerlei Verpflichtung, den Welpen mit anderem Erbgut zu schützen. Nur wenn der Welpe gelernt hat, durch den gezielten Einsatz von Beschwichtigungs- und Deeskalationselementen den Älteren im Krisenfall milde zu stimmen, und wenn dieser die Beschwichtigung des Welpen akzeptiert, werden aggressive Auseinandersetzungen vermieden. Bei nicht hinreichender Sozialisation

Es gibt keinen generellen Welpenschutz, aber eine familieninterne Fairness. Sind die Welpen zu frech, folgt der erzieherische Biss – jedoch mit Beißhemmung.

auf beiden Seiten besteht die Gefahr von erheblichen Verletzungen bis hin zum Tod des Welpen!

**Einflussmöglichkeiten über den Umgang mit Menschen:** Dem Welpen sollten bereits während der »Wurfnestzeit« positive Sozialkontakte mit vielen Menschen, die sich in Größe, Alter, Habitus, Kleidung, Sprache, Bewegung oder Hautfarbe unterscheiden, ermöglicht werden. Dabei können die Interaktionen bis zur 16. Lebenswoche an Intensität und Häufigkeit zunehmen. Wie bei der Kontaktaufnahme mit Artgenossen lernen die Welpen nach einem Aktions-Reaktions-Prinzip, die artfremde Mimik, Gestik und Lautsprache von Menschen zu verstehen und entsprechend darauf zu antworten. Gönnen Sie, liebe Leser, Ihrem Welpen doch einen »zivilen« Ungehorsam und ermöglichen Sie dem Racker die freie Kontaktierung von fremden Menschen. Es ist besser, sich für kleine »Vergehen« seines Welpen, wie ein geklautes Wurstbrot, zu entschuldigen, als später einen gegenüber Menschen ängstlichen Hund zu besitzen. Nutzen Sie den Ihnen entgegengebrachten »Welpenbonus«, den unsere niedlichen Hundekinder bei vielen Menschen genießen, und las-

## SCHRITTWEISE DIE WELT KENNENLERNEN

### Gewöhnung an Artgenossen

● Täglich mit dem Hund spazieren gehen und Treffs mit anderen Hunden verschiedenster Größe, Rasse und Geschlecht ohne Leine ermöglichen.

● Welpen nicht anleinen oder »auf den Arm nehmen«, wenn ein anderer Hund erscheint.

● Während der Hund-Hund-Kontakte keinen Einfluss nehmen, sondern die Kommunikation aus einer gewissen Entfernung beobachten!

● Eine gute Welpen-/Hundeschule (→ Seite 226) besuchen bzw. Begegnungen mit gleichaltrigen Hunden organisieren.

### Gewöhnung an Menschen

● Den Hund täglich zum Einkaufen, ins Café, zu Freunden und Bekannten mit Kindern, zum Sport mitnehmen; anfangs reichen wenige Minuten, später ein bis zwei Stunden.

● Dem Hund ab und an Ruhe- und Erholungsphasen ermöglichen.

● Besuche fremder und bekannter Personen im eigenen Territorium mit Kindern, Babys und Hunden organisieren.

● Kontakte zu vielen Menschen unterschiedlicher Altersstufen und Hautfarben, jeden Geschlechts ermöglichen, vor allem zu Kindern.

● Kontakte zu körperlich und/oder geistig behinderten Menschen, Rollstuhlfahrern, Menschen mit Gehhilfen etc. ermöglichen.

● Kontakte zu arbeitenden Menschen mit Arbeitskleidung, Uniformen, Helmen, Hüten, Taschen, Werkzeugen, wehenden Mänteln, Schirmen und Ähnlichem ermöglichen, wie Postboten, Bauarbeitern in einer Grube, Monteuren mit Werkzeugkoffer, Versicherungsvertretern mit Aktentasche, Musikern mit Instrumentenkoffer.

● Kontakte zu sich schnell bewegenden Menschen ermöglichen, wie Motorradfahrern, Radfahrern, Joggern, Walkern, Inlineskatern, Kitesurfern, Surfern oder rennenden Kindern.

● Zeit nehmen für positive Kontakte mit all den verschiedenen Menschen – Belohnung für nicht ängstliches Verhalten über Futter, verbales Lob oder Streicheleinheiten.

### Gewöhnung an belebte und unbelebte Umwelt

● Kontakte ermöglichen zu vielen verschiedenen Tierarten, sowohl zu großen Nutztierarten (Pferde, Rinder, Schafe, Ziegen etc.) als auch zu Heimtieren wie Katzen, Meerschweinchen oder Hamstern.

● Vor allem Kontakt ermöglichen zu allen jagdbaren Tieren, wie Nagern, Vögeln und besonders Katzen (Auswahl von freundlichen und hundeerfahrenen Katzen).

● Gewöhnung an Straßenverkehr, Fahren im Auto, mit Bus, Bahn, Fahrstühlen.

● Gewöhnung an sämtliche Geräusche des Alltags wie Haushaltsgeräte, Klingel, Knallgeräusche (Gewitter, Schüsse).

● Gewöhnung an unterschiedliche Bodenstrukturen wie Sand, Kies, Erde, Gras, Beton, Asphalt, Holz, Gitterroste, Fliesen oder Felsen.

● Gewöhnung an verschiedene Auslaufgegenden und Landschaften wie Gebirge, Wald, Feld, Wiesen, Strand, stehende oder fließende Gewässer.

● Hund über Hindernisse springen, über Baumstämme balancieren lassen etc., um seine Bewegungskoordination zu schulen.

sen Sie so oft wie möglich Begegnungen mit Menschen und Artgenossen zu!

So wird der Kontakt mit Menschen allgemein immer mehr als Belohnung empfunden. Hunde sind von Beginn an stark motiviert, Dinge zu tun, die uns Menschen gefallen, oder sie versuchen zumindest unsere Aufmerksamkeit zu erlangen. Verpassen wir jedoch die Chance der Entwicklung eines selbstständig und angstfrei agierenden Hundes und managen vom ersten Tag an alles im Hundealltag, so müssen wir unter Umständen ein Hundeleben lang für unseren Vierbeiner denken und handeln, und dies kann für Hund wie Besitzer sehr nervend und anstrengend sein!

**Einflussmöglichkeiten über Kontakte mit der Umwelt:** Haben Stress und Angst Auswirkungen auf die Entwicklung von Welpen? Betrachtet man die Entwicklung von Angst- und Erkundungsverhalten, so fällt auf, dass die Welpen etwa ab der dritten Lebenswoche einen großen Drang haben, ihre Umgebung zu erkunden. Bis zur fünften Lebenswoche tun sie dies relativ angstfrei; ab diesem Zeitpunkt, besonders ab der achten Woche, überwiegt allmählich die Angst immer mehr, und die Neugier tritt zurück.

Welchen biologischen Sinn hat nun der allmähliche Anstieg der Angst und die abnehmende Neugier? Bis zur fünften Lebenswoche haben die Welpen überwiegend Kontakt zu den jeweiligen Familienmitgliedern (Artgenossen und Menschen). Da ihnen hier nicht viel passieren kann, wäre Angst eher unproduktiv. Etwa ab der sechsten, häufig jedoch erst ab der achten bis zehnten Lebenswoche wird der Aktionsradius größer, es kommt zu Kontakten mit der belebten und unbelebten Umwelt und damit zur Zunahme von objektiven und subjektiven Gefahren. In diesem Stadium Angst zu haben, bedeutet für den Welpen, dass er nicht zu wagemutig wird. Angst kann also lebensrettend sein. Zudem bewirkt Angst, dass sich der Welpe in einem Stresszustand befindet. Dies hat den Vorteil, dass er die bereits auf Seite 99 erwähnten Angstbewältigungsstrategien Deeskaltions-, Beschwichtigungs- und Aggressionsverhalten entwickelt. Und nur dadurch kann ein Welpe lernen, künftig mit Stress so umzugehen, dass er weder psychische noch physische Überlastungen oder Schäden davonträgt. Derselbe Stressor, etwa ein Geräusch (Gewitterdonner), kann bei zwei Welpen desselben Wurfs durch unterschiedliche Lernerfahrungen gegensätzliche Reaktionen (Flucht oder Schlafen) hervorrufen. Tiere, die unter Dauerstress stehen und es nicht gelernt haben, diesen angemessen zu bewältigen, befinden sich in einem permanenten Alarmzustand, im Distress (→ Seite 22). Sie sind weder lernfähig noch in der Lage, Krisensituationen selbstständig zu managen. Darüber hinaus laufen sie Gefahr, bereits Gelerntes zu vergessen.

## Umgang mit Welpen

Generell sollten Sie bei allen Kontakten schädlichen Dauerstress (Distress) vermeiden. Das Training darf weder unter Druck noch mit Distress-Strafen (→ Seite 193) stattfinden. Hat das Tier Angst, dürfen Sie diese nicht bestätigen und dadurch verstärken, indem Sie den Welpen zum Beispiel trösten. Ignorieren Sie die Angst (→ Info, Seite 198). Unterbrechen Sie die Übung und setzen Sie sie am nächsten Tag wieder mit kleineren Trainingsschritten fort. Wenn Sie bereits Teilerfolge ausgiebig belohnen, lassen sich die Welpen häufig zu schnellen Fortschritten motivieren!

**Bitte keine Zwingerhaltung!** Hunde brauchen permanenten Familienanschluss, sowohl tagsüber als auch nachts. Sie dauerhaft zu isolieren – egal ob in einem Zwinger, Keller oder Stall oder permanent angeleint auf einem kleinen Grundstück draußen – ist weder artgemäß noch verhaltensgerecht! Es führt zu geistigen und körperlichen Schäden und verstößt gegen geltendes Tierschutzrecht!

# Den richtigen Hund finden –
## wer passt zu Ihnen?

Sie wollen sich erst einen Hund zulegen? Um bereits beim Kauf alles richtig zu machen, habe ich hier zusammengefasst, worauf Sie achten sollten.

## Der Welpenkauf beim Züchter

Die Aufzucht von Welpen ist, gleich ob Mischlings- oder Rassehund, aufwendig und setzt viele Kenntnisse und Fähigkeiten der privaten und kommerziellen Züchter voraus.

### Einfluss der Züchter auf den Start ins Hundeleben

Welpen aus sogenannten kommerziellen Massenzuchten sowie »Wühltischwelpen« aus dem Internet oder aus dem Kofferraum haben oft zu wenig und meist nur negative Erfahrungen gemacht. Nicht sozialisiert, mit körperlichen und geistig-emotionalen Schäden werden diese dann an die neuen Besitzer abgegeben. Dabei wird oft mit dem Mitleidsempfinden der Käufer gespielt. Hier ist der generelle Verzicht auf die Übernahme solcher geschädigten Tiere angebracht, da man mit einem Kauf indirekt die schlechten Aufzuchtbedingungen für weitere Welpen unterstützt! Wie Sie bereits wissen, sind wir Menschen als »Elternleittiere« die wichtigsten Sozialkumpane unserer Hunde in der heutigen modernen Hund-Mensch-Familie, die den Hunden das Normalverhalten in der menschlichen Zivilisation überhaupt erst stressfrei ermöglichen können. Dabei gilt die Sozialisierungsphase ab der dritten Lebenswoche als besonders wichtig, weil in dieser Zeit eine äußerst ausgeprägte Entwicklung neuer Verhaltensweisen erfolgt, zu deren normaler Ausgestaltung intensivste Kontakte mit Artgenossen und Menschen sowie ausreichende Umweltreize nötig sind. Demzufolge treten Angst und Aggressionen später dort gehäuft auf, wo eine nicht ausreichende Sozialisation und Habituation (→ Seite 210) in der Welpen- und Jugendphase erfolgte. Viele der kommerziellen Welpenerzeuger können diese Anforderungen an artgemäße und verhaltensgerechte Haltung von Welpen nicht erfüllen.
**Die Alternativen wären:**
● Die Welpen, als Geschwister aus einem Wurf oder mit täglichem Kontakt zu Artgenossen, bereits mit der fünften bis sechsten Lebenswoche in die Familie zu übernehmen (→ Info, Seite 219).
● Die Hundezucht mit dem Ziel zu restrukturieren, dass den Hunden eine gute »Kinderstube« vom Züchter geboten wird und so die richtigen Weichen für die Zukunft gestellt werden.

### Daran erkennen Sie einen guten Züchter

Auf die folgenden Punkte sollten Sie achten.
**Ein Züchter ist empfehlenswert …**
● wenn die Welpen Anschluss an die Züchterfamilie haben, das heißt, dass sie im Haus bzw. in der Wohnung gehalten werden und möglichst Zugang zu einem Gartengrundstück haben.
● wenn er den Welpen viele positive enge und häufige Kontakte mit Menschen verschiedenster Altersstufen und beiderlei Geschlechts (Kinder, Babys, Senioren) und sozialisierten (verträglichen) Artgenossen verschiedenster Rassen ermöglicht und dies nachweisen kann.

- wenn die Mutterhündin freundlich und frei von Aggressionen ist; der Züchter sollte den Kontakt zwischen Käufer und Mutterhündin ermöglichen.
- wenn er Ihnen Einblick in die Haltung, Pflege und Unterbringung aller seiner Tiere erlaubt.
- wenn beide Elterntiere und die Welpen gut ernährt, gepflegt und gesund (eventuell Nachweis über tierärztliche Gesundheitszeugnisse) sowie frei von Ängsten und/oder Aggressionen sind. Lebt der Vater der Welpen nicht beim Züchter, sollte dieser einen Kontakt herstellen.
- wenn er den Käufern vor der Abgabe der Welpen gestattet, jederzeit die Kleinen zu besuchen und auch anzufassen.
- wenn er die Welpen bereits ab der dritten Lebenswoche an die belebte und unbelebte Umwelt (→ Seite 214) gewöhnt und den Käufern wichtige Informationen über das bisherige Management und den Stand des Sauberkeitstrainings und der bis dahin stattgefundenen Sozialisation gibt.

**Ein Züchter ist nicht empfehlenswert ...**

- wenn er die Welpen isoliert in Zwingern oder ähnlichen Gebäuden hält (→ Seite 215).
- wenn er mehrere Würfe zur gleichen Zeit und entsprechend geringes Betreuungspersonal hat, da man dann davon ausgehen kann, dass es sich um einen rein kommerziell orientierten »Welpenerzeuger« handelt.
- wenn die Eltern der Welpen ängstlich und/oder aggressiv gegenüber den Besitzern und Besuchern reagieren.
- wenn die Elterntiere und/oder die Welpen in einem mäßigen bis schlechten Gesundheits-, Ernährungs- und Entwicklungszustand sind und die Tiere und Räumlichkeiten ungepflegt sind.
- wenn er den potenziellen Käufern den Zutritt zu den Räumlichkeiten sowie den Kontakt zu den Welpen und den Elterntieren verwehrt.
- wenn der Kontakt mit den Käufern und die Übergabe der Welpen ausschließlich außerhalb des Grundstücks des Züchters stattfinden, etwa die Übergabe auf Tiermärkten, an Raststätten und sonstigen anonymen Treffpunkten.
- wenn er wissentlich (kommerziell) oder unwissentlich (durch ruhige Lage am Wald, abgeschirmt) die Welpen nicht sozialisiert und habituiert (→ Seite 210); hierbei besteht das Risiko der Ausprägung einer Art »Kaspar-Hauser-Syndroms« für die Welpen (→ Seite 243).

## Einen erwachsenen Hund wählen

Haben Sie sich aus den verschiedensten Gründen nicht für einen Welpen, sondern für die Übernahme eines erwachsenen Hundes entschlossen, holen Sie sich ein »Überraschungsei« ins Haus.

**Alles Neue wird aufgesogen wie ein Schwamm. Nie wieder wird so leicht gelernt wie in der Welpenzeit!**

Tägliche Entdeckungstouren in wechselnder Umgebung machen Freude – Leinen los und auf in ein selbstständiges und angstfreies Hundeleben!

## Der Hund aus dem Tierheim oder von privat

Sicher zeigen nicht alle Hunde, die zur Vermittlung freigegeben sind, Verhaltensprobleme. Bei diesen »Zottelschnauzen« verläuft die »Adoption« im beiderseitigen Einvernehmen und voller Harmonie. Viele Tiere landen jedoch eben wegen bestimmter Probleme häufig im Tierheim oder werden nur allzu freiwillig abgegeben. Die Vorgeschichte der Tiere bleibt dabei meist völlig im Dunkeln. Sie als künftiger Besitzer wissen nicht, was Ihr Hund an positiven wie negativen Erlebnissen zu verarbeiten hatte. Doch das wäre wichtig, damit Sie von Anfang an richtig mit dem Hund umgehen können.

Wenn der Hund zu Ihnen kommt, wird er sich anfangs äußerst integrativ verhalten, weil er froh ist, endlich wieder einen Familienanschluss und ein neues Heim gefunden zu haben. Deshalb empfehle ich dringend, eher von einem Kauf bei Unsicherheit abzusehen, als dass der Hund nach der Übernahme in eine Familie wieder ins Tierheim zurückgegeben werden muss.

**Typischer Fehler beim Kennenlernen:** Als Hun-

debesitzer freuen wir uns über den Neuankömmling und dessen immer häufiger gezeigten prosozialen Interaktionen, suggerieren sie doch eine enger werdende Bindung. Nach dem Motto: »Er soll es jetzt bei uns so richtig gut haben.« reagieren wir jedes Mal auf Kontakte. Viel zu spät wird erkannt, dass wir regelrecht kontrolliert werden und mit dem Gefühl »der Hund nervt!« schlichtweg überfordert sind. Ohne Kenntnis der Erregungs- und Frustrationskontrolle des Vierbeiners kann dieser sich allmählich als schwieriger Zeitgenosse entpuppen, wenn er bei plötzlichem Ignorieren des AEV's Aggressionen »wie aus heiterem Himmel« kommend zeigt, um Stress zu kompensieren. »Elterntiere« sollten deshalb gleich zu Beginn hausinterne Regeln aufstellen, um derartige potenzielle Krisen zu vermeiden.

## »Fundtiere« aus dem Urlaubsland

Über den Sinn und Unsinn von Hunden aus dem Ausland wird häufig diskutiert. Wenngleich es in bestimmten Regionen der Welt mit der artgerechten und tierschutzkonformen Haltung von Haustieren nicht so genau genommen wird, sollten Sie sich vor der Mitnahme immer über die Beweggründe Ihrer »Tierliebe« im Klaren sein. Verantwortungsvoll gegenüber der Kreatur ist es, wenn Sie sich im Kreis der Familie besprechen und sich bewusst machen, ob der Hund in seiner Heimat tatsächlich gequält wird oder ob ihm Quälerei und Tod drohen, wie physisches Strafen oder die als »Säuberungsaktionen« getarnten Massentötungen in manchen Großstädten. Häufig bedeutet nämlich der territoriale Wechsel der »Strandhunde« aus dem südlichen Europa in die hiesige urbane Welt keine wirkliche Verbesserung ihrer Lebensqualität, tauschen sie doch den artgemäßen permanenten Freilauf gegen all die für diese Tiere ungewohnten Restriktionen, wie Leinenpflicht und beschränkte soziale Kontakte! Die Tiere benötigen oft Jahre, ehe sie sich an

die ungewohnte Umwelt mit ihren Geräuschen gewöhnen können. Das setzt Geduld und Ausdauer der Besitzer voraus, die in langwierigen Therapien versuchen, die multiplen Ängste ihres Vierbeiners abzubauen.

## Welcher Hund/welche Rasse für welchen Zweck?

Die Nutzung und Verwendung unserer Hunde ist enorm vielfältig! Viele Besitzer ahnen, dass Hund nicht gleich Hund ist, und dennoch stellen sie sich immer die gleichen Fragen: Welcher Hund passt zu mir? Gibt es eine familienfreundliche Rasse? Gibt es Rassen, die eher als »Arbeitstier« gelten oder die mehr »Familienhund« sind? Welche Rassen sind »in« oder »out«?

### Der Hund als Begleithund

Die Hauptanforderung an unsere Hunde besteht darin, ein Leben als problemfreier Begleiter in der menschlichen Zivilisation zu führen! Deshalb sollten Sie sich vor dem Kauf neben den üblichen Erwägungen, ob ein Hund in die eigenen derzeitigen und künftigen Lebensumstände passt, genauestens überlegen, ob dieser Hund seiner Veranlagung nach eher ein Gebrauchshund oder ein Familienhund werden kann.

● Viele Besitzer von Jagdhunden sind sehr stolz darauf, dass ihr Tier aus einer jagdlich geprüften Zuchtlinie stammt. Ihr Labrador oder Golden Retriever, Dackel, Beagle, Setter oder Spaniel soll als problemloser Begleit- und Familienhund den Alltag bereichern. Jedoch ahnen sie nicht, dass Nachkommen von jagdlich geführten Hunden später häufig ein etabliertes Jagdverhalten zeigen werden, das nicht im Sinne der Öffentlichkeit ist (→ »Umgerichtetes Jagdverhalten, Seite 113).

● Auch mit Hütehunden aus Arbeitslinien wie Border Collie, Australian Shepherd oder Harzer

Fuchs sind u.U. Probleme vorprogrammiert, da sie häufig geistig wie körperlich unterfordert sind. So sollte man sich als »Stubenhocker« tunlichst überlegen, ob es so gut ist, wenn man sich ein derartiges »Supermodel«, einen »Workaholic«, eine Intelligenzbestie und einen Hochleistungssportler, wie es der Border Collie in einem ist, ins Haus holt. Denn bei geistiger und körperlicher Unterforderung langweilen sich diese

### FÄHIGKEIT ZUR MEHRFACHSOZIALISATION

**INFO**

Hunde sind einzigartig dazu in der Lage, in uns Menschen dann enge soziale Verwandte zu erkennen, wenn wir ab der Zeit der Entwöhnung von der Mutter (Absetzen, Abstillen in der fünften bis sechsten Lebenswoche) als »Elterntiere« fungieren, indem wir sie ernähren, pflegen und umsorgen. Beeinflussen wir also frühzeitig die Mechanismen der Verwandtenerkennung beim Welpen, so wird derjenige, der sich um den Hund kümmert, lebenslange Bezugsperson (Leittier/Elterntier) sein, ohne dass eine direkte verwandtschaftliche Beziehung nötig ist (soziale Doppelidentität). Wohl dem Besitzer, dem die Frühübernahme seines Welpen in die Familie gelingt.

Hunde. Sie sind frustriert und laufen Gefahr, sich immer neue belebte und unbelebte Auslöser (Autos, Bälle, Menschen) für ein Hüten zu suchen. Sie hüten dann um des Hütens willen und entwickeln Stereotypien.

● Bestimmte Rassen, wie Wolfs-, Mittel- oder Kleinspitz sowie Pinscher und Mittelschnauzer, dienten über Generationen hinweg als Wachhunde, die ihre Territorien zu verteidigen hatten.

Diese Rassen sind deshalb sehr bellfreudig und oft territorialer veranlagt als andere.

● Dobermann, Belgischer oder Deutscher Schäferhund wurden speziell für den Schutzdienst (→ Info, Seite 115) gezüchtet. Mussten die Eltern Ihres Wunschwelpen noch an »Reißärmeln« arbeiten, hat der Kleine diese Anlagen geerbt. Dann besser Hände weg, wenn er als Familienhund geführt werden soll. Besondere Probleme können die sogenannten Herdenschutzhunde, wie Kuvasz oder Pyrenäen-Berghund, bereiten, wenn sie aus einer Arbeitslinie stammen (→ Seite 95) und nicht dementsprechend gehalten werden. Wegen ihrer ausgeprägten Neigung, ein Territorium zu beanspruchen und zu verteidigen, und ihrer Selbstständigkeit sind sie nur schwer in die Familie integrierbar.

● Berner Sennenhunde und Bernhardiner bewachen Haus und Hof, Appenzeller und Rottweiler aus Arbeitslinien verrichteten neben dem Wach- auch noch Treibdienste. Dabei schnappten sie gern nach den Fesselgelenken der zu treibenden Tiere, heute eventuell nach uns.

● Auch die als sogenannte Familienhunde in Mode gekommenen Labrador und Golden Retriever sind nicht automatisch besonders kinderlieb und familienkompatibel. Die Zuchtlinie, aus der die jeweiligen Welpen stammen, kann ausschlaggebend oder zumindest mitverantwortlich dafür sein, ob der Hund später eher ein ausgeglichenes Familienmitglied oder doch ein der Rasse entsprechender Gebrauchshund mit Jagdinteresse sein wird.

● Fälschlicherweise werden Kleinhunde immer noch als »Schoßhunde« bezeichnet und ebenso behandelt. Sie haben jedoch prinzipiell die gleichen Ansprüche an eine artgemäße und verhaltensgerechte Haltung wie ihre großen Artgenossen, was Bewegung und Beschäftigung betrifft. Zahlreiche Vertreter von weniger als zehn Kilogramm Körpermasse zählen zu den Jagdhunderassen. Dackel, West Highland White Terrier, Yorkshire Terrier, Jack Russel Terrier und viele andere sind passionierte Waldläufer und geborene »Outdoorer«, die keinesfalls nur angeleint mit dem Besitzer »um den Block« laufen möchten.

Objektspiel zwischen Sozialpartnern einer Gruppe: Gemeinsam am Stöckchen zu kauen macht Spaß – »Paarlaufen« noch viel mehr! Das »Multipfoten-Modell« entspricht der artgerechten Hundehaltung.

• Kleinsthunde mit einer Körpermasse um zwei Kilogramm, wie die Chihuahuas, sollten jedoch generell etwas schonender behandelt werden.

## Hunde in und aus der Mode

Die Besonderheiten der Rassen sind ihre charakterliche Veranlagung bzw. Arbeitsspezialisierung, auf die die entsprechenden Tiere über lange Zeiträume hinweg gezüchtet wurden, wie die Verwendung als Jagd-, Hüte- oder Schutzhunde. Diese Besonderheiten verhindern jedoch oftmals die Eingliederung der Hunde in unsere Gesellschaft im Sinne von »Familienbegleitern«. Da diese Eigenschaften zumindest anteilig genetisch fixiert sind, ist es schwierig, sie innerhalb von wenigen Generationen zu löschen. Mit der Zeit nahm deshalb die Begeisterung für manche Rassen ab. Die Forderung gegenüber den Zuchtverbänden muss daher lauten, Sozialverhalten bzw. Verträglichkeit und Flexibilität neben den gesundheitlichen Aspekten und dem äußeren Erscheinungsbild der Rassen als Hauptkriterium für die Zuchtauslese zu werten! Auch entspricht die Haltung von spezialisierten Rassen wie Jagd- und Hütehunden bzw. deren Linien ohne entsprechende Arbeit nicht dem Tierschutz!

## Welcher Hund für welchen Halter?

Bei der Auswahl eines Hundes kann es natürlich niemals ein Patentrezept geben! Hunde sind – gleich welcher Rassenzugehörigkeit – Individuen mit unterschiedlichen Ansprüchen, Eigenschaften und Bedürfnissen. Auch die genetische Vorlast durch die Elterntiere hat lediglich einen Einfluss auf die Entwicklung des Welpen von bis zu 30 Prozent. Deshalb können die folgenden Kriterien nur der groben Orientierung dienen.

**Gebrauchshunde aus »Arbeitslinien« mit Ausbildung:** Sie sollten ihrer Veranlagung nach gehalten werden und »arbeiten« können (etwa ein als Hütehund ausgebildeter Border Collie sollte als »Angestellter« bei einem Schäfer leben).

**Gebrauchshunde aus »Arbeitslinien« ohne spezielle Ausbildung:** Dazu gehören zum Beispiel Jagdhunde oder Schlittenhunde und deren Mischlinge. Sie sollten eine vergleichbare und angemessene psychische und physische Ausarbeitung im Alltag bekommen und viele Aufgaben unter Anleitung eines erfahrenen Hundeführers mit Erfolg lösen dürfen. Gemeint sind Laufspiele, Jagdspiele mit alternativen Jagdobjekten wie einem Kong, der beim Wurf wie ein Beutetier unkontrolliert vom Boden springt, Apportierspiele oder Futtersuchspiele. Dann können diese Hunde auch häufig den Job des Familienhundes nebenbei problemlos erfüllen.

**Familiengeeignete Hunde** können all diejenigen sein, die eine perfekte Sozialisation und Habituation (→ Seite 210) erfahren konnten. Sie sollten frühzeitig und behutsam an alle Dinge des Alltags herangeführt werden. Besonders wichtig sind sowohl der richtige Umgang mit Kindern und Kleinkindern als auch der problemfreie Kontakt mit fremden Menschen und Artgenossen in der Öffentlichkeit. Dermaßen an die Alltagsdinge des menschlichen Lebens gewöhnt, lassen sich diese Hunde auch häufig mit ins Büro nehmen. Als »Kollege Hund« sorgen sie oft für Abwechslung, Entspannung und gesteigerte Motivation im sonst eher trockenen Arbeitsalltag, vorausgesetzt, kein Mitarbeiter hat Angst oder eine Allergie.

**Sporthunde**, zu denen vor allem lauffreudige Rassen und deren Mischlinge (Hütehunde oder Windhunde) zählen, können und sollten die Möglichkeit bekommen, täglich mit dem Besitzer laufen zu können (Radfahren, Joggen, Rollerbladefahren und anderes). Allerdings sollte man die Hunde nicht an der Leine hinter sich herziehen oder sich selbst von ihnen ziehen lassen (Unfallgefahr). Geschwindigkeit und Dauer der sportlichen Aktivität sollten der Witterung und der allgemeinen und momentanen körperlichen Ver-

Herdenschutzhunde bewachen ihr Territorium oft übermäßig und sind als sehr selbstständige Tiere nicht immer problemlos in die Familie integrierbar.

fassung des Hundes (und des Halters) angepasst werden. Um zu verhindern, dass Sie den Hund körperlich überfordern, sollten Sie gelegentlich Pausen einlegen und den Hund ohne Leine laufen lassen. Dann hat er die Möglichkeit, Kot und Harn abzusetzen, und kann kurze Stopps einlegen, um »Zeitung zu lesen«. Die Ansprüche an die körperliche Ausarbeitung hängen von der Konstitution und »Bauart« der Hunde ab. Kurzbeinige Rassen wie Mops, Dackel, Basset oder Pekinese oder Riesenrassen, etwa Deutsche Dogge, Berner Sennenhund oder Bernhardiner, eignen sich weniger, Marathondistanzen zurückzulegen.

**Seniorenhunde** müssen nicht zwangsläufig alt sein. Sie sollten nicht aus einer Arbeitslinie stammen und sich in einem ruhigen und geregelten Seniorenhaushalt wohlfühlen können. So sind insbesondere Welpen mit einem anfänglich hohen Aufwand an Erziehung und Management

(etwa Sauberkeitstraining) häufig ungeeignet für ältere Besitzer. Auch ist die Wahl des Hundes hinsichtlich der Körpergröße und des Gewichts nicht unerheblich. Kleinere (unter acht bis zehn Kilogramm) und ältere Tiere, die weder sportliche Höchstleistungen vollbringen wollen noch täglich neue Herausforderungen suchen, lassen sich häufig gut in den Seniorenhaushalt integrieren. Selbst wenn diese extrem an der Leine ziehen, besteht für ältere Hundehalter keine Gefahr, vom in die Leine ziehenden Hund umgerissen zu werden.

## Rüde oder Hündin?

Ist der Umgang mit Rüden wirklich schwieriger als mit Hündinnen? Neigen sie tatsächlich zu »rüden« Manieren, indem sie sich als passionierte Raufbolde mit Lust in jede Auseinandersetzung mit Hund und Mensch stürzen? Sicherlich nicht! Dass »Hundejungs« mitunter stärker an ernsthaften Streitgesprächen oder kleinen spielerischen Auseinandersetzungen mit dem Menschen interessiert sind und häufiger den »Aufstand« proben als die Hundedamen, kann im Einzelfall genau umgekehrt sein. Unterschiede im Verhalten sind jedoch auch rein biologisch begründbar. So verteidigen Rüden im Sozialverband gern Ressourcen, wie Beute, ihre »Hundedame« und das gemeinsame Revier, während sich die Hündinnen um die Nachkommen kümmern. Auch wird das Verhalten von weiblichen Zottelschnauzen vom Zyklus bestimmt, wobei viele Besitzer berichten, dass ihre »Hundemädchen« sich während der Läufigkeit ruhiger und anhänglicher gegenüber den menschlichen Elterntieren und aggressiver gegen Artgenossen verhalten. Auch um solche feinen Nuancen der Verhaltenseigenheiten zu erhalten, sollte man einen Hund niemals, gleich ob Rüde oder Hündin, therapeutisch oder präventiv wegen seiner Veranlagung für bestimmte Verhaltensweisen kastrieren lassen (→ Seite 165). Wis-

senschaftlich erwiesen sind ebenfalls kognitive Unterschiede zwischen den Geschlechtern. Während Hündinnen schneller, erfolgreicher und begeisterter lernen, spielen die »Hundejungs« lieber mit sich und anderen!

## Warum nicht gleich zwei Hunde?

Obgleich wir Menschen zum wichtigen Sozialpartner für unsere »Zottelschnauzen« geworden sind, können wir den Hunden ihre »Partner auf vier Pfoten« nicht ersetzen.

Ideal wäre es also, zwei Hunde in der Familie zu halten. So haben sie nicht nur für die kurze Zeit der Treffs auf der Hundewiese die Möglichkeit, sich mit ihresgleichen richtig gut amüsieren zu können. Vorausgesetzt, die Hunde akzeptieren sich, erlaubt die Haltung von mehreren Hunden den Tieren das tägliche Ausleben von innerartlicher Streitkultur. Sie können sich bei Frustration oder Konkurrenz auf ihrer Ebene erfolgreich auseinandersetzen. Sie reglementieren sich untereinander und buhlen überdies permanent um die Gunst der menschlichen Elterntiere.

Die moderne Hundehaltung in der menschlichen Zivilisation gebietet ferner, dem obligat sozialen Tier auch in den Stunden unserer Abwesenheit sozialen Anschluss sicherzustellen!

**Zusammenstellung der Hundegruppe:** Ideal ist es, gleich zwei Welpen aus demselben Wurf zu übernehmen. Dabei ist es für die Harmonie in der Gruppe nicht entscheidend, für welche Geschlechterkombinationen Sie sich als Hundehalter entscheiden. Auch die Hinzunahme eines Welpen zu einem erwachsenen Hund ist möglich, obgleich es ein Trugschluss ist zu glauben, dass dieser Ihnen die Erziehungsarbeit beim Welpen abnehmen könnte. Zu beachten ist jedoch, dass sich Welpen gern manche Verhaltensweisen ihrer älteren »Idole« abschauen, was nicht unbedingt vom Besitzer erwünscht sein muss.

**Konsequenzen der Gruppenhaltung:** Die Haltung von zwei Hunden bedeutet doppelte Belastung in der Erziehung und in den Haltungskosten, jedoch keinen zusätzlichen Mehraufwand in den Gassizeiten. Auch muss man sich bei aller Begeisterung für das »Multipfoten-Modell« darüber im Klaren sein, dass sich die Hunde ein Leben untereinander und teilweise unabhängig vom Besitzer einrichten.

Halter, die bereits mit einem Tier überfordert sind, sollten das Modell der »Patchworkfamilie« eher nicht in Erwägung ziehen. Hunde unter sich neigen besonders in Stresssituationen dazu, sich in unerwünschte Verhaltensweisen, wie Bellen oder Ziehen an der Leine, hineinzusteigern. Toll für uns Menschen hingegen ist es, ein harmonisches Hundepaar im eigenen Haus täglich beobachten zu können – da bekommen sämtliche Fernsehanstalten echte Konkurrenz!

Dieser Hund ist »voll auf Empfang« – aufmerksam wartet er auf ein Signal seines Menschen.

# Ein Hund kommt ins Haus –
## was muss dabei bedacht werden?

Gerade in der Eingewöhnungszeit ist es wichtig, den Welpen oder Neuhund möglichst rasch mit den entsprechenden sinnvoll aufgestellten »Faustregeln« ins Familienleben zu integrieren, um späteren Missverständnissen und Ängsten im Zusammenleben vorzubeugen. Überdies wird der Kontakt mit Menschen von den meisten »Zottelschnauzen« als Belohnung empfunden.

## Was ist bei der Eingewöhnung wichtig?

**Gemütlicher Schlafplatz:** Von Anfang an sollten Sie dem Hund seinen persönlichen Schlafplatz zuweisen, indem Sie ihm eine Decke oder einen Korb dort platzieren, wo er auch tatsächlich ungestört Ruhe und Entspannung finden kann. Diesen Platz machen Sie für die »Zottelschnauze« attraktiv, indem Sie den Vierbeiner häufig an diesem Ort loben (streicheln, Leckerlis, Spiel). Natürlich wechseln Hunde gern einmal zwischen verschiedenen Räumen und liegen eben auch mal dort, wo sie am Familienleben teilhaben können. Dies bedeutet jedoch in den seltensten Fällen, dass sie diese Plätze als »eigenes« und zu verteidigendes Territorium ansehen oder permanent um Aufmerksamkeit buhlen, sondern sie finden dies einfach bequem. Ebenso können Hunde durchaus auf erhöhten Plätzen, wie Sofas, liegen, wenn man den Zugang eindeutig per Regeln festlegt (→ Seite 167ff.).

**Allein daheim ohne Stress:** Vom ersten Tag an sollten Sie ab und an kurze Trennungsintervalle in den Tagesablauf einbauen, das heißt, dass Sie den Hund innerhalb der Wohnung allein lassen, später verlassen Sie auch mal die Wohnung, indem Sie zum Beispiel zum Briefkasten gehen, ohne übermäßig emotionale Begrüßungs- und Verabschiedungsrituale! Damit vermeiden Sie, dass Ihr Hund später Angst vor dem Alleinsein entwickelt (→ Seite 174)!

**Überall anfassen lassen:** Wichtig für eine harmonische Hund-Mensch-Beziehung ist es unter anderem auch, dass sich der Hund alle »Manipulationen« wie Fellpflege, Pfotenreinigung, Ohrenkontrolle, Öffnen des Fangs etc. gefallen lässt. Gehen Sie dabei äußerst behutsam vor und bauen Sie diese Maßnahmen zum Beispiel in Streicheleinheiten ein. Belohnen Sie Ihre »Zottelschnauze«, wenn Sie sie ohne Gegenwehr untersuchen und pflegen können. Dies bringt enorme Vorteile nicht nur beim Tierarztbesuch!

**Richtig füttern:** Futter und Fressnapf sind für Hunde oft wichtige Dinge, um die es sich möglicherweise auch mal zu streiten lohnt, weshalb man sicher gut beraten ist, die Ressource »Futter« als Elterntier auch kontrollieren zu können. So empfehle ich, den Hund vor dem Fressen eine kleine Übung machen zu lassen: Er soll vor dem Napf in gewissem Abstand »Sitz« oder »Platz« machen. Danach füllen Sie den Napf mit Futter. Erst im Anschluss daran darf er zum Fressplatz laufen, wenn Sie ihm mit hinweisenden Handbewegungen das aufgebaute Kommando »Und friss« gegeben haben. Sollte er versuchen, vorher an den Napf zu kommen, entfernen Sie diesen kommentarlos und beginnen die Übung erneut. Dieses Vorgehen ist weder Schikane noch »Dominanzreduzierung«, sondern fördert einerseits

beim Welpen spielerisch die Frustrations- und Erregungskontrolle, und andererseits die Bindung an Sie als konsequentes und verlässliches »Elterntier«!

**Beißhemmung will gelernt sein:** Wenn der Welpe während des Spiels seine Zähne einsetzt, schreien Sie laut und schrill auf, unterbrechen sofort das Spiel und ignorieren den Hund bzw. verlassen den Raum. Der Hund lernt dadurch, dass Sie an groben Spielen nicht interessiert sind. Wichtig ist dabei, dass der Welpe in diesem Moment keinen anderen Spaß bekommt, etwa ein Jagdspiel, indem Sie weggehen oder wegrennen, sonst verschlechtert sich sein Verhalten.

**Achtung:** Ziehen Sie niemals Ihre Hand weg, dies reizt zum Nachschnappen. Schreien Sie generell laut auf, wenn Ihr Hund nach Ihnen beißt, auch wenn es nur in Kleidungsstücke hinein erfolgt. Er muss lernen, mit Menschen immer vorsichtig umzugehen (→ auch Seite 162)!

**Anspringen verhindern!** Das Hochspringen ist Hunden angeboren und gilt als ein Begrüßungsritual, wobei versucht wird, dem Sozialpartner die Lefzen (Mundwinkel) zu lecken. Diese aktive prosoziale Bindungsgeste wird jedoch von unseren Mitmenschen nicht immer gleichermaßen akzeptiert. Wegschieben und verbales Strafen verstärkt das Verhalten genauso stark wie beruhigendes Zureden. Der Hund möchte Aufmerksamkeit, die er so prompt erhält. Ein wirksames Mittel gegen das Hochspringen ist wiederum das aktive und passive Ignorieren. Während man sich bei der aktiven Form der Therapie im Moment des Hochspringens durch Körperdrehung oder einen Seitwärtsschritt abwendet, verharrt man in der passiven Form regungslos »gleich einem Baum«. In beiden Fällen erhält der Hund das Feedback: »Anspringen ist nicht erwünscht!« Jedes von der »Zottelschnauze« daraufhin angebotene Alternativverhalten (sich setzen, weglaufen) muss jedoch sofort belohnt werden!

**Aufmerksamkeit dosieren!** Hunde haben immer »ein Ohr« für uns Menschen und sind folglich stets an einer Interaktion mit und an Zuwendung vom Menschen interessiert. Sie benötigen einfach den sozialen Kontakt mit Menschen, um sich wohlfühlen zu können! Reagiert man nun in falscher Weise nach der These »Nicht Ansprechen ist Lob genug« nur dann, wenn die »Zottelschnauze« ein für uns unerwünschtes Verhalten zeigt, sind Unverständnis auf beiden Seiten und ein ausgeprägtes AEV mit allen damit verbundenen Gefahren (→ Seite 159) vorprogrammiert. Einfacher wäre es, unseren Hunden über eingeführte Regeln genauestens zu vermitteln, wann welches Verhalten richtig ist und wann nicht. Wir müssen nur erwünschtes Verhalten in der jeweiligen Situation belohnen und damit verstärken – und schon weiß der Hund, wie er Erfolge in der Kommunikation mit dem Besitzer erreichen

Kind und Hund scheinen voller Harmonie. Dennoch sollte man beide niemals unbeaufsichtigt lassen.

Geschicklichkeitsspiele, wie durch einen flatternden Spielzeugtunnel laufen, schulen die Bewegungskoordination und bewahren vor späteren Ängsten.

kann. Nützliche Formen des AEV's sind der vom Hund während des Gassigehens alle paar Meter angebotene Blickkontakt (der Hund ist so leichter abrufbar) oder das Apportieren von Gegenständen, wie Telefon, Schuhe oder Schlüssel gegenüber den Besitzern oder einer Person mit Handicap. Wer also die Erregungs- und Konzentrationsprobleme in Grenzen halten kann, wird mit einem tollen Partner belohnt!

## Der Hund als ständiger Begleiter

Viele Hunde wollen am liebsten 24 Stunden am Tag gemeinsam mit ihrem Besitzer verbringen. Und hier gibt es die ersten Probleme. Nur wenige Hundebesitzer können ihre Schützlinge in die Arbeit mitnehmen. Alternativen wären das Alleinbleiben zu Hause, eine Betreuung durch Bekannte oder Verwandte oder ein professionelles »Dog-Sitting«. Allerdings haben Hunde ein viel höheres Ruhe- und Schlafbedürfnis als wir Menschen, welches je nach Alter, Rasse, Arbeits- oder Familientier variieren kann. Physische und psychische Höchstleistungen wären nicht mög-

lich, könnten sich unsere Vierbeiner nicht entsprechend regenerieren.

So ist es also keinesfalls notwendig, seinen Hund überall mitzunehmen oder betreuen zu lassen, um eine artgerechte Haltung zu gewährleisten. Ein tiergerechter Mindeststandard wären ein täglicher Auslauf im Freilauf mit Kontakten zu Artgenossen und Menschen von insgesamt mindestens zwei Stunden sowie die Möglichkeit, sich wenigstens dreimal täglich lösen zu können. Das Alleinbleiben sollte dabei dem Hund vom Welpenalter an so beigebracht werden, dass der Vierbeiner im späteren Leben keinen Trennungsstress erleidet.

## Kompetente Hundeschule

**Achten Sie auf folgende Punkte (Auswahl):**
- Arbeit in kleinen Gruppen mit bis zu fünf Tieren gleicher Entwicklungsstufe und stets im Hund-Halter-Team.
- Arbeit unter Anleitung und den Korrekturen eines fachkundigen Trainers maximal eine halbe Stunde lang, wobei jede Einheit maximal fünf Minuten dauern sollte; dazwischen liegen Spielpausen.
- Motivation mit Futter, Streicheleinheiten und freundlichem, lieblichem Zureden; genereller Verzicht auf verbale und physische Distress-Strafe (→ Seite 194) und deren Androhung.
- Training des Grenzensetzens mithilfe von Korrekturworten wie »Aus« bzw. durch gewaltfreies Management (zum Beispiel Ignorieren).
- Gemeinsame Spaziergänge in der Gruppe mit korrektem Leinenführigkeitstraining und folgerichtigem Management in der Öffentlichkeit.
- Verhindern von »Mobbing« (→ Seite 113) durch gezielte Gruppenzusammensetzung.

**Achtung:** Sind Sie unsicher, ob sich die Hundeschule eignet, ist ein Verzicht besser, als seinen Hund durch unsachgemäßes und wissenschaftlich inkorrektes Handling verderben zu lassen.

## SPIELREGELN FÜR DAS MENSCH-HUND-SPIEL

**So reagieren Sie richtig**

**Spielemacher**
Bei allen Kontakt- und Raufspielen, bei denen der Hund auch mal gewinnen darf, sind eine hinreichend erlernte Beißhemmung, ein perfekt funktionierendes Ausgabesignal (S. 162), sowie eine gute Erregungs- und Impulskontrolle des Hundes Grundvoraussetzung dafür, dass aus dem Spiel kein gefährlicher Ernstfall wird. Auch empfiehlt es sich u.U. im Haushalt mit Kleinkindern auf derlei Spiele zu verzichten, um Zwischenfälle zu vermeiden.

**Spielende**
Beenden Sie das Spiel nicht abrupt, um den Hund nicht zu frustrieren oder ihn bei hohem Erregungslevel »kalt« abzuservieren. Ideal ist es, das Spiel in Kombination mit einem verbalen Lob, Leckerli oder einer Streicheleinheit zu beenden.

**Spielzeiten**
Die Spielzeiten sollten Sie so wählen, dass sie

• nicht innerhalb der letzten halben bis ganzen Stunde liegen, bevor Sie die Wohnung verlassen müssen, weil Sie damit die Angst vor dem Alleinsein (→ Seite 174) fördern können. In der halben bis ganzen Stunde, bevor Sie weggehen, sollte sich der Hund auf das Alleinbleiben vorbereiten können.

• nicht unmittelbar nach der Fütterung liegen, weil sonst die Gefahr des Erbrechens oder einer lebensgefährlichen Magendrehung droht.

• im Sommer nicht in der Mittagszeit stattfinden wegen Hitzschlaggefahr.

**Spielpausen**
Halten Sie Spielpausen ein und überfordern Sie Ihren Hund nicht! Clever ist eine maximale Trainingszeit von dreimal fünf bis zehn Minuten pro Tag. Andernfalls kann es zu Reizüberflutung und Lernschwierigkeiten kommen.

**Spielzeugwahl**
Verwenden Sie zum Spielen ungefährliche Gegenstände, etwa aus dem Zoofachhandel, die beim Hund nicht zu Verletzungen führen können. Wenn Sie draußen spielen, dürfen Sie keine splitternden und unverdaulichen Apportiergegenstände einsetzen. Achtung: Bestimmte Hölzer können giftig sein, etwa Eibe, Oleander, Buchsbaum, Goldregen oder Rhododendron, oder Dornen haben!

**Spielewahl**
Achten Sie bei der Auswahl der Spiele auf die rassetypische Veranlagung, auf die individuellen Fähigkeiten sowie auf das Alter Ihres Hundes! So sollten Hunde mit langem Rücken keine hohen Sprünge machen oder ältere Hunde mit arthrotischen Gelenken keine Stopps bei Ballspielen einlegen. Auch sollten Spiel und Örtlichkeiten miteinander harmonieren. Renn- und Jagdspiele eignen sich zum Beispiel besser auf Rasen im Garten als auf rutschigem Parkett oder Laminat im Wohnzimmer (Gefahr von Verletzungen durch Ausrutschen).

# Der Hund in der Öffentlichkeit – gegenseitig Rücksicht nehmen

Als Hundeführer stehen Sie täglich im Licht der Öffentlichkeit und müssen häufig sich und das Verhalten Ihres Hundes erklären bzw. rechtfertigen. Es gibt vielfältige Möglichkeiten der Begegnung zwischen Menschen und Hunden, etwa in Parkanlagen, an Badeseen, im Wald und auf den Fußwegen – alles Örtlichkeiten der gemeinsamen Nutzung. Dabei ist eine gegenseitige Rücksichtnahme zwischen Hunde- und Nichthundebesitzern besonders wichtig! Ängste sollten toleriert und Vorurteile abgebaut werden, um den kommunalen Raum für Freizeit und Erholung gemeinsam und entspannt nutzen zu können.

## Ist ein Hund ein Sicherheitsrisiko?

Immer wieder wird eine generelle Leinenpflicht für Hunde gefordert. Dies trägt jedoch mit Sicherheit nicht zum friedlichen Miteinander bei. Jeder Hundebesitzer ist überdies verpflichtet, seinen Vierbeiner nach geltendem Tierschutzgesetz artgemäß zu halten. Das heißt, dass er dem Lauftier »Hund« regelmäßig Freilauf ermöglichen muss, damit dieser sein Erkundungs- und Bewegungsverhalten ausleben kann und Gelegenheit zum Kot- und Harnabsatz hat. Lässt der Besitzer dies außerhalb des eigenen Grundstücks nicht zu, ist dies einerseits nicht tierschutzgerecht, andererseits riskiert er einen frustrierten und eher als andere Hunde auf bestimmte Umweltreize ängstlich-aggressiv reagierenden Zeitgenossen. So wäre die Forderung nach Leinenzwang für die Öffentlichkeit ein Risiko mit Bumerang-Effekt.

## Worauf sollten Sie als Hundebesitzer achten?

Zunächst sollten Sie die Ängste der Mitmenschen akzeptieren und Ihren Hund bei Bedarf zurückrufen und vorübergehend anleinen. Wenn Sie sich darüber hinaus Zeit nehmen für positive Kontakte zwischen Ihrem Hund und Kindern bzw. deren Eltern, so kann dies zu werbewirksamen Schlüsselerlebnissen »pro Hund« bei den Erwachsenen führen und prägend für die Zukunft der Kinder sein. Nahezu jeder umsichtige Hundehalter hat seine Beutelchen für die Hinterlassenschaften seines Schützlings dabei. Die Parkanlagen könnten indes noch viel sauberer sein, würden sich die Kommunen dazu durchringen, zahlenmäßig ausreichende Entsorgungsbehälter für Hundekot bereitzustellen, da es auch keinem Hundebesitzer zuzumuten ist, den »Doggy-Bag« mit sich herum und nach Hause zu tragen.

## Worauf sollten Eltern mit Kindern achten?

Leider gibt es derzeit kaum ein normales Miteinander zwischen Hunden und Kindern bzw. deren Eltern. Die Gruppe der hyperaktiven Kinder, die furchtlos auf jeden Hund zugehen bzw. springend und hüpfend diesen bedrängen, ist dabei ebenso gefährdet wie die ängstlich und unsicher reagierenden Kinder und Eltern. Es kommt zwangsläufig zu Missverständnissen in der Kommunikation und in der Folge zu Zwischenfällen. Sowohl Angstreaktionen als auch ein allzu unbekümmerter Umgang kann zu Verständigungsschwierigkeiten auf beiden Seiten führen, was

nicht selten mit Konfrontation und Gewalt endet. Um Vorurteile und Ängste abzubauen, finden in manchen Schulen und Kindergärten bereits gezielt Schulungen mithilfe ausgebildeter Tierverhaltenstherapeuten statt, mit dem Ziel, den Kindern die Hundesprache nahezubringen.

## Einblick in die Hundesprache

Auch Nichthundebesitzer sollten wissen, dass Hunde und Menschen verschiedene Sprachen »sprechen«. Diese Tatsache wird von uns Menschen nicht immer als selbstverständlich akzeptiert und erkannt. Dadurch kommt es häufig zu Missverständnissen auf beiden Seiten. Während der Unterhaltung, auch Kommunikation genannt, werden bestimmte Signale zwischen Hund und Mensch ausgetauscht, wobei Hunde naturgegeben nicht mit Worten »sprechen«, sondern zur Verständigung das Hören, Riechen, Schmecken, Berühren und Sehen nutzen. Hunde verständigen sich mit uns über Gestik, Mimik, Körperhaltung, Laute und Bewegungen.

## Gestik, Mimik und allgemeine Körpersprache

Mit den folgenden Beschreibungen möchte ich auch Nichthundebesitzern nahebringen, wie ein Hund in einer bestimmten Verfassung aussieht.

**Der neutral-aufmerksame Hund:** Gesicht (Ohren, Lefzen, Augen und Kopfhaut) und Körperhaltung (Körper, Schwanz) sind entspannt und in der rassetypischen Grundstellung.

**Der spielfreudige Hund:** Er zeigt ein sogenanntes »Spielgesicht« mit übertriebenem Demonstrieren von allen möglichen Gesichtsformen im schnellen Wechsel und ohne dass diese im Kontext zusammenpassen. Der Hund schneidet sozusagen Grimassen. Übertriebene Bewegungen und ein schneller Wechsel von diversen Körperstellungen ohne »Ernstbezug«, besonders die »Vorderkörpertiefstellung« (→ Foto, Seite 66), sind bezeichnend für einen zu Spiel und Spaß aufgelegten Vierbeiner.

**Der ängstlich-unsichere Hund:** Zum typischen Angstgesicht beim Hund gehören große Augen und Pupillen, der abgewendete Blick, eine Maul-

**Zwei Hunde im Gespräch!** Tägliche Treffs, bei denen die Hunde unangeleint miteinander spielen können, sind wichtig, um das Sozialverhalten und die Hundesprache zu perfektionieren. Wir Menschen haben dabei Pause.

spalte und Lefzen, die lang nach hinten gezogen sind, sowie hinter den Kopf an den Nacken angelegte Ohren. Der Körper von ausgesprochenen »Angsthasen« ist zusammengeschoben und leicht nach hinten gedrückt (→ Foto, Seite 97), die Gliedmaßen sind eingeknickt (»kleine Gestalt«), der Schwanz unter den Bauch gezogen und der Hals eingezogen. Auch »Pföteln« (→ Foto, Seite 96) oder Lecken der Schnauze wird als prosoziale Bindungsgeste gezeigt. Ein auf dem Rücken liegender Hund ist in diesem Zusammenhang ebenfalls ängstlich und zeigt passive Demut.

**Der ängstlich-aggressive Hund:** Fühlt sich der Hund zunehmend bedroht, runzelt er zusätzlich zu den genannten Angstmerkmalen den Nasenrücken und öffnet die Maulspalte mit mehr oder weniger entblößten Zähnen. Spätestens jetzt sollten jegliche Bedrohungen seitens des Menschen unterbleiben, da die Gefahr besteht, dass sich der Hund beißend und schnappend zur Wehr setzt.

**Der imponierende, sicher aggressiv wirkende Hund:** Diese Hunde zeigen meist ein typisches »Imponiergesicht« mit nach vorn gerichteten Ohren, starren Augen, kleinen Pupillen, gespannter Kopfhaut, gespannten Lefzen und kurzer Maulspalte. Hilft dies nicht, die vermeintliche Bedrohung zu eliminieren, wechseln sie nicht selten zum sicheren Drohgesicht. Der Nasenrücken ist gerunzelt, bei geöffneter Maulspalte entblößen sie mehr oder weniger die Zähne und klappern mit dem Gebiss. Die Körperhaltung signalisiert Überlegenheit: Die Hunde machen sich groß und schieben den Körper leicht nach vorn, die Beine sind steif und durchgedrückt, der Schwanz wird hoch getragen, die Rückenhaare sind aufgestellt. Hier gilt äußerste Vorsicht (→ Seite 78ff.)!

## Missverständnisse zwischen Hund und Mensch vermeiden

Im Folgenden möchte ich mit einigen Vorurteilen aufräumen, die häufig die Ursache für unliebsame Zwischenfälle sein können.

**Dem Hund in die Augen sehen = falsch!** Das Anschauen während der Unterhaltung ist zwischen Menschen eine normale Umgangsform und gilt als höflich. Hunde können das Starren in die Augen jedoch möglicherweise als Bedrohung und Aufforderung zum Kampf empfinden.

**Engen Körperkontakt erzwingen = falsch!** Umarmungen, Handschlag, Über-den-Kopf-Streicheln, Distanzverringerung, Herunterbeugen, erzwungenes Anfassen, Hochheben, Auf-den-Arm-Nehmen sind normale Umgangsformen und mögliche Kontaktelemente unter Menschen. Hunde reagieren auf derartige »Zwangskontakte« eher ängstlich und sehen darin eine Bedrohung. Bei Auseinandersetzungen untereinander legen sie die Pfote auf den Rücken des Artgenossen und bedrohen bzw. provozieren ihn damit!

Der Mensch ist für unsere »Zottelschnauzen« schon längst zum Hauptsozialpartner geworden.

**Schwanzwedeln ist immer Ausdruck von Freude = falsch!** Schwanzwedeln kann Freude, Aufmerksamkeit, Imponiergehabe, Angst oder gar einen drohenden Angriff bedeuten!

**Ein Hund, der mit der Pfote winkt oder auf dem Rücken liegt, will immer gekrault werden = falsch!** Beide Verhaltensweisen bedeuten meist Unsicherheit, Angst und Stress! Der Hund signalisiert damit eben nicht ein Bedürfnis nach menschlichem Kontakt! Diesen Hund ignoriert man am besten.

**»Hunde, die bellen, beißen nicht« = falsch!** Oftmals ist das Bellen die letzte Warnung vor einem drohenden Angriff.

## Richtig Kontakt aufnehmen

Der Mensch wirkt häufig durch seine Mimik, Gestik, Körperhaltung, Lautstärke und durch andere Signale aus Hundesicht bedrohlich. So steht er bei einer Begrüßung über den Hund gebeugt vor ihm, lächelt ihn an, starrt dem Tier geradewegs in die Augen und streicht ihm über den Kopf. Dies sind alles Elemente, die der Hund als Bedrohung empfindet. Manche Hunde wissen dann keinen anderen Ausweg mehr, als ihrerseits dem Menschen über aggressives Verhalten zu signalisieren: Geh weg!

Dabei ist es nicht schwierig, als Mensch dem Hund zu signalisieren, dass von ihm keine Gefahr ausgeht. Der Mensch wird aus Hundesicht zu einer äußerst angenehmen Gestalt, wenn er sich klein macht bzw. in die Hocke geht, die flache Hand zur »Geruchsprobe« hinhält (»Bettlerstellung«, → Foto, Seite 91), zur Seite wegschaut, nicht lacht (Zähnezeigen vermeiden), sich langsam bewegt, den Hund nicht anfasst (auch wenn er uns noch so lieb anschaut!) und ihn ignoriert. Sollte sich der Hund dann dem Menschen vorsichtig nähern und ihn ganz sacht mit den Lefzen an den Händen berühren, darf man mächtig stolz sein – der Hund findet uns toll!

---

### FALSCHES UND RICHTIGES VERHALTEN

**Das bitte nicht tun:**

- Den Hund anstarren

- Im Beisein eines Hundes einem Mitmenschen die Hand geben oder ihn umarmen

- Einem Hund über den Kopf streicheln, ihn bedrängen (Bodycheck), sich zu ihm hinabbeugen

- Die Distanz zum Hund verringern

- Ein Anfassen des Hundes (vorerst) erzwingen

- Lautstarkes Ansprechen, Kreischen, Schreien (Kinder)

- Den Hund am Halsband ziehen etc.

- Hektische Bewegungen wie Sprünge machen oder wegrennen

- Ein Kind schnell hochheben

**Gefahrenvermeidung durch alternative Deeskalationsgesten:**

- Blick und Kopf abwenden, sich langsam bewegen und zurückziehen, einen Bogen um den Hund schlagen, den Hund angähnen, sich zwischen Kind und Hund hinhocken, den Hund richtig ignorieren (→ Info, Seite 198)

# DER AUTOR

## Ronald Lindner

Dr. med. vet. Ronald Lindner, 1968 in Chemnitz geboren, ist Tierarzt mit der Zusatzbezeichnung Tierverhaltenstherapie, die er an der Akademie für tierärztliche Fortbildung der Bun-
destierärztekammer e.V. (ATF) erwarb. Seit 2003 praktiziert er in der ersten zugelassenen
Überweisungspraxis für Tierverhaltenstherapie in den Ländern Sachsen und Sachsen-
Anhalt (hundepsychiater.de). Er kennt die zahlreichen Probleme zwischen Mensch und Tier
und berät u.a. in der MDR-Sendung MDR um 4 (mdrum4.de), Rubrik fiffi & Co. unterwegs,
jeden Montag hilfesuchende Haustierbesitzer. Er bildet am eigenen, 2010 gegründeten
Institut für Hund-Mensch-Beziehung Sachsen – IHMBS (ihmbs.de) – Pädagogen und Heil-
berufler zu zertifizierten Fachberatern für Tiergestützte Interventionen (ISAAT-Standard)
aus. Zudem ist Herr Dr. Lindner Mitglied der Gesellschaft für Tierverhaltensmedizin und -
therapie (gtvmt.de) und hält eigene tierverhaltenstherapeutische Vorträge für Tierärzte
(ATF), Tierbesitzer und Interessierte.

# Credo für eine optimale Hundehaltung

Hunde, als die einzig wirklichen domestizierten Haustiere, die mit uns Menschen in einem Hausstand leben wollen und müssen, sind am Sozialleben des Menschen mittlerweile so dicht dran, dass sich daraus Möglichkeiten für uns eröffnen, die gewaltig sind! Das Leben in der menschlichen Gesellschaft ist für Hunde zur Normalität geworden. Sie können uns den Alltagsstress vergessen lassen, indem sie uns auf faszinierende Weise trotz all unserer menschlichen Fehler und Versäumnisse in Kommunikation und Zusammenleben oft intuitiv zu verstehen scheinen – und wir werden durch die bloße Anwesenheit unserer fairen »Zottelschnauzen« ruhiger, ausgeglichener und emotional reicher. Gemeinsames Entspannen ist das erklärte Ziel einer harmonischen Hund-Mensch-Beziehung. Und glücklicherweise gibt es einen neuen Weg zum verstehenden Miteinander, der frei ist vom ewigen Statusdenken und der Vorgabe, unsere Hunde nach alten hierarchischen Prinzipien dominieren, beherrschen und unterdrücken zu müssen. Wäre da nicht das allgegenwärtige Leistungsdenken bis in die Hundehaltung hinein! Seien wir ehrlich – so ganz abzubringen sind wir alle nicht von dem Wunschtraum, einen perfekten und problemlosen Hund zu besitzen. Die allgemeine Erwartungshaltung gegenüber unseren Vierbeinern ist hoch, viel zu hoch und unrealistisch. In allen Lebenslagen frei von Ängsten und Aggressionen, perfekter Gehorsam und absolute Kontrolle, kontaktfreudig zu jedermann, ohne zu bedrängen, stets tolerant gegenüber dem Alltagsstress – die Auflistung der Anforderungen an unsere »Zottelschnauzen« ließe sich beliebig fortsetzen. Zudem neigen wir dazu, alle Probleme im Hundealltag zu managen. Hunde, die dermaßen von einer selbstständigen Problemlösungsfindung abgehalten werden, können sich immer weniger autark mit den Alltagsreizen erfolgreich auseinandersetzen. Sie verlernen, Probleme eigenständig zu lösen, und werden so von uns immer abhängiger. Dabei ist weder eine hundertprozentige Kontrollfähigkeit noch eine völlige Autonomie und autarke Handlungsweise unserer Hunde im Zusammenleben mit uns vorstell- und umsetzbar und auch nicht erstrebenswert. Das richtige Verhältnis zwischen Kontrolle durch uns und eigenständigem, konfliktlösendem und öffentlichkeitstauglichem Handeln unserer Hunde kann als grundlegendes Ziel im Zusammenleben von Hund und Mensch angesehen werden. Unsere »Zottelschnauzen« sollen zwar kontrollierbar, jedoch täglich auch unabhängig vom Einfluss und Management des Besitzers angst- und aggressionsfrei, selbstständig und neugierig die Welt erleben können! Dabei gilt die folgerichtige Einschätzung, inwieweit und wann Sie Ihren Hund kontrollieren müssen und zu welchem Zeitpunkt Sie ihn frei erkunden und kommunizieren lassen, als die hohe Kunst der modernen und artgemäßen Hundehaltung. Wenn Sie an dieser dialektischen Hundehaltung Gefallen finden, waren meine Bemühungen nicht umsonst! Die gesunde Mischung macht's!

Ihr
Dr. Ronald Lindner

# Bin ich fit für die artgemäße Hundehaltung?

In diesem Kapitel habe ich 55 Testfragen zum Hundeverhalten und zur Beziehung Mensch – Hund aufgelistet. Jede Aussage ist entweder richtig oder falsch. Wenn Sie wissen wollen, wie fit Sie in der artgemäßen Hundehaltung sind, kreuzen Sie die Ihrer Meinung nach richtige Antwort an. Die Auflösung und Auswertung finden Sie auf Seite 239. Viel Spaß!

### Frage 1

Hunde sind Jagdraubtiere und haben alle den heutigen Wolf als Stammvater.

richtig ⊗     falsch ○

### Frage 2

Hunde sind von Geburt an dazu in der Lage, in uns Menschen enge soziale Verwandte zu erkennen.

richtig ⊗     falsch ○

### Frage 3

Es gibt verschiedene Hunderassen, die von ihrer Veranlagung her eher als »Wachhund«, als »Jagdhund« oder als »kinderfreundlicher Familienhund« gelten.

richtig ⊗     falsch ○

### Frage 4

Stachelwürger, Erziehungsgeschirr und Zughalsband in Verbindung mit einem kräftigen Leinenruck sind geeignete Korrektur-Hilfsmittel, um den an der Leine ziehenden Hund sicher in der Öffentlichkeit führen zu können.

richtig ○     falsch ⊗

### Frage 5

Man sollte von einer Hundehaltung auf jeden Fall absehen, wenn man keinen eigenen Garten hat.

richtig ○     falsch

### Frage 6

Man sollte als Besitzer eines kleinwüchsigen Hundes seinen Schützling sofort auf den Arm nehmen, sobald ein anderer Hund auftaucht, um Auseinandersetzungen zu vermeiden.

richtig ○     falsch

### Frage 7

Wenigstens bis zum Erreichen der Stubenreinheit sollten Welpen in einem Zwinger mit gut zu reinigendem Untergrund gehalten werden.

richtig ○     falsch

### Frage 8

Die Erziehung eines Welpen gestaltet sich viel einfacher, wenn im Haushalt bereits ein älterer Hund lebt, da dieser den Großteil der Erziehungsarbeit leisten kann.

richtig ○     falsch

### Frage 9

Am sichersten unterbrechen Sie eine Hundeauseinandersetzung, indem Sie die Tiere am Schwanz oder an den Hinterbeinen unverzüglich wegziehen. Der gebissene Hund ist zu trösten, der andere wird lautstark geschimpft.

richtig ○     falsch

## Frage 10

Hunde benötigen immer zur selben Zeit am selben Ort ihr Futter, da sie Gewohnheitstiere sind, die ohne Einhaltung einer Tagesrhythmik verunsichert werden.

richtig ◯     falsch

## Frage 11

Welpen, die frühzeitig zu vielen Umweltreizen Kontakt aufgenommen haben, sind im späteren Leben häufig nervös, unausgeglichen und hyperaktiv.

richtig ◯     falsch ✕

## Frage 12

Viele Hunde sind eher Einzelgänger, die sich gern fernab der Familie im Zwinger oder auf dem Grundstück aufhalten.

richtig ◯     falsch

## Frage 13

Hunde sind allgemein latent ängstlich und besorgt bei Sozialisolation und Trennung von der Familie und müssen das Alleinsein üben.

richtig ✕     falsch ◯

## Frage 14

Anbinde-, Zwinger- oder sonstige Isolationshaltung sind nicht konform mit dem Tierschutzgesetz.

richtig ✕     falsch ◯

## Frage 15

Hunde sind obligat soziale Tiere, die innerhalb einer Gruppe leben müssen.

 richtig ✕     falsch ◯

## Frage 16

Die Beißhemmung wird von den Elterntieren auf die Nachkommen weitervererbt.

richtig ◯     falsch ✕

## Frage 17

Der Welpe sollte möglichst lange beim Muttertier bleiben, da er hier alles Wichtige für die Zukunft lernen kann.

 richtig ✕     falsch ◯

### MOTIVATION STATT »TRIEB« INFO

Mit »Trieb«, ob Jagd- oder Fortpflanzungstrieb, wird einem Individuum unterstellt, »Opfer« seiner angeborenen Verhaltensweisen zu sein. Früher wurden überoptimale Umweltreize als Auslöser dieser starren Verhaltensabläufe gesehen. Heute weiß man, dass das Verhalten stark individuell von Emotionen, Motiven und Lernerfahrungen gesteuert und beeinflusst wird! Tiere zeigen ein Verhalten, um – simpel ausgedrückt – einerseits ihren Bedarf zu decken, andererseits Schäden für sich zu vermeiden. Dabei streben sie Wohlbefinden an. Nur von »Trieben« gesteuert, würden sie in ihr Verderben rennen.

## Frage 18

Unerwünschtes Verhalten und Ungehorsam sollten Sie sofort per Schnauzengriff, Nackenfellschütteln oder den Wurf auf den Rücken strafen, um Ihre eigene Ranghöhe zu demonstrieren.

richtig ◯     falsch ✕

## Frage 19

Direkte Strafmaßnahmen und deren Androhung wirken oft lernbehindernd und angstauslösend.

richtig ○     falsch ○

## Frage 20

Ist ein Hund über die schwierige Pubertätsphase hinweg und hat bis dahin niemals gebissen, wird er dies auch künftig nie tun.

richtig ○     falsch ○

---

**INFO**

### STOPPSIGNAL »WARTE« ODER »BLEIB«

Ein Stoppsignal ist wichtig, um den Hund bei Bedarf in seiner Handlung »bremsen« zu können. Dafür stoppen Sie den sitzenden oder liegenden Hund mit dem Kommandowort und einer blockierend vor den Körper gehaltenen Hand. Loben Sie ihn, solange er noch verharrt.

## Frage 21

Der Mensch sollte einen Hund weder verbal noch physisch strafen oder ihm Strafen androhen, um ihn zu korrigieren, da der Mensch nicht fähig ist, korrekt und folgerichtig zu strafen.

richtig ○     falsch ○

## Frage 22

Jagdverhalten gegenüber Artgenossen und Menschen ist gestörtes, umgerichtetes und lebensgefährliches Verhalten.

richtig ○     falsch ○

## Frage 23

Hunde sind von Geburt an in der Lage, auf die Körpersprache der Menschen zu achten.

richtig ○     falsch ○

## Frage 24

Ein gähnender Hund ist immer müde.

richtig ○     falsch ○

## Frage 25

Hunde, die sich zufällig auf der Hundewiese treffen, stellen eine Rangordnung innerhalb weniger Minuten her, wobei der Gewinner als dominant gilt.

richtig ○     falsch ○

## Frage 26

Hunde und Menschen sprechen verschiedene Sprachen, sodass sämtliche Wortbedeutungen und Kommandos gelernt und täglich viele Male wiederholend geübt werden müssen.

richtig ○     falsch ○

## Frage 27

Welpen und Menschenbabys stehen unter »Welpenschutz« und werden von Hunden niemals gebissen.

richtig ○     falsch ○

## Frage 28

Man sollte nicht nur im Welpenalter, sondern täglich freie positive Kontakte zu Artgenossen und Menschen zulassen, um die soziale Kompetenz des Hundes zu fördern.

richtig ○     falsch ○

## Frage 29

Begrüßungs- und Verabschiedungsrituale helfen dem Hund, dass er besser allein bleiben kann.

richtig ◯     falsch ◯

## Frage 30

Wenn ein Hund keinen Körperkontakt erträgt und knurrt, sobald jemand in seine Nähe kommt, sollte man ihn so lange am Boden gedrückt halten, bis er nicht mehr knurrt.

richtig ◯     falsch ◯

## Frage 31

Ein schwanzwedelnder Hund ist in jedem Fall freundlich gestimmt, will Kontakte herstellen bzw. zum Spiel auffordern.

richtig ◯     falsch ◯

## Frage 32

Zum korrekten Sauberkeitstraining gehört, den Welpen zur richtigen Zeit an den richtigen Ort mit entsprechend geeignetem Untergrund zu bringen und ihn zu belohnen, wenn er sich erfolgreich gelöst hat.

richtig ◯     falsch ◯

## Frage 33

Hunde, die bellen, beißen nicht.

richtig ◯     falsch ◯

## Frage 34

Hunde sind möglichst auf den immer gleichen Gassiwegen zu führen, um sie nicht in ihrer Alltagsrhythmik zu verwirren.

richtig ◯     falsch ◯

## Frage 35

Sollte sich der Hund ungehorsam oder gar aggressiv gegenüber dem Besitzer verhalten haben, so muss er durch eindeutiges Maßregeln per Schnauzengriff oder Schütteln im Nacken in Verbindung mit einem deutlich und laut gesprochenen »Nein« oder »Aus« in der Rangordnung nach unten verwiesen werden.

richtig ◯     falsch ◯

## Frage 36

Sie können den Hund unbeaufsichtigt mit Ihrem Kleinkind spielen lassen, wenn sich Kind und Hund problemlos akzeptieren.

richtig ◯     falsch ◯

## Frage 37

Belohnt man das richtige Verhalten eines Hundes mit Futter, so wird dieser nur noch dann gehorchen, wenn er als Gegenleistung Leckerlis erhält.

richtig ◯     falsch ◯

## Frage 38

Hunde führen zu zweit in der Familie lebend ein artgerechteres Leben, sofern sie miteinander harmonieren.

richtig ◯     falsch ◯

## Frage 39

Um sicherzustellen, dass der Hund in der Öffentlichkeit andere nicht stört, sollte man ihn generell angeleint lassen. Die nötige Bewegung kann er ebenso rennend am Fahrrad oder über die Flexileine erhalten.

richtig ◯     falsch ◯

## Frage 40

Durch Strafen mit Worten oder mit Taten wie Schläge können Sie erfolgreich ein unerwünschtes Verhalten abstellen, wenn es zeitlich, konsequent und hinreichend intensiv erfolgt, ohne dass dabei der Hund negativen Stress oder Angst empfindet. Zusätzlich muss das Verhältnis zum Besitzer harmonisch sein.

richtig ◯　　falsch ◯

## Frage 41

Sollte ein Hund unter Trennungsangst leiden, so ist die Anschaffung eines Zweithundes die einfachste und beste Lösung, um die Angst zu beheben.

richtig ◯　　falsch ◯

## Frage 42

Zerr- und Reißspiele mit Hunden führen ohne aufgebautes Unterbrecherkommando »Aus« möglicherweise zum Nachschnappen, was Schmerzen und Verletzungen an den Händen verursachen kann.

richtig ◯　　falsch ◯

## Frage 43

Nur die Aufstellung und Durchsetzung einer Rangordnung mit dem Besitzer als »Chef« kann garantieren, dass innerfamiliäre Krisen und Probleme mit dem Hund vermieden werden können.

richtig ◯　　falsch ◯

## Frage 44

Hunde benötigen den gesamten Tag über Futter, Zuwendung und Spielzeug, da sie sonst unausgeglichen und gereizt zu Aggressionen neigen.

richtig ◯　　falsch ◯

## Frage 45

Beim Kauf eines Welpen ist auf die Vollständigkeit der Papiere mit dem Nachweis der Abstammung von möglichst reinrassigen und hochprämierten Tieren zu achten.

richtig ◯　　falsch ◯

## Frage 46

Viele Hunde können bis ins hohe Alter hinein lernfähig bleiben, wenn sie mit der Methodik der positiven Verstärkung unter Verzicht auf Distress-Strafe durchs Training stressfrei geführt werden.

richtig ◯　　falsch ◯

## Frage 47

Ein auf dem Rücken liegender Hund signalisiert immer: Ich will am Bauch gestreichelt werden.

richtig ◯　　falsch ◯

## Frage 48

Hunde müssen nicht unbedingt Gassi geführt werden, wenn sie ein privates Gartengrundstück mit viel Wiese als »Toilette« nutzen können.

richtig ◯　　falsch ◯

## Frage 49

Jeder Hund kann beißen, es kommt nur auf die jeweilige Situation an.

richtig ◯　　falsch ◯

## Frage 50

Das Jagen nach dem eigenen Schwanz trägt als beliebtes Begrüßungsspiel mit dem Besitzer zum Stressabbau und zum Wohlbefinden des Hundes bei.

richtig ◯　　falsch ◯

## Frage 51

Das Wichtigste im Leben eines Welpen ist ein ausreichendes und allumfassendes Kennenlernen (Sozialisation) der belebten und unbelebten Umwelt mit vielen positiven Erlebnissen und Gewöhnung an die Sozialpartner Mensch und Artgenosse.

richtig ◯　　falsch ◯

## Frage 52

Wenn der Hund das Kleinkind »über alle Maßen liebt«, ständig den Kontakt zu dem »Quasi-Welpen« sucht, es beleckt, bepfötelt und sogar mit in den Hundekorb nimmt, müssen Sie sich hinsichtlich der Sicherheit für das Baby keinerlei Gedanken machen.

richtig ◯　　falsch ◯

## Frage 53

Das Jagen von Tieren aus dem natürlichen Beutespektrum (Rehe, Hasen und andere) ist unerwünschtes, aber normales Hundeverhalten.

richtig ◯　　falsch ◯

## Frage 54

Wenn ein Hund seinen Kauknochen verteidigt, so sollten Sie ihm für die nächsten sechs bis acht Wochen keinen Knochen überlassen und fortan jegliches Futter aus der Hand erarbeiten lassen.

richtig ◯　　falsch ◯

## Frage 55

Damit von aggressiven Hunden in der Öffentlichkeit keine Gefahren ausgehen, gilt als einfachste und zugleich wichtigste Maßnahme das obligate Tragen von Maulkorb und Leine.

richtig ◯　　falsch ◯

# LÖSUNGEN

| | | | |
|---|---|---|---|
| 1. F | 16. F | 31. F | 46. R |
| 2. R | 17. F | 32. R | 47. F |
| 3. F | 18. F | 33. F | 48. F |
| 4. F | 19. R | 34. F | 49. R |
| 5. F | 20. F | 35. F | 50. F |
| 6. F | 21. R | 36. F | 51. R |
| 7. F | 22. R | 37. F | 52. F |
| 8. F | 23. R | 38. R | 53. R |
| 9. F | 24. F | 39. F | 54. R |
| 10. F | 25. F | 40. F | 55. R |
| 11. F | 26. R | 41. F | |
| 12. F | 27. F | 42. R | |
| 13. R | 28. R | 43. F | |
| 14. R | 29. F | 44. F | |
| 15. R | 30. F | 45. F | |

## PUNKTEBEWERTUNG

Je korrekte Antwort geben Sie sich einen Punkt. Und das bedeutet Ihr Ergebnis:

| | | |
|---|---|---|
| 55 bis 50 Punkte | sehr gut geeignet | Ihr Hund kann sich glücklich fühlen. |
| 49 bis 45 Punkte | gut geeignet | Ihr Hund kann zufrieden sein. |
| 44 bis 40 Punkte | verbesserungswürdig | Ein Zusammenleben ist mit Einschränkungen möglich. |
| 39 bis 35 Punkte | bereits deutliche Defizite | Ein Zusammenleben könnte mit erheblichen Einschränkungen des Wohlbefindens verbunden sein! |
| 34 Punkte und weniger | Ich rate Ihnen zu einem anderen Hobby. | |

# GLOSSAR

## ADAPTATIONSSYNDROM

Beschreibt die Fähigkeit zur Anpassung des eigenen Verhaltens an die aktuelle Umgebungssituation, um die individuelle Fitness zu erhöhen

## AKTIVER SCHLAF

Phase, in welcher der Hund häufige, schnelle Augen- und Muskelbewegungen zeigt ähnlich wie im Wachzustand. Puls, Atemfrequenz und Blutdruck steigen, nur die weiterhin entspannte Muskulatur des Körpers und der Gliedmaßen verhindert, dass der Hund im Schlaf losrennt. Diese REM-Schlafphase (Rapid Eye Movement), auch »Traumschlaf mit schnellen Augenbewegungen« genannt, nimmt nur ca. 20 bis 30 Prozent der gesamten Schlafzeit ein. Sie ist mit der vorangegangenen Tiefschlafphase die erholsamste Schlafperiode.

## AMBIVALENZ

Konfliktsituation eines Tieres, in der es versucht, zwei gegensätzliche Verhaltensweisen (Annäherung und Flucht) gleichzeitig zu zeigen

## APPETENZVERHALTEN

Aktives und begieriges Suchen bzw. Streben nach einer bestimmten Reizsituation (Aufsuchen der Zitze durch Motivation »Hunger« beim Welpen)

## ARBEITSHUNDE

Leben nicht selten sozial isoliert im Zwinger und haben dadurch z.T. erhebliche Defizite in der Kontaktaufnahme mit der belebten und unbelebten Umwelt.

## ART

Kleinste Einheit im System der Organismen

## ASSOZIATION

Hierbei werden mindestens zwei Ereignisse miteinander in Verbindung gebracht, wobei es zu einer Kopplung im Gehirn kommt.

## AUTOMUTILATION

Selbstverstümmelung eines Individuums als Versuch, darüber Stress zu kompensieren. Beginnt akut (sofortiges Benagen der Gliedmaßen, des Körpers oder des Schwanzes und Zerstörung der Haut, Unterhaut und Muskulatur innerhalb weniger Stunden – bei Trennungsangst) oder verläuft chronisch als Folge eines stereotypen Leckzwangs. Hierbei handelt es sich um eine echte Verhaltensstörung.

## BEDINGTER REFLEX

Ist eine nicht angeborene, sondern erlernte Reaktionsweise auf einen Reiz.

## BEDINGTER REIZ

Ist ein ursprünglich neutraler Reiz, der erst durch den Vorgang der Assoziation (→ oben) eine Bedeutung erhält. Wird ein angeborener Reiz wie Futter (unbedingter Reiz) mehrfach mit einem bislang neutralen Reiz (Ball) zeitnah gekoppelt, so wird der Ball zum bedingten Reiz. Der Hund reagiert dann auf den Ball, als ob er Futter bekommt.

## BEISSHEMMUNG

Dosierter Einsatz der Zähne bei Hunden. Sie ist niemals angeboren, sondern muss gelernt werden (→ Seite 225)!

## »COOL-DOWN-PHASEN«

Allmähliche Reduzierung der »Arbeit« am Ende jeder Arbeitseinheit über ein Abtrainieren, um stress- und frustrationsbedingte Ausfälle zu verhindern. Hunde sollten nach physischer und psychischer Belastung in ihrem Verhalten nicht sofort unterbrochen und zur Ruhe gezwungen werden.

## COPING-STRATEGIE

Realitätsnahe und lösungsorientierte Problem- und Stressbewältigung. Tiere setzen sich je nach Situation mit der sie stressenden Außenwelt aktiv auseinander, indem sie aus ihrem Gesamtarsenal an Verhaltensweisen diejenigen auswählen, die ihnen eine gefahrlose und entstressende Anpassung ermöglichen. Im Idealfall fühlen sich die Tiere im Anschluss daran wohl.

## DEPRESSION

Hierbei leiden die Hunde unter einer Art erworbener Hilflosigkeit. Sie sind apathisch und wissen nicht, wie sie sich aus dem Zustand des höchsten Stresses befreien können. Sie scheinen sich aufgegeben zu haben.

## DEPRIVATION

Von lat. »deprivare« = berauben. Ungenügende Reizvielfalt und Zuwendung insbesondere in der frühen Welpenphase durch Isolierung von den Sozialpartnern (Mensch und Artgenosse) sowie von der belebten und unbelebten Umwelt führen im Extremfall zu einer mangelhaften Entwicklung bzw. irreversiblen Schädigung des Gehirns und zu fehlentwickeltem bzw. gestörtem Verhalten. Als Folgen treten auf: Ängste, Depressionen, Apathie, Aggressionen, Unfähigkeit zu sozialen Kontakten, »Kaspar-Hauser-Syndrom« (→ Seite 243).

## DESENSIBILISIERUNG

Wird auch als Therapie der kleinen Schritte bezeichnet. Hierbei wird der Hund mit eben jenem Reiz konfrontiert, vor dem er z.B. Angst hat. Man beginnt zunächst mit einer dermaßen niedrigen Stufe, bei der der Hund gerade noch keine Angst zeigt. Ganz allmählich wird dann die Intensität des Reizes in Raum (immer kürzerer Abstand)

und Zeit (immer länger andauernd) gesteigert, bis schließlich eine Gewöhnung an den Reiz bzw. eine Löschung der Angst eintritt. Bei der Angst vor Geräuschen wird der Hund mit zunehmender Lautstärke konfrontiert.

## DEUTSCHES TIERSCHUTZGESETZ

Im Paragraf 2 steht: Wer ein Tier hält, betreut oder zu betreuen hat, muss dieses seiner Art und seinen Bedürfnissen entsprechend angemessen ernähren, pflegen und verhaltensgerecht unterbringen; darf die Möglichkeit zu artgemäßer Bewegung nicht so einschränken, dass ihm Schmerzen oder vermeidbare Leiden oder Schäden zugefügt werden; muss die dafür erforderlichen Kenntnisse und Fähigkeiten besitzen.

## DISTRESS (»SCHLECHTER STRESS«)

Nicht kontrollierbarer Zustand der körperlichen, geistigen und seelischen Belastung, der auf Dauer Ängste erzeugt und krank machend wirkt.

## DOMESTIKATION

Haustierwerdung; aus Wildtieren werden über lange Zeiträume durch bestimmte Ausleseprozesse Haustiere.

## DU-EVIDENZ

Hierbei werden Analogien zwischen sich und anderen Lebewesen hergestellt, um von seinem eigenen Befinden als Mensch auch auf mögliche Reaktionen und Emotionen von Lebewesen einer anderen Art schließen zu können. Diese Emotionsübertragung vom Menschen auf das Tier wird häufig als wesentliche Basis für einen mitfühlenden und mitleidenden Umgang mit der Kreatur bemüht. Eine derartige Vereinfachung wird jedoch den Ansprüchen der jeweiligen Tierart an verhaltensgerechte Haltung mit Bedarfsdeckung, Schadensvermeidung sowie einem sicherzustellenden Wohlbefinden kaum gerecht.

## EUSTRESS (= »GUTER STRESS«)

Kontrollierbarer Zustand der körperlichen, geistigen und seelischen Belastung, der gesund erhält und über den das Tier wichtige Erfahrungen fürs (Über-)Leben sammelt

## EXTINKTION (= LÖSCHUNG)

Wird ein Verhalten über einen längeren Zeitraum nicht belohnt oder führt es auch auf sonstige Art und Weise nie mehr zu einem Erfolg, dann wird die Wahrscheinlichkeit, dass dieses Verhalten gezeigt wird, immer geringer, bis es überhaupt nicht mehr gezeigt wird. Dieses Phänomen wird möglich, indem das Individuum in einer rationalen Kosten-Nutzen-Rechnung den permanenten Misserfolg für sich bewertet. Verhalten, das über einen längeren Zeitraum niemals mehr einen Erfolg hatte, verbraucht nur unnötig Energie und wird deshalb schließlich nicht (nie) mehr gezeigt.

## FAMILIENHUNDE

Sind sozial integrierte und an den Menschen eng angepasste Hunde, die kaum Schwierigkeiten in der Kontaktaufnahme mit der belebten und unbelebten Umwelt haben. Bei Problemen schauen sie den Besitzer sehr häufig an und warten auf dessen Aufforderung bzw. Instruktionen.

## FLEHMEN

Intensives und aktives Riechen und »Einsaugen« von Geruchsinformationen. Mit geöffnetem Maul und hochgezogener Oberlippe »wittern« die Tiere nach Geruchsstoffen (→ Pheromone).

## FLOODING/REIZÜBERFLUTUNG

Dabei wird das Tier bewusst (unbewusst) mit einem extrem starken angstmachenden Reiz konfrontiert, um es daran zu gewöhnen (Habituation). Die Methode wird in der modernen Tierverhaltenstherapie u.a. wegen der Gefahr der Angstverstärkung (Phobie/Phobophobie) nicht angewendet.

## FRUSTRATIONSTOLERANZ

Fähigkeit von Lebewesen, mit Frustration und dem Vorenthalten einer angestrebten Befriedigung (Grenzsetzung) angemessen umzugehen. Dabei sollten die Individuen in der Lage sein, Enttäuschungen zu kompensieren und Bedürfnisse aufzuschieben, ohne dabei in Aggression, Ängste oder Depression zu verfallen. Diese Fähigkeit kann und sollte man bei heranwachsenden Welpen durch erzieherische Maßnahmen stärken, indem man dem Hund eine wichtige Ressource (Futter) eine gewisse Zeit vorenthält, um sie ihm sofort anzubieten, wenn er ein erwünschtes Alternativverhalten (sich setzen) zeigt. Dies ist wichtig für die Persönlichkeitsentwicklung eines jeden Hundes, um sein Selbstvertrauen auch in Situationen zu stärken, wo er ein Ziel nicht erreichte bzw. einen Misserfolg hatte.

## HABITUATION

Gewöhnung an belebte und unbelebte Umwelt

## »HOMEZONE«

→ Kernterritorium

## IMPULSKONTROLLPROBLEM

Stellt neben Unaufmerksamkeit (eingeschränkte Konzentrationsfähigkeit) und Hyperaktivität (motorische Unruhe) als gesteigerte Impulsivität (mangelnde emotionale Impulskontrolle) eine der drei Hauptauffälligkeiten der Aufmerksamkeitsdefizit-Hyperaktivitätsstörung (ADHS) dar. Besitzer berichten dabei häufig von Aggression aus »heiterem Himmel«.

## INDIVIDUELLE FITNESS

Kompetenz eines Lebewesens, seine Gene (Träger der Erbanlagen) an die nachfolgende Generation weiterzugeben. Um dieses Lebensziel zu erreichen, bedarf es grundlegender Ressourcen, wie eigenes Territorium, geeigneten Fortpflanzungspartner und körperliche Unversehrtheit.

## INTRASEXUELLE KONKURRENZ

Konkurrieren von Mitgliedern des gleichen Geschlechtes um den Erfolg bei einem gegengeschlechtlichen Mitglied zum Zwecke der Fortpflanzung.

## JACOBSONSCHES ORGAN

Sinnesorgan, das als tunnelartiges Gebilde im Gaumendach des Oberkiefers Maul- und Nasenhöhle verbindet. So werden geruchliche Informationen von der Maulhöhle zum Riechepithel (→ Seite 245) der Nase und von dort zum Gehirn zur weiteren Verarbeitung transportiert.

## KANIDEN

Von lat. Canidae; Familie der Hundeartigen, zu der Wölfe, Schakale und Kojoten gehören

## KASPAR-HAUSER-SYNDROM

Form der Deprivation (→ Seite 241), unter der Jungtiere bzw. Kleinkinder leiden, die über längere Zeit fast ohne Kontakte zur Außenwelt gehalten wurden. Dieses bewirkt eine geistige wie körperliche Unterentwicklung und eine extreme Angst vor allem. Der Name geht zurück auf einen verwahrlosten, geistig zurückgebliebenen Jungen.

## KERNTERRITORIUM

Teil des Reviers, in dem sich die wichtigsten Ressourcen, wie Lagerplätze, Futter und Wasser, zur grundlegenden Bedarfsdeckung eines oder mehrerer Tiere befinden; es wird häufig gegenüber potenziellen Konkurrenten verteidigt.

## KOMMUNIKATION

Wechselseitige Informationsübertragung zwischen Sender und Empfänger. Durch das Aussenden von Signalen wird das jeweilige Verhalten des Empfängers beeinflusst, indem der Sender seine zu übertragenden Informationen dermaßen mit Inhalten belegt, dass er beim Adressaten eine beobachtbare Verhaltensänderung auslöst.

## KONDITIONIERUNG

Vorgang, bei dem die Assoziation (→ Seite 240) bei ausreichend häufiger Wiederholung in kurzem Zeitabstand so fest im Gehirn verankert ist, dass bereits ein Element der gekoppelten Ereignisse ausreicht, um eine beobachtbare Verhaltensreaktion auszulösen.

## LÄUFIGKEIT

Zeitraum, in dem die Eizellen zu reifen beginnen (Vorranz) und schließlich befruchtungsfähig werden (Ranzzeit). Der Name dieser Phase bezieht sich auf das Verhalten der Hündinnen, die dann besonders agil und unternehmungslustig sind.

## LINIEN (= ZUCHTLINIEN)

Die genetische Übereinstimmung von Tieren einer Art (→ Seite 240) und Rasse (→ Seite 245) ist so groß, dass die Tiere einander nicht nur im Erscheinungsbild, sondern auch im Verhalten stark ähneln. Dafür werden über Generationen ganz gezielt nur Nachkommen ausgewählter Elterntierpaare verpaart.

## MENSCHENBEZOGENE ADAPTIVE VERZÖGERUNG

Im Vergleich zum Wolf zeigen verschiedene Hunderassen (derselben Altersstufe) bezüglich der Sinnesentwicklung eine Tendenz zur Anpassung an das Leben in menschlicher Obhut. So reagieren Hundewelpen erst einige Wochen später als Wolfswelpen auf bestimmte Umweltreize, da sie eine frühzeitige Entwicklung und Funktionalität aller Sinnesorgane nicht mehr dringend fürs Überleben benötigen.

## MOBBING

Besondere Form des Jagdverhaltens, wobei kleine und ängstliche Hunde von den Artgenossen regelmäßig gejagt und geängstigt werden, als wären sie eine Beute

## MOTIVATION

Handlungsbereitschaft; Bereitschaft, ein bestimmtes Verhalten zu zeigen und eine Verhaltenskette auszulösen. Ein Beispiel wäre Hunger als Motivationsstart (-beginn). Das Tier sucht nach Möglichkeiten, den Hunger zu stillen bzw. zu befriedigen (Aufsuchen von Futterquellen = Appetenzverhalten, → Seite 240). Hat es das Futter gefunden, beginnt es zu fressen (Endhandlung des Motivationskreises). Empfindet das Tier Sättigung, so erlischt vorerst die Motivation, nach Futter zu suchen und zu fressen, bis wiederum Hunger auftritt und die Verhaltenskette erneut beginnt. Man spricht auch von sogenannten komplexen Verhaltenskreisen.

## MULTIPLE STRESSOREN

Vielfältige Reize aus der belebten und unbelebten Umwelt, die nacheinander oder gleichzeitig auf ein Lebewesen einwirken und als Folge eine Eu- oder Distressreaktion hervorrufen können

## NEOTENIE/NEOTONIE

In diesem Zusammenhang auch Erklärung der Verhaltensveränderungen während der Domestikation vom Ur-Wolf zum Hund mit ewiger Jugend, Verjugendlichung. Hunde sind wie zähmbare Wölfe, bei denen die Verhaltensentwicklung extrem verlangsamt wurde (über Jahrtausende); sie bleiben im Verhaltensstadium jugendlicher (juveniler) Wölfe »stecken« und sind flexibler und anpassungsfähiger gegenüber dem Menschen. Hunde entwickeln sich körperlich und geistig, indem sie die jugendliche Körperform und die jugendlichen Verhaltensweisen (Einfordern von Pflegeverhalten, Spiel u.a.) der Kaniden bis ins Erwachsenenalter beibehalten.
Domestikation vom Ur-Wolf über den zahmen Wolf zum domestizierten Wolf im Verlaufe von mindestens 15.000 Jahren

## NEOTENISIERUNG

Biologischer Mechanismus. Einerseits selektive Entwicklungshemmung, andererseits Phänomen, bei dem das Wachstum einiger Körperteile stagniert, aber andere sich weiterentwickeln (Beispiel: selektive Veränderung des Skelettwachstums – viele Hunderassen sind kleiner als der Wolf).

## OBLIGAT SOZIAL

Zwingendes Bedürfnis nach einem Zusammenleben mit Mitgliedern der eigenen Art; Hunde haben neben den Artgenossen uns Menschen als Hauptsozialpartner akzeptiert.

## PHEROMONE/SEXUALPHEROMONE

Duftstoffe, die von Tieren allgemein zum Zweck der Verständigung in die Umgebung abgegeben werden

## PHYSISCHE STRAFE

Körperliche Strafen oder Züchtigungen, die zumeist in Form von Schlägen und gewaltsamen Manipulationen mit den Händen oder mithilfe von Gegenständen einem Individuum zugeführt werden und mit Schmerzen, Leiden und Schäden für den Betroffenen verbunden sind. Sie ist gegenüber Lebewesen prinzipiell nicht nur erfolglos und mit vielen negativen Nebenwirkungen verbunden, sondern sollte nicht zuletzt aus moralisch-ethischen Gründen strikt abgelehnt werden.

## PRÄGUNG

In früher, sensibler Lebensphase erfolgender rascher Lernvorgang mit relativ stabilem (irreversiblem) Lernergebnis. In der Hund-Mensch-Beziehung spricht man eher von prägungsähnlichen Vorgängen innerhalb der Sozialisation mit Ausbildung von Präferenzen (z. B. Sauberkeitstraining).

## PRINZIPIEN DER MODERNEN LERNTHEORIE

Moderne Lerntheorien betonen die Bedeutung sozialer Komponenten für das Lernen und beziehen Kognition (u. a. Lernen durch Einsicht, Lernen durch Erfolg und Misserfolg) und Emotionen mit ein. Hierbei werden durch integratives und schrittweises Arbeiten (Vermeidung von Über- und Unterforderung) unter generellem Verzicht auf Strafe und Strafandrohung (Distress-Strafe) die Lernergebnisse optimiert und stabilisiert.

## QUALZUCHT

Als Qualzüchtungen bezeichnet man Tiere, welche mit Merkmalen gezüchtet werden, die mit Schmerzen, Leiden oder Schäden (auch Verhaltensstörungen) einhergehen bzw. einhergehen können (fördern oder dulden). Sie stellen einen Verstoß gegen geltende gesetzliche Bestimmungen dar (Paragraf 11b des deutschen Tierschutzgesetzes, Verbot von Qualzucht bei Wirbeltieren).

## RASSE

Untereinheiten der Haustiere einer Art; die Individuen einer Gruppe werden nach äußerlich (phänotypisch) einheitlichen Merkmalen (Gestalt, Physiologie), die vererbt werden, zusammengefasst und nach subjektivem Ermessen gegenüber anderen Gruppierungen abgegrenzt. Diese Individuen unterscheiden sich jedoch stärker voneinander, als bisher wahrgenommen wurde. Insbesondere die unterschiedlichen Verhaltensmuster innerhalb der Rassen, auch als innerrassische Variabilität beschrieben, sind sehr groß, weshalb häufig von Linienzugehörigkeit (→ Seite 243) gesprochen wird. Überdies gilt, dass kein Tier dem anderen in allen Punkten gleicht (hohes Maß an interindividueller Variabilität)! Für die Zucht sollte das Verhalten eines Lebewesens und nicht nur das äußere Erscheinungsbild vordergründiges Kriterium sein!

## RASSENSTAMMBAUM

Versuch, die Verwandtschaftsverhältnisse einer Tierart lediglich anhand phänotypischer Merkmale (= äußeres Erscheinungsbild) in Form eines »Rassestammbaums« darzustellen. Diese Kategorisierungen sind unwissenschaftlich!

## REFERENZSYSTEM

Ein System, auf welches Bezug genommen wird

## REFLEXE, REFLEXARTIG

Ein Reflex besteht in einer über Nerven vermittelten, unwillkürlichen, raschen und gleichartigen Reaktion eines Organismus auf einen bestimmten Reiz. Man unterscheidet bedingte und unbedingte Reflexe (→ Seite 240, 247).

## REIZSCHWELLE

Geringste Stärke eines Reizes, der auf einen Organismus einwirkend bei diesem bereits eine Reaktion auslösen kann

## RESSOURCEN

Überlebenswichtige Dinge, wie Sozialpartner, Territorien, Futter, Wasser, Lagerplätze u.Ä.

## REZEPTOREN

Spezialisierte Zellen eines Gewebes, die Reize aufnehmen können (»Empfangsapparate«)

## RHP

Abkürzung für Ressource-Holding-Potential. So wird die Erhaltung der Unversehrtheit des eigenen Körpers sowie die Sicherung der notwendigen Ressourcen als oberstes Prinzip und das jeweilige Bestreben des einzelnen nach Erlangen und Erhalt der Ressourcen bezeichnet.

## RIECHEPITHEL

Damit wird der Bereich der Nasenschleimhaut bezeichnet, in dem die Geruchssignale über Rezeptoren (→ oben) aufgenommen werden.

## SENSIBILISIERUNG/SENSITIVIERUNG

Ein und derselbe Reiz wird wiederholt dargeboten, wobei die resultierende Verhaltensreaktion (etwa Angstreaktionen) an Stärke zunimmt.

## SOZIALE DOPPELIDENTITÄT

Hunde werden mit dem Potenzial zur Mehrfachsozialisation geboren; Hunde sind einzigartig dazu in der Lage, in uns Menschen dann enge soziale Verwandte zu erkennen, wenn wir ab der Zeit der Entwöhnung von der Mutter (Absetzen, Abstillen in der 5. bis 6. Lebenswoche) als »Elterntiere« fungieren, indem wir sie ernähren, pflegen und umsorgen. Beeinflussen wir also frühzeitig die Mechanismen der Verwandtenerkennung beim Welpen, so wird derjenige, der sich um den Hund kümmert, lebenslange Bezugsperson (Leittier/Elterntier) sein, ohne dass direkte verwandtschaftliche Beziehung nötig ist. Wohl dem Besitzer, dem die Frühübernahme seines Welpen in die Familie gelingt.

## SOZIALISATION

Lernen der grundlegenden Regeln im Umgang mit Lebewesen und der Kommunikation, um in Gruppen Beziehungen aufzunehmen, Bindungen einzugehen und sich in die Gemeinschaft zu integrieren. Dabei gewöhnt sich das Individuum an die Umwelt, in der es später leben wird.

## SOZIALISOLATION

Haltung von obligat sozialen (→ Seite 244) Wesen wie Hunden ohne Anschluss an Familienmitglieder (Artgenossen und/oder Menschen) und Ressourcen, die diese gleichermaßen zum Überleben brauchen. Eine länger währende Sozialisolation führt zum Zustand des Leidens.

## SOZIALREIFE

Während die Geschlechtsreife (6. bis 18. Lebensmonat) den Zeitpunkt der frühestmöglichen Fortpflanzung beschreibt, sind Tiere erst in einem Alter von 18 bis 36 (48) Monaten im Besitz ihrer vollen sozialen Kompetenzen – sie sind dann auch auf dem Gebiet des Sozialverhaltens erwachsene Individuen.

## STÄBCHEN

In der Netzhaut befindliche Lichtrezeptoren für Hell und Dunkel. Sie reagieren auf weißes, komplettes, unzerteiltes Licht. Bei Hunden überwiegen zahlenmäßig die Stäbchen im Vergleich zu den Zapfen (→ Seite 247), wodurch die Tiere damit in der Dämmerung auch bei wenig Licht besser sehen können als der Mensch.

## TAPETUM LUCIDUM

»Leuchtender Teppich«; eine hinter der Netzhaut des Auges (in der Aderhaut) liegende spiegelähnliche Fläche, die das Licht, welches die Netzhaut bereits passiert hat, noch einmal reflektiert und so das Licht erneut und optimiert genutzt wird. Diese Reflexionsschicht ist bei vielen nachtaktiven Tieren als Spiegelfläche zu sehen, sobald in der Dunkelheit Licht auf die Augen fällt.

## THERMOREGULATION

Auch Temperatur- oder Wärmeregulation; Fähigkeit eines Lebewesens, die Körpertemperatur durch Wärmeaufnahme, -abgabe und -produktion im Gleichgewicht zu halten

## TIEFSCHLAFPHASE

Dabei sinken Puls, Atemfrequenz und Blutdruck immer weiter ab. Der Hund liegt still ohne Augen- und Muskelbewegungen da. Deshalb heißt diese Phase auch NREM-Phase (Non Rapid Eye Movement).

## ÜBEROPTIMALER AUSLÖSER

Dabei handelt es sich um eine ganze Reihe von Einzelreizen, die in einem eng begrenzten Zeitraum nahezu gleichzeitig auf das Individuum einwirken und gleiche oder ähnliche Reaktionen hervorrufen können. Durch die Summierung der Einzelreize zu einem ganz bestimmten Zeitpunkt kommt es zu einer stärkeren und potenzierten Verhaltensreaktion, in deren Verlauf eine Einflussnahme durch Dritte nur noch schwierig oder überhaupt nicht (mehr) möglich ist (z. B. Hunde, die erfahren sind, in der Meute zu jagen, und selbst gerade hoch motiviert sind zu jagen, verfolgen bei optimalen Geländebedingungen mehrere Rehe – hier ist ein Rückruf oft sinnlos!).

## ÜBERSPRUNGVERHALTEN

Konfliktverhalten, welches nicht der eigentlichen Situation entspricht, wohl aber sowohl den inneren Stresszustand verbessern (Stressabbau) als auch eine direkte Kommunikation deeskalierend abbrechen kann. So werden in diesem Moment Elemente aus der Nahrungsaufnahme (Fressen von Gras) oder dem Komfortverhalten (sich lecken und kratzen) angewendet, um Stress abzubauen. Leider ist dies nicht immer erfolgreich oder aber so gewinnbringend, dass sich aus diesem »Notverhalten« eine stereotype Untugend entwickeln kann (stereotypes Lecken des Fells).

## UMGERICHTETES (UMORIENTIERTES) VERHALTEN

Ersatzverhalten, das nicht auf ein herkömmliches, sondern auf ein alternatives Ausweichobjekt oder -subjekt gerichtet ist

## UNBEDINGTE REFLEXE

Auch unkonditionierte oder angeborene Reflexe; sie sind entweder bereits bei der Geburt eines Lebewesens voll ausgebildet oder bilden sich im Verlauf seiner Entwicklung bis zur Geschlechtsreife und der Zuchtreife (Wachstumsende) aus. Typisch für derartig biologisch angelegte Reaktionsweisen ist es, dass jedes Individuum einer Art identische Reaktionen und Reaktionsabläufe auf gleichartige Reizkonstellationen zeigt, die nur in der jeweiligen Intensität wie Schnelligkeit oder Heftigkeit variieren (können). Ein Beispiel ist der Lidschlussreflex.

## »WELPENSCHUTZ«

Die menschliche Vorstellung eines natürlichen Schutzes von Welpen per se ist ein Wunschtraum! Wölfe und Hunde töten in der Regel zumindest die Nachkommen innerhalb ihres Rudels nicht, weil es eine Schwächung der gesamten sozialen Gruppe zur Folge hätte. Gruppenfremde Sozialpartner, ob klein oder groß, haben jedoch keinerlei Bonus. Überdies ist festzustellen, dass es falsch wäre zu glauben, die Welpen könnten ungestraft alles machen. Die Elterntiere ebenso wie andere Familienmitglieder in »Onkel- und Tantenfunktion« verwarnen die renitenten Bälger durchaus mal mit einem Schnappen, worauf sich diese gleich deeskalierend zeigen. Aber auch familienfremde Welpen haben gute Chancen, mit heiler Haut davonzukommen, wenn sie auf übellaunige Erwachsenentiere treffen: Sind beide in der Lage, die Hundesprache zu lesen und zu zeigen, bleibt alles bei ritualisierten Verwarnungen, das heißt bei »einstudierten Rollenspielen« mit übertriebener Mimik uind Gestik, um Missverständnissen vorzubeugen.
Menschliche Kleinkinder wissen indes nichts über derartig deeskalierende »Notbremsen« und werden prompt gebissen – also gibt es auch keinen »Babyschutz«!

## ZAPFEN

In der Netzhaut befindliche Lichtrezeptoren für Farbe. Zum Farbensehen braucht man viel Licht. Diese Zapfen reagieren Prismen gleich auf gebrochenes Licht. Die Rezeptoren werden entsprechend unterschiedlich aktiviert und ermöglichen so das Erkennen von Spektralfarben. Bei Hunden geht man von einem dichromatischen Farbensehen (Blau und Gelb) aus, während der Mensch trichromatisch (Blau, Gelb, Rot) sehen kann.

# REGISTER

# ADRESSEN UND LITERATUR

## VERBÄNDE / VEREINE

### Für Fragen zu Haltung und Gesundheit von Hunden

**Gesellschaft für Tierverhaltensmedizin und -therapie (GTVMT),** Dr. med. vet. Barbara Schöning, Hohensasel 16, 22395 Hamburg, www.gtvmt.de

**Dr. Ronald Lindner, Praktischer Tierarzt / Zusatzbezeichnung Tierverhaltenstherapie,** Hauptstr. 49, 04416 Markkleeberg, www.hundepsychiater.de

**BPT – Bundesverband praktizierender Tierärzte e.V.,** www.smile-tierliebe.de
*Über das Online-Tierärzteverzeichnis des BPT finden Sie Tierärzte in Ihrer Nähe.*

**Gesellschaft für ganzheitliche Tiermedizin e.V. (GGTM),** Mooswaldstr. 7, 79227 Schalllstadt, www.ggtm.de

### Für Fragen zu Anschriften von Hundeclubs und -vereinen

**Fédération Cynologique Internationale (FCI),** Place Albert 1er, 13, B-6530 Thuin/Belgien, www.fci.be

**Verband für das Deutsche Hundewesen e.V. (VDH),** Westfalendamm 174, 44141 Dortmund, www.vdh.de

**Österreichischer Kynologenverband (ÖKV),** Siegfried-Marcus-Str. 7, A-2362 Biedermannsdorf, www.oekv.at

**Schweizerische Kynologische Gesellschaft (SKG/SCS),** Brunnmattstr. 24, CH-3007 Bern, www.skg.ch

**Deutscher Tierschutzbund e.V.,** Baumschulallee 15, 53115 Bonn, www.tierschutzbund.de

**Tierärztliche Vereinigung für Tierschutz e.V. (TVT),** Geschäftsstelle: Bramscher Allee 5, 49565 Bramsche, www.tierschutz-tvt.de

**Institut für Hund-Mensch-Beziehung Sachsen (IHMBS) – Weiterbildungsstätte für tiergestützte Intervention mit Hunden,** Hauptstr. 49, 04416 Markkleeberg, www.ihmbs.de

**Institut für Tierschutz und Verhalten,** Tierschutzzentrum, Bünteweg 2, 30559 Hannover, www.tierschutzzentrum.de

**Schweizer Tierschutz (STS),** Dornacherstr. 101, CH-4018 Basel, www.tierschutz.com

**Österreichischer Tierschutzverein,** Berlagasse 36, A-1210 Wien, www.tierschutzverein.at

### Fragen zur Haltung von Hunden beantworten

Ihr Zoofachhändler und der Zentralverband Zoologischer Fachbetriebe Deutschlands e.V. (ZZF), Tel. (0611) 44 75 53 32 (nur telefonische Auskunft möglich: Mo 12–16 Uhr, Do 8–12 Uhr), www.zzf.de

## REGISTRIERUNG VON HUNDEN

**Deutsches Haustierregister,**
Deutscher Tierschutzbund e. V., Baumschulallee
15, 53115 Bonn,
www.deutsches-haustierregister.de

**TASSO e.V.,** Abt. Haustierzentralregister,
65784 Hattersheim, Tel. (06190) 93 73 00,
www.tasso.net,
E-Mail: info@tasso.net

**Internationale Zentrale Tierregistrierung (IFTA),**
Nördliche Ringstr. 10, 91126 Schwabach,
Tel. (00800) 43 82 00 00 (kostenlos),
www.tierregistrierung.de
*Wer seinen Hund vor Tierfängern und dem Tod
im Versuchslabor schützen will, kann ihn hier
registrieren lassen.*

## KRANKENVERSICHERUNG

**Uelzener Versicherungen,** Postfach 2163,
29511 Uelzen, www.uelzener.de

**AGILA Haustierversicherung AG,** Breite Straße
6–8, 30159 Hannover, www.agila.de

**Allianz,** Königinstr. 28, 80802 München,
www.katzeundhund.allianz.de
*Fast alle Versicherungen bieten auch
Haftpflichtversicherungen für Hunde an.*

## ZEITSCHRIFTEN

**Der Hund.** FORUM Zeitschriften und Spezial-
medien GmbH, Merching

**Dogs.** Gruner + Jahr, Hamburg

**Partner Hund.** Ein Herz für Tiere Media GmbH,
Ismaning

**Unser Rassehund.** Hrsg. Verband für das
Deutsche Hundewesen e.V., Dortmund

## HUNDE IM INTERNET

**www.aktiv-mit-Hund.de** Infos rund um die
Erziehung des Hundes
**www.brh.info** Website des Bundesverbandes für
Rettungshunde
**www.graue-schnauzen.de** Vermittlung von älteren
Hunden
**www.haushueter.org** Urlaubsbetreuung
**www.hunde.com** Infos rund um den Hund
**www.hundezeitung.de** Neues über Hunde
**www.lieblingstier.tv** Filme über Heimtiere
**www.spass-mit-Hund.de** Tipps und Infos zur
Beschäftigung mit Hunden
**www.tierfreund.de** Tierforum
**www.tiermedizin.de** Infos und Wissenswertes zu
tiermedizinischen Fragen
**www.hunde-helfen-kids.de** Infos zum richtigen
Umgang mit Hunden für Lehrer und Schüler

## BÜCHER, DIE WEITERHELFEN

Arce, José: **Meine 5 Geheimnisse für eine glück-
liche Mensch-Hund-Beziehung.** Gräfe und Unzer
Verlag

Bradshaw, John: **Hundeverstand.** Kynos Verlag

Birmelin, Immanuel: **Macho oder Mimose. So
erkennen Sie die Persönlichkeit Ihres Hundes
und schaffen eine innige Beziehung.** Gräfe und
Unzer Verlag

Coppinger, Ray und Lorna: **Hunde – Neue Erkenntnisse über Herkunft, Verhalten und Evolution der Kaniden.** Animal Learn Verlag

Csanyi, Vilmos, und Rau, Gisela: **Wenn Hunde sprechen könnten …: Verstand und Verstandesleistung von Hunden.** Kynos Verlag

Kaminski, Juliane, und Bräuer, Juliane: **Der kluge Hund.** Rowohlt Verlag

Miklósi, Dr. Àdám: **Hunde – Evolution, Kognition und Verhalten.** Kosmos Verlag

Nestler, Astrid: **Versteh mich doch! Hundesprache richtig deuten.** Gräfe und Unzer Verlag

Ruge, Nina/Bloch, Ernst: **Was fühlt mein Hund? Was denkt mein Hund? Hundeexperte antwortet Hundefreundin.** Gräfe und Unzer Verlag

Schlegl-Kofler, Katharina: **Hunde-Clickertraining.** Gräfe und Unzer Verlag

Schlegl-Kofler, Katharina: **Rückruf-Training für Hunde.** Gräfe und Unzer Verlag

Schlegl-Kofler, Katharina: **Welpenerziehung.** Gräfe und Unzer Verlag

Schlegl-Kofler, Katharina: **Der 6-Stufen-Plan Hundeerziehung.** Gräfe und Unzer Verlag

Schmidt-Röger, Heike: **Hunde – Das große GU Praxishandbuch.** Gräfe und Unzer Verlag

Schöning, Barbara/Steffen, Nadja/Röhrs, Kerstin: **Hilfe, mein Hund jagt: Jagdverhalten in die richtigen Bahnen lenken.** Kosmos Verlag

Strodtbeck, Sophie/Borchert, Uwe: **Hilfe, mein Hund ist in der Pubertät! Entspannt durch wilde Zeiten.** Gräfe und Unzer Verlag

Trumler, Eberhard: **Mit dem Hund auf du.** Piper Verlag

Wolf, Kirsten: **Die besten Hundespiele für drinnen und draußen.** Gräfe und Unzer Verlag

# WICHTIGER HINWEIS

# Die werden Sie auch lieben.

## DIE FOTOGRAFIN

**Angela Kraft** ist seit frühester Jugend von Natur und Tieren fasziniert. Für die Tierfotografin ist ihr Beruf zur Berufung geworden. Neben ihrer Tätigkeit als Pressesprecherin im Wild- und Abenteuerpark Müden betreibt sie ihre eigene »Tierfotoagentur Lüneburger Heide«, die sich auf Tierfotografie, Tiergeschichten und Reportagen spezialisiert hat. Zahlreiche ihrer Veröffentlichungen findet man in namhaften Zeitungen, Magazinen und Büchern.

Ihre Freizeit verbringt Angela Kraft gerne mit ihren Schäferhunden Kira und Mo und genießt die ausgedehnten Spaziergänge mit den beiden, wobei die Kamera selten fehlen darf. Tierfotos von Angela Kraft im Internet unter: www.kraft-foto.de und http://flickr.com/photos/kraft-foto/sets

Foto: Tanja Askani

### BILDNACHWEIS

Alle Bilder in diesem Buch stammen von Angela Kraft mit Ausnahme von: **Debra Bardowicks:** Cover; **Bildstelle:** S. 50; **Monika Wegler:** S. 170; **Beate Gromke:** S. 232; **Stocksy:** U4.

### IMPRESSUM

**Projektleitung:**
Nadja Harzdorf, Vanessa Lotz
**Lektorat:** Angelika Lang
**Bildredaktion:**
Adriane Andreas,
Petra Ender (Cover)
**Umschlaggestaltung und Layout:** independent Medien-Design, Horst Moser, München
**Herstellung:**
Susanne Mühldorfer,
Vanessa Görz
**Satz:** Ludger Vorfeld
**Reproduktion:**
Longo AG, Bozen
**Druck und Bindung:**
Firmengruppe APPL, aprinta druck, Wemding

Printed in Germany
ISBN 978-3-8338-4534-5
Überarbeitete Neuauflage 2015
1. Auflage 2015

**Liebe Leserin, lieber Leser,**

haben wir Ihre Erwartungen erfüllt? Sind Sie mit diesem Buch zufrieden? Haben Sie weitere Fragen zu diesem Thema? Wir freuen uns auf Ihre Rückmeldung, auf Lob, Kritik und Anregungen, damit wir für Sie immer besser werden können.

**GRÄFE UND UNZER Verlag**
Leserservice
Postfach 86 03 13
81630 München
E-Mail:
leserservice@graefe-und-unzer.de

Telefon: 00800 / 72 37 33 33*
Telefax: 00800 / 50 12 05 44*
Mo–Do: 8.00–18.00 Uhr
Fr:        8.00–16.00 Uhr
(* gebührenfrei in D, A, CH)

Ihr GRÄFE UND UNZER Verlag
*Der erste Ratgeberverlag – seit 1722.*

**Umwelthinweis:** Dieses Buch ist auf PEFC-zertifiziertem Papier aus nachhaltiger Waldwirtschaft gedruckt.

**Syndication:**
www.jalag-syndication.de

 www.facebook.com/gu.verlag

GRÄFE
UND
UNZER
*Ein Unternehmen der*
GANSKE VERLAGSGRUPPE